Máquinas Elétricas e Acionamentos
Curso Introdutório

O GEN | Grupo Editorial Nacional – maior plataforma editorial brasileira no segmento científico, técnico e profissional – publica conteúdos nas áreas de ciências exatas, humanas, jurídicas, da saúde e sociais aplicadas, além de prover serviços direcionados à educação continuada e à preparação para concursos.

As editoras que integram o GEN, das mais respeitadas no mercado editorial, construíram catálogos inigualáveis, com obras decisivas para a formação acadêmica e o aperfeiçoamento de várias gerações de profissionais e estudantes, tendo se tornado sinônimo de qualidade e seriedade.

A missão do GEN e dos núcleos de conteúdo que o compõem é prover a melhor informação científica e distribuí-la de maneira flexível e conveniente, a preços justos, gerando benefícios e servindo a autores, docentes, livreiros, funcionários, colaboradores e acionistas.

Nosso comportamento ético incondicional e nossa responsabilidade social e ambiental são reforçados pela natureza educacional de nossa atividade e dão sustentabilidade ao crescimento contínuo e à rentabilidade do grupo.

Máquinas Elétricas e Acionamentos
Curso Introdutório

NED MOHAN
Departamento de Engenharia Elétrica e Computacional
University of Minnesota
Minneapolis, MN, EUA

Tradução e Revisão Técnica

Walter Denis Cruz Sanchez
Doutor em Engenharia Elétrica
Professor da Universidade Tecnológica Federal do Paraná

Angelo José Junqueira Rezek
Doutor em Engenharia Elétrica
Professor titular da Universidade Federal de Itajubá (Unifei)

O autor e a editora empenharam-se para citar adequadamente e dar o devido crédito a todos os detentores dos direitos autorais de qualquer material utilizado neste livro, dispondo-se a possíveis acertos caso, inadvertidamente, a identificação de algum deles tenha sido omitida.

Não é responsabilidade da editora nem do autor a ocorrência de eventuais perdas ou danos a pessoas ou bens que tenham origem no uso desta publicação.

Apesar dos melhores esforços do autor, dos tradutores, do editor e dos revisores, é inevitável que surjam erros no texto. Assim, são bem-vindas as comunicações de usuários sobre correções ou sugestões referentes ao conteúdo ou ao nível pedagógico que auxiliem o aprimoramento de edições futuras. Os comentários dos leitores podem ser encaminhados à **LTC — Livros Técnicos e Científicos Editora** pelo e-mail ltc@grupogen.com.br.

Traduzido de
ELECTRIC MACHINES AND DRIVES: A FIRST COURSE, FIRST EDITION
Copyright © 2012 John Wiley & Sons, Inc.
All Rights Reserved. This translation published under license with the original publisher John Wiley & Sons, Inc.
ISBN: 978-1-118-07481-7

Direitos exclusivos para a língua portuguesa
Copyright © 2015 by
LTC — Livros Técnicos e Científicos Editora Ltda.
Uma editora integrante do GEN | Grupo Editorial Nacional

Reservados todos os direitos. É proibida a duplicação ou reprodução deste volume, no todo ou em parte, sob quaisquer formas ou por quaisquer meios (eletrônico, mecânico, gravação, fotocópia, distribuição na internet ou outros), sem permissão expressa da editora.

Travessa do Ouvidor, 11
Rio de Janeiro, RJ – CEP 20040-040
Tels.: 21-3543-0770 / 11-5080-0770
Fax: 21-3543-0896
ltc@grupogen.com.br
www.grupogen.com.br

Design de capa: James O'Shea
Ilustração de capa: © Wayne Green/Corbis
Editoração Eletrônica: Get Designed / Aline Vecchi

CIP-BRASIL. CATALOGAÇÃO-NA-PUBLICAÇÃO
SINDICATO NACIONAL DOS EDITORES DE LIVROS, RJ.

M718m

Mohan, Ned
  Máquinas elétricas e acionamentos : curso introdutório / Ned Mohan ; tradução Walter Denis Cruz Sanchez , Angelo José Junqueira Rezek. - 1. ed. - [Reimpr.]. - Rio de Janeiro: LTC, 2018.
  il. ; 28 cm.

Tradução de: Electric machines and drives: a first course
ISBN 978-85-216-2762-3

1. Máquinas elétricas. 2. Engenharia elétrica. I. Título.

15.19064   CDD: 621.31042
                                            CDU: 621.316.1

SUMÁRIO

PREFÁCIO		xi
CAPÍTULO 1	**INTRODUÇÃO AOS SISTEMAS DE ACIONAMENTOS ELÉTRICOS**	1
	1.1 História	1
	1.2 Que É um Sistema de Acionamento de Motor Elétrico?	2
	1.3 Fatores Responsáveis para o Crescimento de Acionamentos Elétricos	3
	1.4 Aplicações Típicas de Acionamentos Elétricos	3
	1.5 A Natureza Multidisciplinar dos Sistemas de Acionamento	7
	1.6 Estrutura do Livro	9
	Referências	9
	Exercícios	10
CAPÍTULO 2	**ENTENDIMENTO DOS REQUISITOS DE SISTEMAS MECÂNICOS PARA ACIONAMENTOS ELÉTRICOS**	12
	2.1 Introdução	12
	2.2 Sistemas com Movimento Linear	12
	2.3 Sistemas Rotativos	13
	2.4 Atrito	18
	2.5 Ressonâncias Torcionais	19
	2.6 Analogia Elétrica	20
	2.7 Mecanismos de Acoplamento	21
	2.8 Tipos de Cargas	24
	2.9 Operação em Quatro Quadrantes	24
	2.10 Operação em Regime Estacionário e Dinâmico	24
	Referências	25
	Exercícios	25
CAPÍTULO 3	**REVISÃO DE FUNDAMENTOS DE CIRCUITOS ELÉTRICOS**	28
	3.1 Introdução	28
	3.2 Representação Fasorial em Estado Estacionário Senoidal	28
	3.3 Circuitos Trifásicos	34
	Referência	38
	Exercícios	38

CAPÍTULO 4	ENTENDIMENTO BÁSICO DE CONVERSORES DE ELETRÔNICA DE POTÊNCIA DE MODO CHAVEADO EM ACIONAMENTOS ELÉTRICOS	41
	4.1 Introdução	41
	4.2 Visão Geral das Unidades de Processamento de Potência (UPPs)	41
	4.3 Conversores para Acionamento de Motores CC ($-V_d < \bar{v}_o < V_d$)	47
	4.4 Síntese de CA de Baixa Frequência	51
	4.5 Inversores Trifásicos	52
	4.6 Dispositivos Semicondutores de Potência [4]	55
	Referências	58
	Exercícios	58
CAPÍTULO 5	**CIRCUITOS MAGNÉTICOS**	**61**
	5.1 Introdução	61
	5.2 O Campo Magnético Produzido por Condutores Conduzindo uma Corrente	61
	5.3 A Densidade de Fluxo B e o Fluxo ϕ	62
	5.4 Estruturas Magnéticas com Entreferro	65
	5.5 Indutâncias	67
	5.6 Lei de Faraday: A Tensão Induzida na Bobina Devido à Variação Temporal do Fluxo de Enlace	69
	5.7 Indutâncias de Magnetização e de Dispersão	71
	5.8 Transformadores	72
	5.9 Ímãs Permanentes	77
	Referências	78
	Exercícios	79
CAPÍTULO 6	**PRINCÍPIOS BÁSICOS DA CONVERSÃO ELETROMECÂNICA DE ENERGIA**	**80**
	6.1 Introdução	80
	6.2 Estrutura Básica	80
	6.3 Produção do Campo Magnético	81
	6.4 Princípios Básicos de Operação	83
	6.5 Aplicação dos Princípios Básicos	85
	6.6 Conversão de Energia	86
	6.7 Perdas de Potência e Eficiência Energética	87
	6.8 Potências Nominais das Máquinas	88
	Referências	90
	Exercícios	90

CAPÍTULO 7 ACIONAMENTOS DE MOTORES DE CC E ACIONAMENTOS DE MOTORES COMUTADOS ELETRONICAMENTE (MCE)   94

7.1 Introdução   94
7.2 Estrutura das Máquinas CC   95
7.3 Princípios de Operação das Máquinas CC   96
7.4 Circuito Equivalente da Máquina CC   102
7.5 Vários Modos de Operação nos Acionamentos de Motores CC   103
7.6 Enfraquecimento de Campo nas Máquinas com Enrolamento de Campo   105
7.7 Unidades de Processamento de Potência em Acionamentos CC   106
7.8 Acionamentos de Motores Eletronicamente Comutados (MEC)   107
Referências   112
Exercícios   112

CAPÍTULO 8 PROJETO DE CONTROLADORES REALIMENTADOS PARA ACIONAMENTOS DE MOTORES   114

8.1 Introdução   114
8.2 Objetivos do Controle   114
8.3 Estrutura de Controle em Cascata   117
8.4 Passos no Projeto do Controlador Realimentado   117
8.5 Representação de um Sistema para Análise de Pequenos Sinais   117
8.6 Projeto do Controlador   119
8.7 Exemplo de Projeto do Controlador   120
8.8 A Função da Alimentação Direta   125
8.9 Efeitos dos Limites   125
8.10 Integração Antissaturação (*Anti-Windup*)   126
Referências   127
Exercícios e Simulações   127

CAPÍTULO 9 INTRODUÇÃO ÀS MÁQUINAS CA E VETORES ESPACIAIS   129

9.1 Introdução   129
9.2 Enrolamentos do Estator Distribuídos Senoidalmente   129
9.3 Utilização dos Vetores Espaciais para Representar as Distribuições do Campo Senoidal no Entreferro   135

	9.4	Representação com Vetores Espaciais das Tensões e Correntes Compostas nos Terminais	138
	9.5	Excitação em Estado Estacionário Senoidal e Balanceado (Rotor em Circuito Aberto)	141
	Referências		148
	Exercícios		148

CAPÍTULO 10 — ACIONAMENTOS CA SENOIDAIS DE ÍMÃ PERMANENTE, ACIONAMENTOS DO MOTOR SÍNCRONO LCI E GERADORES SÍNCRONOS — 150

	10.1	Introdução	150
	10.2	A Estrutura Básica das Máquinas de Ímã Permanente CA	151
	10.3	Princípio de Operação	151
	10.4	O Controlador e a Unidade de Processamento de Potência (UPP)	160
	10.5	O Inversor Comutado pela Carga (LCI) Alimentando Acionamentos de Motores Síncronos	161
	10.6	Geradores Síncronos	161
	Referências		165
	Exercícios		165

CAPÍTULO 11 — MOTORES DE INDUÇÃO: OPERAÇÃO EM ESTADO ESTACIONÁRIO, BALANCEADO E SENOIDAL — 167

	11.1	Introdução	167
	11.2	A Estrutura dos Motores de Indução Trifásicos do Tipo Gaiola de Esquilo	168
	11.3	Os Princípios de Operação do Motor de Indução	168
	11.4	Ensaios para Obter os Parâmetros do Circuito Equivalente Monofásico	185
	11.5	Características do Motor de Indução em Tensões Nominais em Magnitude e Frequência	187
	11.6	Motores de Indução de Projeto Nema A, B, C E D	188
	11.7	Partida Direta	189
	11.8	Partida Suave ("*Soft Start*") com Tensão Reduzida dos Motores de Indução	189
	11.9	Economia de Energia em Máquinas Levemente Carregadas	190
	11.10	Geradores de Indução Duplamente Alimentados (GIDA) em Turbinas Eólicas	191
	Referências		197
	Exercícios		198

CAPÍTULO 12 ACIONAMENTOS DO MOTOR DE INDUÇÃO: CONTROLE DE VELOCIDADE 200

- 12.1 Introdução — 200
- 12.2 Condições para o Controle de Velocidade Eficiente em uma Ampla Faixa — 201
- 12.3 Amplitudes das Tensões Aplicadas para Manter $\hat{B}_{ms} = \hat{B}_{ms,nominal}$ — 203
- 12.4 Considerações de Partida em Acionamentos — 207
- 12.5 Capacidade para Operar Acima e Abaixo da Velocidade Nominal — 208
- 12.6 Acionamentos do Gerador de Indução — 209
- 12.7 Controle de Velocidade de Acionamentos do Motor de Indução — 210
- 12.8 Unidades de Processamento de Potência Moduladas por Largura de Pulso — 211
- 12.9 Redução de $\hat{B}_{ms}$ em Cargas Leves — 214
- Referências — 215
- Exercícios — 215

CAPÍTULO 13 ACIONAMENTOS DE RELUTÂNCIA: ACIONAMENTOS DE MOTORES DE PASSO E RELUTÂNCIA CHAVEADA 216

- 13.1 Introdução — 216
- 13.2 Princípio de Operação de Motores de Relutância — 217
- 13.3 Acionamentos de Motores de Passo — 219
- 13.4 Acionamentos de Motores de Relutância Variável — 223
- Referências — 224
- Exercícios — 225

CAPÍTULO 14 EFICIÊNCIA ENERGÉTICA DE ACIONAMENTOS ELÉTRICOS E INTERAÇÕES MOTOR E INVERSOR 226

- 14.1 Introdução — 226
- 14.2 Definição de Eficiência Energética em Acionamentos Elétricos — 226
- 14.3 A Eficiência Energética de Motores de Indução com Excitação Senoidal — 227
- 14.4 Os Efeitos das Harmônicas na Frequência de Chaveamento da UPP nas Perdas do Motor — 229
- 14.5 As Eficiências de Energia de Unidades de Processamento de Energia — 230
- 14.6 Eficiências Energéticas de Acionamentos Elétricos — 231

14.7	Os Aspectos Econômicos da Poupança de Energia por Motores Elétricos de Eficiência *Premium* e Acionamentos Elétricos	231
14.8	O Efeito Danoso da Forma de Onda da Tensão do Inversor PWM na Vida do Motor	232
14.9	Benefícios de Utilizar Acionamentos de Velocidade Variável	232
Referências		233
Exercícios		233
ÍNDICE		**234**

PREFÁCIO

Função das Máquinas e os Acionamentos Elétricos nos Sistemas de Energia Elétrica Sustentáveis

Os sistemas de energia elétrica sustentáveis requerem que utilizemos fontes renováveis de geração de eletricidade e as usemos tão eficientemente quanto possível. Na direção deste objetivo, as máquinas e os acionamentos elétricos são demandados para o aproveitamento da energia eólica, por exemplo. Cerca de metade a dois terços da energia elétrica que utilizamos são consumidos por sistemas acionados por motores. Na maioria dessas aplicações, é possível obter um sistema muito mais eficiente por variação apropriada da velocidade de rotação com base nas condições operacionais. Outra emergente aplicação de acionamentos de velocidade variável está em veículos elétricos e veículos elétricos híbridos.

Este livro explica os princípios básicos, de acordo com os quais as máquinas elétricas operam e como sua velocidade pode ser controlada eficientemente.

Uma Nova Abordagem

A obra foi planejada para um primeiro curso sobre o tema envolvendo máquinas e acionamentos elétricos. Nenhuma exposição anterior referente a este tema foi ministrada. Não sendo possível um curso de um semestre, uma abordagem baseada em física é utilizada, que não somente trata do entendimento completo dos princípios básicos sobre como as máquinas elétricas operam, senão também mostra como essas máquinas podem ser controladas para obter eficiência máxima. Ademais, as máquinas elétricas são inseridas como parte dos sistemas de acionamentos elétricos, incluindo conversores de eletrônica de potência e controle, e, por conseguinte, permitir aplicações interessantes e relevantes em turbinas eólicas e veículos elétricos, por exemplo, para serem discutidos.

Este livro descreve sistemas que operam em condições de estado estacionário. Portanto, a singularidade da abordagem utilizada aqui permite uma discussão contínua e sem interrupções para análise e controle de sistemas em condições dinâmicas que são debatidas em cursos de graduação.

Material Suplementar

Este livro conta com os seguintes materiais suplementares:

- **PowerPoint Slides:** Apresentações para uso em sala de aula em inglês em (.ppt) (acesso restrito a docentes).
- **Slides em PowerPoint:** Ilustrações da obra em formato de apresentação (acesso restrito a docentes).
- **Solutions Manual:** Manual de soluções em inglês em (.pdf) para os exercícios do livro-texto (acesso restrito a docentes).

O acesso ao material suplementar é gratuito. Basta que o leitor se cadastre em nosso *site* (www.grupogen.com.br), faça seu *login* e clique em GEN-IO, no menu superior do lado direito. É rápido e fácil.

Caso haja alguma mudança no sistema ou dificuldade de acesso, entre em contato conosco (sac@grupogen.com.br).

GEN-IO (GEN | Informação Online) é o repositório de materiais suplementares e de serviços relacionados com livros publicados pelo GEN | Grupo Editorial Nacional, maior conglomerado brasileiro de editoras do ramo científico-técnico-profissional, composto por Guanabara Koogan, Santos, Roca, AC Farmacêutica, Forense, Método, Atlas, LTC, E.P.U. e Forense Universitária. Os materiais suplementares ficam disponíveis para acesso durante a vigência das edições atuais dos livros a que eles correspondem.

1
INTRODUÇÃO AOS SISTEMAS DE ACIONAMENTOS ELÉTRICOS

Estimulados pelos avanços da eletrônica de potência, os acionamentos elétricos de velocidade variável oferecem agora uma gama ampla de oportunidades em uma enorme quantidade de aplicações: bombas e compressores para economizar energia, controle preciso de movimento em fábricas automatizadas e sistemas eólicos elétricos, para nomear algumas. Um exemplo recente é a comercialização de veículos híbridos [1]. A Figura 1.1 mostra a fotografia de um arranjo híbrido em que as saídas do motor de combustão interna e do acionamento elétrico são mecanicamente acopladas em paralelo para acionar as rodas. Comparados com veículos tracionados por motores a gasolina, aqueles que são tracionados por acionamentos híbridos reduzem o consumo de combustível em mais de 50% e emitem menos poluentes.

1.1 HISTÓRIA

As máquinas elétricas existem por mais de um século. Todos nós estamos familiarizados com as funções básicas dos motores elétricos: acionar cargas mecânicas por conversão de energia elétrica. Na ausência de qualquer elemento de controle, os motores elétricos operam essencialmente a uma velocidade constante.Por exemplo, quando o motor compressor em um refrigerador é ligado, ele opera continuamente a uma velocidade constante.

Tradicionalmente, os motores elétricos operavam sem controle, funcionavam continuamente a uma velocidade constante, inclusive em aplicações em que o controle eficiente sobre a velocidade poderia ser muito vantajoso. Por exemplo, considera-se o processo industrial (como refinarias de petróleo e fábricas químicas) em que a vazão de líquidos e gases frequentemente necessita ser controlada. A Figura 1.2a ilustra uma bomba acionando

FIGURA 1.1   Fotografia de um veículo elétrico híbrido.

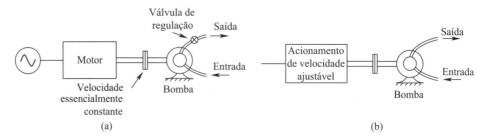

FIGURA 1.2 Sistemas de controle de fluxo: (a) tradicional e (b) baseado em acionamento de velocidade ajustável.

a uma velocidade constante, e uma válvula reguladora que controla a vazão. Mecanismos, tais como válvulas reguladoras, são geralmente mais complicados para implementar em processos automatizados, e grandes quantidades de energia são desperdiçadas. Na atualidade, os processos industriais são controlados eletronicamente com acionamentos de velocidade ajustável (AVA).

A Figura 1.2b mostra o controle da velocidade de uma bomba para obter o fluxo requerido. Os sistemas de acionamentos de velocidade ajustável são muito mais fáceis de automatizar, e são muito mais eficientes e de baixa manutenção que os sistemas tradicionais com válvulas reguladoras.

Esses melhoramentos não são limitados à indústria de processos. Os acionamentos elétricos para o controle de posição e velocidade estão aumentando e são utilizados em uma variedade ampla de processos de manufatura, aquecimento, ventilação e condicionamento de ar (AVAC),[1] e sistemas de transporte.

1.2 QUE É UM SISTEMA DE ACIONAMENTO DE MOTOR ELÉTRICO?

A Figura 1.3 mostra o diagrama de blocos de um acionamento de motor elétrico ou, para abreviar, um acionamento elétrico. Em resposta a um comando de entrada, os acionamentos elétricos controlam eficientemente a velocidade e/ou a posição da carga mecânica, por conseguinte eliminando a necessidade de empregar válvulas de regulação como aquele mostrado na Figura 1.2a. O controlador, comparando o comando de entrada pela velocidade e/ou

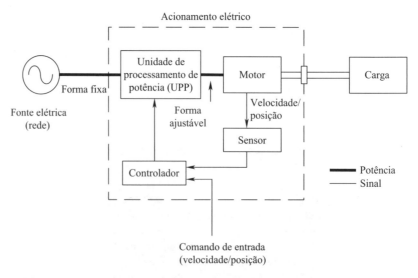

FIGURA 1.3 Diagrama de blocos de um sistema de acionamento elétrico.

---

[1]AVAC (Aquecimento, Ventilação e Ar Condicionado), da sigla em inglês HVAC (*Heating, Ventilating, and Air Conditioning*). (N.T.)

posição com o valor real medido por meio de sensores, provê sinais apropriados de controle para os semicondutores de potência da unidade de processamento de potência (UPP).

A Figura 1.3 mostra a entrada de alimentação da UPP desde a rede com tensões senoidais monofásicas ou trifásicas e com frequência e amplitude constante.

A UPP, em resposta às entradas de controle, converte eficientemente as tensões de entrada de forma fixa em uma saída de forma apropriada (em frequência, amplitude e número de fases) que é otimamente adequada para a operação do motor. O comando de entrada ao acionamento elétrico na Figura 1.3 pode vir de um computador de processos, que considera os objetivos globais do processo e ordena um comando para controlar a carga mecânica. Portanto, em aplicações de propósitos gerais, os acionamentos elétricos operam em malha aberta sem nenhuma retroalimentação.

Ao longo deste texto, utilizaremos o termo *acionamento de motor elétrico* (*acionamento de motor* ou simplesmente *acionamento*) para implicar as combinações de blocos nas caixas desenhadas por linhas tracejadas na Figura 1.3. Examinaremos todos esses blocos nos próximos capítulos.

1.3 FATORES RESPONSÁVEIS PARA O CRESCIMENTO DE ACIONAMENTOS ELÉTRICOS

Avanços Técnicos. Os controladores utilizados em acionamentos elétricos (veja a Figura 1.3) se beneficiaram dos avanços revolucionários em métodos de microeletrônica, que têm resultado em potentes circuitos integrados lineares e processadores digitais de sinais [2]. Esses avanços na tecnologia de fabricação de semicondutores têm também tornado possível a melhora significativa da capacidade do tratamento de tensões e correntes, assim como as velocidades de chaveamento dos dispositivos semicondutores de potência, em destaque na unidade de processamento de potência na Figura 1.3.

Necessidades de Mercado. O mercado mundial de acionamentos de velocidade ajustável foi estimado como uma indústria de 20 bilhões de dólares em 1997. Esse mercado está crescendo a uma taxa expressiva [3], conforme os usuários descobrem os benefícios de operar os motores com velocidade variável. Esses benefícios incluem melhora dos processos de controle, redução na utilização de energia e menos manutenção.

O mercado mundial por acionamentos elétricos poderá ser impactado significativamente por oportunidades em grande escala para aplicações na energia eólica. Há também um grande potencial por aplicações nos mercados em desenvolvimento, nos quais as taxas de crescimento são altas.

As aplicações de acionamentos elétricos nos Estados Unidos são de particular importância. O consumo de energia nos Estados Unidos é quase duas vezes que na Europa, mas o mercado por acionamentos elétricos em 1997 foi menor que a metade. Este déficit, devido ao relativamente baixo custo da energia nos Estados Unidos, representa uma tremenda oportunidade para a aplicação de acionamentos elétricos.

1.4 APLICAÇÕES TÍPICAS DE ACIONAMENTOS ELÉTRICOS

Os acionamentos elétricos estão cada vez mais sendo utilizados em muitos setores da economia. A Figura 1.4 mostra que os acionamentos elétricos cobrem uma grande faixa de potência e velocidade - em torno de 100 MW em potência e até 80.000 rpm em velocidade.

Devido à unidade de processamento de potência, os acionamentos não são limitados em velocidades, diferentemente dos motores alimentados pela rede que estão limitados a 3600 rpm quando a frequência é 60 Hz (3000 rpm quando a frequência é 50 Hz). Uma grande quantidade de aplicações de acionamentos está entre baixa e média potência, desde frações de kW até algumas centenas de kW. Algumas dessas aplicações estão listadas a seguir:

- Indústria de Processos: agitadores, bombas, ventiladores e compressores
- Maquinaria: serras, limas, fresas, tornos, furadeiras, moinhos, prensas, alimentadores, planadeiras e batedeiras

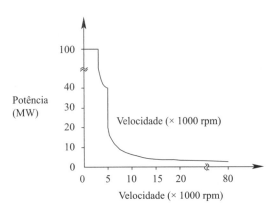

FIGURA 1.4 Faixa de potência e velocidade de acionamentos elétricos.

- Aquecimento, Ventilação e Ar Condicionado: sopradores, ventiladores e compressores
- Indústria do Aço e Papel: elevadores e bobinadoras
- Transporte: elevadores, trens e automóveis
- Têxteis: secadoras
- Empacotamento: máquina de corte
- Alimentos: transportadores e ventiladores
- Agricultura: ventiladores de secagem, sopradores e transportadores
- Minério, Petróleo e Gás: compressores, bombas, guindastes e pás mecânicas
- Residencial: bombas de calor, ar-condicionado, refrigeradores, eletrodomésticos e máquinas de lavar.

Nos seguintes itens serão tratadas as importantes aplicações dos acionamentos na conservação de energia, geração eólica de energia e transporte elétrico.

1.4.1 Função dos Acionamentos na Conservação de Energia [4]

Talvez não seja óbvio como os acionamentos elétricos podem reduzir o consumo de energia em muitas aplicações. Os custos de energia elétrica devem continuar sua tendência crescente; isto é que torna possível justificar o investimento inicial da substituição de motores de velocidade constante por acionamentos elétricos de velocidade ajustável, somente sobre a consideração dos gastos de energia (veja o Capítulo 15). O impacto ambiental da conservação de energia, em reduzir o aquecimento global e a chuva ácida, é também de vital importância [5].

Para chegar a uma estimativa do potencial da função dos acionamentos elétricos na conservação de energia, considera-se que os sistemas acionados por motores nos Estados Unidos são responsáveis por mais de 57% de toda a potência gerada e 20% de toda a energia consumida. O Departamento de Energia dos Estados Unidos estima que, se, com sistemas de velocidade constante, os motores alimentados diretamente pela rede em sistemas de bombeamento e compressão de ar foram substituídos por acionamentos de velocidade variável, a eficiência de energia poderia melhorar aproximadamente 20%. Essa percentagem de melhoria na eficiência energética se iguala ao enorme potencial de economia (veja o Exercício 1.1). De fato, o potencial anual de economia de energia poderia ser igual ao uso anual de eletricidade no estado de New York. Algumas aplicações de conservação de energia são descritas nos tópicos seguintes.

1.4.1.1 Bombas de Aquecimento e Ar Condicionado [6]

Os sistemas convencionais de ar condicionado para resfriar prédios por extração de energia de dentro do prédio e transferindo-a para a atmosfera. As bombas de aquecimento, em adição ao modo de ar condicionado, podem também aquecer prédios no inverno por extração de energia da atmosfera ou meio externo e transferir para o interior. A utilização de

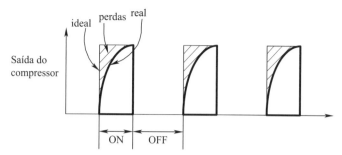

FIGURA 1.5 Operação de uma bomba de aquecimento com motores alimentados pela rede.

bombas para aquecimento e resfriamento está em crescimento; elas são agora empregadas em aproximadamente uma de cada três novas casas construídas nos Estados Unidos (veja a Figura 1.5).

Em sistemas convencionais, a temperatura do prédio é controlada pelo ciclo liga/desliga do motor do compressor por comparação da temperatura do prédio com o ajuste do termostato. Após estar desligado, quando o motor do compressor liga, a saída do compressor cresce gradualmente (devido à migração do refrigerante durante o período de desligado), enquanto o motor começa a desenvolver plena potência imediatamente. Essa perda cíclica (cada vez que o motor liga) entre os valores ideais e reais da saída do compressor, como mostrado na Figura 1.6, pode ser eliminada pelo funcionamento contínuo do compressor na velocidade em que sua saída procura a carga térmica do prédio. Em comparação com os sistemas convencionais, os compressores acionados por velocidade ajustável reduzem a potência consumida em quase 30%.

1.4.1.2 Bombas, Sopradores e Ventiladores

Para entender a economia de energia consumida, vamos comparar os dois sistemas mostrados na Figura 1.2. Na Figura 1.6, a curva A mostra a característica da bomba a velocidade plena; em outras palavras, a pressão (ou altura) gerada pela bomba, acionada na sua velocidade plena em função da vazão. Com a válvula de regulação totalmente aberta, a curva B mostra a característica do sistema sem a válvula de regulação, ou seja, a pressão requerida como uma função da vazão, para circular o fluido ou gás por sobreposição do potencial estático (se houver) e atrito. A vazão Q_1 é dada pela interseção da curva B do sistema sem válvula de regulação com a curva A da bomba. Agora se considera que a vazão Q_2 reduzida

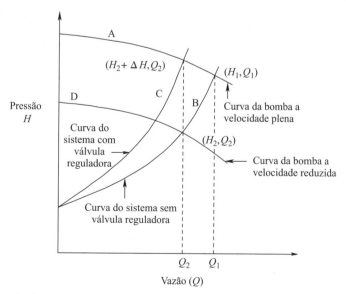

FIGURA 1.6 Curva típica de um sistema e uma bomba.

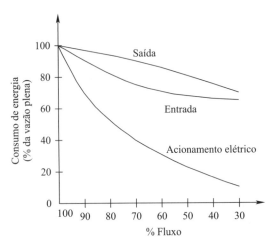

FIGURA 1.7 Consumo de energia em um soprador.

é desejada, o que requer a pressão H_2 como vista na curva B do sistema sem válvula de regulação. Abaixo, consideram-se duas formas de atingir essa vazão.

Com uma velocidade constante do motor, como na Figura 1.2a, a válvula de regulação é parcialmente fechada, o que requer pressão adicional para ser superada pela bomba, tal que a curva C do sistema com a válvula de regulação intercepta a curva A da bomba a plena velocidade na vazão Q_2. A potência de perdas na válvula de regulação é proporcional a Q_2 vezes ΔH. Devido a essa potência de perdas, a redução da eficiência energética dependerá dos intervalos reduzidos da vazão, comparando-se à duração da operação sem válvula de regulação.

A potência de perdas através da válvula de regulação pode ser eliminada por meio do acionamento de velocidade ajustável. A velocidade da bomba é reduzida de forma tal que a curva D da bomba com velocidade reduzida, na Figura 1.6, intercepta a curva B do sistema sem válvula na vazão desejada Q_2.

De forma similar, em aplicações de ventilação, o consumo de potência pode ser substancialmente reduzido, conforme mostrado no gráfico da Figura 1.7, reduzindo a velocidade do soprador por meio de um acionamento de velocidade variável, para diminuir as vazões, em vez de usar "dampers" na saída ou paletas ajustáveis na ventoinha. A porcentagem de redução no consumo depende do perfil da vazão (veja o Exercício 1.5).

Os acionamentos elétricos podem ser beneficamente utilizados em quase todas as bombas, compressores, sopradores e sistemas de manipulação de ar, processos industriais, e nas usinas de geração das concessionárias elétricas. Há muitos exemplos documentados em que a energia economizada tem pago o custo da conversão (de motores diretamente alimentados pela rede para sistemas acionados eletricamente controlados), em seis meses de operação. Certamente, esta vantagem dos acionamentos elétricos tem sido possível pela capacidade de controlar a velocidade do motor por uma maneira eficiente, conforme discutido nos capítulos subsequentes.

1.4.2 Aproveitamento da Energia Eólica

Os acionamentos elétricos também desempenham uma significativa função na geração de energia elétrica a partir de fontes renováveis de energia, tais como o vento e pequenas hidrelétricas. O diagrama de blocos para um sistema de geração eólica é mostrado na Figura 1.8, em que a frequência variável CA produzida pelo gerador acionado pela turbina eólica é interligada com a rede através de uma unidade de processamento de potência. Como a velocidade da turbina varia com a velocidade do vento, é possível recuperar uma grande quantidade de energia quando se compara a sistemas em que a turbina gira a uma velocidade constante devido ao fato de que a saída do gerador está diretamente conectada à rede da concessionária [7]. O aproveitamento da energia eólica comprova ser uma maior aplicação de acionamentos elétricos, e este setor espera crescer rapidamente.

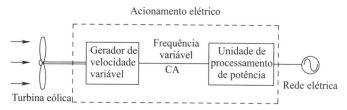

FIGURA 1.8 Acionamento elétrico para um gerador eólico.

1.4.3 Transporte Elétrico

O transporte elétrico é amplamente utilizado em muitos países. Trens levitados magneticamente estão sendo experimentados no Japão e na Alemanha. Trens elétricos de alta velocidade estão também sendo avaliados nos Estados Unidos para transporte em massa nos corredores noroeste e sudoeste.

Outra importante aplicação dos acionamentos elétricos é em veículos elétricos e veículos elétricos híbridos. A principal virtude dos veículos elétricos (especialmente em grandes áreas metropolitanas) é que eles não emitem poluentes. Mesmo assim, os veículos elétricos devem esperar por adequadas baterias de longa autonomia, células combustíveis ou volantes de inércia antes que sejam aceitos no mercado automotivo. Por outro lado, veículos elétricos já estão sendo comercializados [1].

Há muitos outros novos tipos de aplicações de acionamentos elétricos nos automóveis convencionais. Também, há um contínuo intento para substituir acionamentos hidráulicos com acionamentos elétricos em aviões e barcos.

1.5 A NATUREZA MULTIDISCIPLINAR DOS SISTEMAS DE ACIONAMENTO

O diagrama de blocos da Figura 1.3 aponta para várias áreas que são essenciais para os acionamentos elétricos: teoria de máquinas elétricas, eletrônica de potência, teoria de controle analógico e digital, aplicação em tempo real de controladores digitais, modelagem de sistemas mecânicos e interação com sistemas elétricos de potência. Uma breve descrição de cada uma das áreas é fornecida nas subseções seguintes.

1.5.1 Teoria de Máquinas Elétricas

Para atingir o movimento desejado, é necessário controlar apropriadamente os motores elétricos. Isto requer um detalhado e cuidadoso entendimento dos princípios de operação dos vários tipos de motores comumente utilizados, tais como o de corrente contínua, síncrono, de indução e de passo. A ênfase em um curso de acionamentos elétricos precisa ser diferente da ênfase em um curso tradicional de máquinas elétricas, que são orientados para desenho e aplicação de máquinas alimentadas diretamente pela rede.

1.5.2 Eletrônica de Potência

A disciplina relacionada à unidade de processamento de potência na Figura 1.3 é frequentemente referida como eletrônica de potência. As tensões e correntes de uma forma fixa (em amplitude e frequência) devem ser convertidas a uma forma ajustável mais bem aceita pelo motor. É importante que a conversão aconteça com uma alta eficiência energética, que é realizada pela operação dos dispositivos semicondutores como chaves.

Atualmente, o processamento de potência está sendo simplificado por meio de "dispositivos de Potência Inteligentes", em que as chaves semicondutoras estão integradas com sua proteção e circuitos de acionamentos de porta em um simples módulo. Assim, os sinais de nível lógico (tais como aqueles fornecidos por um processador digital de sinais) podem controlar diretamente chaves de altas potências na UPP. Tais módulos de potência integrados estão disponíveis com capacidade de tensões que podem atingir até 4 kV e capacidade de corrente que superam 1000 ampères. O paralelismo de tais módulos permite inclusive capacidades de altas correntes.

O progresso neste campo tem feito um dramático impacto sobre as unidades de processamento de potência reduzindo seu tamanho e peso, enquanto incrementa substancialmente o número de funções que podem ser realizadas [3].

1.5.3 Teoria de Controle

Na maioria das aplicações, a velocidade e posição dos acionamentos não precisam ser controladas de forma precisa. Mesmo assim, há um crescente número de aplicações; por exemplo, em robótica para empresas de automação, em que a exatidão do controle do torque, velocidade e posição são cruciais. Tal controle é acompanhado pela retroalimentação de quantidades medidas e por comparação delas com seus valores desejados em ordem a atingir um controle exato e rápido.

Na maior parte de aplicações de movimento, é suficiente utilizar um simples controlador proporcional e integral (PI) que será discutido no Capítulo 8. A tarefa de projetar e analisar os controladores PI é feita facilmente devido à disponibilidade de potentes ferramentas de simulação, tal como o PSpice.

1.5.4 Controle em Tempo Real Utilizando DSPs

Todos os acionamentos elétricos modernos utilizam microprocessadores e processadores digitais de sinais (DSPs) por flexibilidade de controle, diagnóstico de faltas e comunicação com a CPU do computador ou com outros computadores de processo. Os microprocessadores de 8 bits estão sendo substituídos por microprocessadores de 16 bits e 32 bits. Os DSPs estão sendo utilizados para o controle em tempo real em aplicações que demandam alto desempenho, ou onde um ligeiro ganho na eficiência do sistema paga pelo custo adicional de um controle sofisticado.

1.5.5 Modelagem de Sistemas Mecânicos

As especificações de acionamentos elétricos dependem dos requisitos de torque e velocidade das cargas mecânicas. Assim, é necessário frequentemente modelar as cargas mecânicas. Antes de considerar as cargas mecânicas e o acionamento elétrico como dois subsistemas separados, é preferível considerar a ambos juntos no processo do projeto. Esta filosofia do projeto é o coração da mecatrônica.

1.5.6 Sensores

Como mostrado no diagrama de blocos do acionamento elétrico da Figura 1.3, as medições da tensão, corrente, velocidade e posição podem ser requeridas. Para a proteção térmica, a temperatura precisa ser monitorada com um sensor.

1.5.7 Interações do Acionamento com a Rede Elétrica da Concessionária

Diferentemente dos motores elétricos alimentados pela rede, os motores elétricos em acionamentos são alimentados através de uma interface de eletrônica de potência (veja a Figura 1.3). Portanto, a menos que uma ação corretiva seja tomada, os acionamentos elétricos drenam correntes da rede que são distorcidas (não senoidais) na forma de onda. Essa distorção nas correntes de linha interfere no sistema da concessionária, degradando a qualidade de energia por distorção das tensões. As soluções técnicas disponíveis fazem que a interação do acionamento com a concessionária seja harmoniosa, inclusive melhor que no caso de motores diretamente alimentados pela rede. A sensibilidade dos acionamentos aos distúrbios do sistema de potência, tais como afundamentos, aumentos e sobretensões transitórias, deve também ser considerada. De novo, as soluções estão disponíveis para reduzir ou eliminar os efeitos desses distúrbios.

1.6 ESTRUTURA DO LIVRO

O Capítulo 1 introduz as funções e aplicações dos acionamentos elétricos. O Capítulo 2 trata da modelagem de sistemas mecânicos acoplados a acionamentos elétricos, e como determinar a especificação do acionamento para vários tipos de cargas. O Capítulo 3 revisa os circuitos elétricos lineares. Uma introdução às unidades de processamento de potência é apresentada no Capítulo 4.

Os circuitos magnéticos, incluindo transformadores, são discutidos no Capítulo 5. O Capítulo 6 explica os princípios básicos da conversão eletromagnética da energia.

O Capítulo 7 descreve os acionamentos com motores CC. Mesmo que a participação desses acionamentos em novas aplicações esteja declinando, sua utilização ainda é extensa. Outra razão para o estudo dos acionamentos com motores CC é que os acionamentos com motores CA são controlados para emular seu desempenho. O projeto do controlador realimentado para acionamentos (utilizando acionamentos CC como exemplo) é apresentado no Capítulo 8.

Como um antecedente à discussão de acionamentos com motores CA, o campo girante em máquinas CA é descrito no Capítulo 9 por meio de vetores espaciais. Utilizando a teoria do vetor espacial, a forma de onda senoidal dos acionamentos do motor de ímã permanente (*Permanent Magnet Alternating Current* - PMAC) é discutida no Capítulo 10. O Capítulo 11 introduz os motores de indução e se concentra em seus princípios básicos de operação em regime estacionário. Uma discussão resumida, mas compreensiva, do controle de velocidade com acionamentos do motor de indução é fornecida no Capítulo 12. Os acionamentos de relutância, incluindo motores de passo e acionamentos de relutância variável, são explicados no Capítulo 13. Considerações sobre perdas e várias técnicas para melhorar a eficiência em acionamentos são discutidas no Capítulo 14.

RESUMO/QUESTÕES DE REVISÃO

1. O que é um acionamento elétrico? Desenhe um diagrama de blocos e explique as funções de seus vários componentes.
2. Qual foi a aproximação tradicional para controlar a vazão no processo industrial? Quais são as maiores desvantagens que podem ser superadas quando se utilizam os acionamentos de velocidade variável?
3. Quais são os fatores responsáveis pelo crescimento do mercado dos acionamentos de velocidade variável?
4. Como trabalha um aparelho de ar condicionado?
5. Como trabalha uma bomba de calor?
6. Como os acionamentos de velocidade ajustável (AVA) economizam energia nos sistemas de ar-condicionado e bombas de calor?
7. Qual é a função dos AVAs nos sistemas industriais?
8. Há propostas para armazenar energia em volantes de inércia para nivelar carga nos sistemas da concessionária. Durante a demanda de energia no período fora de pico de noite, os volantes de inércia são carregados a alta velocidade. Nos períodos de pico durante o dia, essa energia retorna para a concessionária. Como pode os AVAs ter uma função neste esquema?
9. Qual é a função dos acionamentos elétricos nos vários tipos de sistemas de transporte elétrico?
10. Faça uma lista de exemplos específicos de aplicações mencionadas na Seção 1.4 que são familiares a você.
11. Quais são as diferentes disciplinas que se destacam no estudo e projeto de sistemas de acionamento elétrico?

REFERÊNCIAS

1. V. Wouk et al., E.V. Watch, *IEEE Spectrum* (March 1998): 22–23.
2. N. Mohan, T. Undeland, and W. Robbins, *Power Electronics: Converters, Applications, and Design*, 2nd ed. (New York: John Wiley & Sons, 1995).

3. P. Thogersen and F. Blaabjerg, "Adjustable-Speed Drives in the Next Decade: The Next Steps in Industry and Academia," Proceedings of the PCIM Conference, Nuremberg, Germany, June 6–8, 2000.
4. N. Mohan, *Techniques for Energy Conservation in AC Motor Driven Systems*, Electric Power Research Institute Final Report EM-2037, Project 1201-1213, September 1981.
5. Y. Kaya, "Response Strategies for Global Warming and the Role of Power Technologies," Proceedings of the IPEC, Tokyo, Japan, April 3–5, 2000, pp. 1–3.
6. N. Mohan and J. Ramsey, *Comparative Study of Adjustable-Speed Drives for Heat Pumps*, Electric Power Research Institute Final Report EM-4704, Project 2033-4, August 1986.
7. F. Blaabjerg and N. Mohan, "Wind Power," *Encyclopedia of Electrical and Electronics Engineering*, edited by John G. Webster (New York: John Wiley & Sons, 1998).
8. D.M. Ionel, "High-efficiency variable-speed electric motor drive technologies for energy savings in the US residential sector," 12th International Conference on Optimization of Electrical and Electronic Equipment, OPTIM 2010, Brasov, Romania, ISSN: 1842-0133.
9. Kara Clark, Nicholas W. Miller, Juan J. Sanchez-Gasca, *Modeling of GE Wind Turbine-Generators for Grid Studies*, GE Energy Report, Version 4.4, September 9, 2009.

EXERCÍCIOS

1.1 Um relatório do Departamento de Energia dos EUA estima que mais de 100 bilhões de kWh/ano podem ser economizados aplicando várias técnicas de conservação de energia a sistemas de acionamento de bombas. Calcule (a) quantas usinas geradoras de 1000 MW devem operar continuamente para suprir esta energia desperdiçada, e (b) a economia anual em reais, se o custo da eletricidade for R$ 0,20/kWh.

1.2 Visite uma loja de máquinas ferramentas e faça uma lista dos vários tipos de acionamentos elétricos, aplicações e faixas de torque/velocidade.

1.3 Repita o Exercício 1.2 para automóveis.

1.4 Repita o Exercício 1.2 para eletrodomésticos [8].

1.5 Em turbinas eólicas, a relação (P_{eixo}/P_{vento}) da potência disponível no eixo pela potência do vento é denominada coeficiente de desempenho C_p, que é uma quantidade adimensional. Para propósitos informativos, o gráfico desse coeficiente em função de λ é mostrado na Figura E1.5 [9] para vários valores do ângulo de passo θ das pás, em que λ é uma constante vezes a relação da velocidade da extremidade da pá e a velocidade do vento.

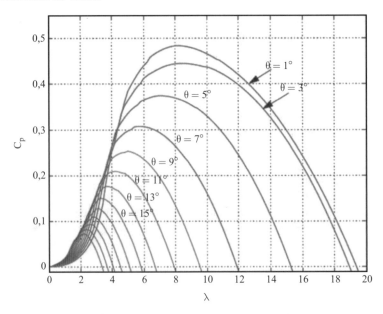

FIGURA E1.5 Gráfico de C_p em função de λ [9].

A potência nominal é produzida com uma velocidade do vento de 12 m/s em que a velocidade de giro das pás é 20 rpm. A velocidade do vento para início de operação é 4 m/s. Calcule a faixa sobre a qual a velocidade da pá deve ser variada, entre o início de operação e a velocidade do vento nominal, para aproveitar a potência máxima do vento. Nessa faixa de velocidades do vento, o ângulo de passo θ das pás é mantido em torno de zero. Nota: Este problema simples mostra o benefício de variar a velocidade das turbinas eólicas através de um acionamento de velocidade variável para maximizar o aproveitamento de energia.

2
ENTENDIMENTO DOS REQUISITOS DE SISTEMAS MECÂNICOS PARA ACIONAMENTOS ELÉTRICOS

2.1 INTRODUÇÃO

Os acionamentos elétricos devem satisfazer os requisitos de torque e velocidade impostos pelas cargas mecânicas conectadas a eles. A carga na Figura 2.1, por exemplo, pode requerer um perfil trapezoidal para a velocidade angular em função do tempo. Neste capítulo, serão revisados brevemente os princípios básicos de mecânica para entender os requisitos impostos pelos sistemas mecânicos nos acionamentos elétricos. Esse entendimento é necessário para selecionar um apropriado acionamento elétrico para uma determinada aplicação.

2.2 SISTEMAS COM MOVIMENTO LINEAR

Na Figura 2.2a, uma força externa f_e atua sobre uma carga de massa constante M, que causa um movimento linear na direção x com uma velocidade $u = dx/dt$.

Este movimento é resistido pela carga, representada pela força f_L. O momento de inércia, associado com a massa, é definido como M vezes u. Como mostrado na Figura 2.2b, em concordância com a Lei de Newton do Movimento, a força líquida $f_M (= f_e - f_L)$ é igual à variação temporal do momento de inércia, que causa aceleração na massa:

$$f_M = \frac{d}{dt}(Mu) = M\frac{du}{dt} = Ma \tag{2.1}$$

em que a é a aceleração em m/s² que, da Equação 2.1, é

$$a = \frac{du}{dt} = \frac{f_M}{M} \tag{2.2}$$

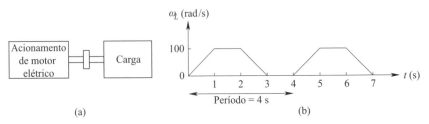

FIGURA 2.1 (a) Sistema de acionamento elétrico; (b) exemplo de requerimento do perfil de velocidade da carga.

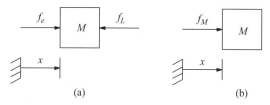

FIGURA 2.2   Movimento de uma massa M devido à ação de forças.

No sistema MKS de unidades, a força líquida de 1 newton (ou 1 N), atuando sobre uma massa constante de 1 kg, resulta em uma aceleração de 1 m/s². Integrando a aceleração com respeito ao tempo, a velocidade pode ser calculada como

$$u(t) = u(0) + \int_0^t a(\tau) \cdot d\tau \qquad (2.3)$$

e, integrando a velocidade em relação ao tempo, a posição pode ser calculada como

$$x(t) = x(0) + \int_0^t u(\tau) \cdot d\tau \qquad (2.4)$$

em que τ é uma variável de integração.

O diferencial de trabalho dW feito pelo mecanismo suprindo a força f_e é

$$dW_e = f_e\, dx \qquad (2.5)$$

A potência é a variação temporal em que o trabalho é feito. Portanto, diferenciando em ambos os lados da Equação 2.5 no tocante ao tempo t, e supondo que a força f_e se mantém constante, a potência fornecida pelo mecanismo exercendo a força f_e é

$$p_e(t) = \frac{dW_e}{dt} = f_e \frac{dx}{dt} = f_e u \qquad (2.6)$$

Isto requer uma quantidade finita de energia para levar a massa para uma velocidade desde o repouso. Assim, o movimento da massa tem armazenado energia cinética que pode ser recuperada. Observa-se que, no sistema da Figura 2.2, a força líquida f_M ($= f_e - f_L$) é responsável pela aceleração da massa. Portanto, supondo que f_M permanece constante, a potência líquida $p_M(t)$ que inicia o movimento acelerando a massa pode ser calculada por substituição de f_e na Equação 2.6 com f_M:

$$p_M(t) = \frac{dW_M}{dt} = f_M \frac{dx}{dt} = f_M u \qquad (2.7)$$

Da Equação 2.1, substituindo f_M como $M(du/dt)$,

$$p_M(t) = Mu\frac{du}{dt} \qquad (2.8)$$

A energia que entra, que é armazenada como energia cinética na massa em movimento, pode ser calculada por integração de ambos os lados da Equação 2.8 em relação ao tempo. Supondo que a velocidade inicial u seja zero no tempo $t = 0$, a energia cinética armazenada na massa M pode ser calculada como

$$W_M = \int_0^t p_M(\tau)d\tau = M\int_0^t u\frac{du}{d\tau}d\tau = M\int_0^u u\, du = \tfrac{1}{2} Mu^2 \qquad (2.9)$$

em que τ é uma variável de integração.

2.3   SISTEMAS ROTATIVOS

A maioria dos motores elétricos são do tipo girantes. Considere uma alavanca que pode girar num extremo e é livre no outro, como mostra a Figura 2.3a. Quando uma força externa f

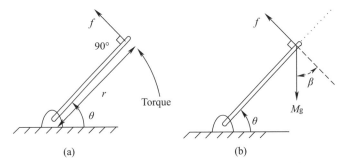

FIGURA 2.3 (a) Alavanca com pivô; (b) torque de sustentação para a alavanca.

é aplicada *perpendicularmente* no extremo livre da alavanca a um raio r desde o pivô, então o torque atuando sobre a alavanca é

$$T = f \quad r \quad (2.10)$$
$$[\text{Nm}] \quad [\text{N}] \quad [\text{m}]$$

que atua em sentido anti-horário, considerado como positivo.

Exemplo 2.1

Na Figura 2.3a, a massa M é colocada no extremo livre da alavanca. Calcule o torque de sustentação necessário que mantenha a alavanca sem girar, como uma função do ângulo θ na faixa de 0 a 90 graus. Suponha que $M = 0,5$ kg e $r = 0,3$ m.

Solução A força gravitacional sobre a massa é mostrada na Figura 2.3b. Para a alavanca permanecer estacionária, a força líquida perpendicular à alavanca deve ser zero; isto é, $f = Mg \cos \beta$, em que $g = 9,8$ m/s² é a aceleração gravitacional. Note, na Figura 2.3b, que $\beta = \theta$. O torque de sustentação T_h deve ser $T_h = f_r = Mgr \cos \theta$. Substituindo os valores numéricos,

$$T_h = 0,5 \times 9,8 \times 0,3 \times \cos \theta = 1,47 \cos \theta \text{ Nm}$$

Em máquinas elétricas, as diferentes forças atuantes mostradas com setas na Figura 2.4 são produzidas devido às interações eletromagnéticas. A definição de torque na Equação 2.10 descreve corretamente o torque eletromagnético resultante T_{em} que causa a rotação do motor e da carga mecânica acoplada ao eixo.

Em um sistema rotativo, a aceleração angular causada pelo torque líquido atuante sobre ele é determinada pelo momento de inércia J. No exemplo a seguir, calcula-se o momento de inércia de uma massa cilíndrica sólida giratória.

Exemplo 2.2

a. Calcule o momento de inércia J de um cilindro sólido que pode girar livremente em seu eixo, como mostrado na Figura 2.5a, em termos de sua massa M e de seu raio r_1.
b. Considerando um cilindro de aço sólido de raio $r_1 = 6$ cm, comprimento $\ell = 18$ cm e a densidade do material $\rho = 7,85 \times 10^3$ kg/m³, calcule seu momento de inércia J.

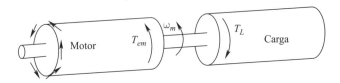

FIGURA 2.4 Torque em um motor elétrico.

Solução (a) Da Lei de Newton do movimento, na Figura 2.5a, para acelerar um diferencial de massa *dM* em um raio *r*, o diferencial de força líquida *df* requerido na direção perpendicular (tangencial), da Equação 2.1, é

$$(dM)\left(\frac{du}{dt}\right) = df \tag{2.11}$$

em que a velocidade linear *u* em termos da velocidade angular ω_m (em rad/s) é

$$u = r\,\omega_m \tag{2.12}$$

Multiplicando ambos os lados da Equação 2.11 pelo raio *r*, identificando que ($r\,df$) é igual ao torque diferencial líquido *dT* e utilizando a Equação 2.12,

$$r^2\,dM\frac{d}{dt}\omega_m = dT \tag{2.13}$$

A mesma aceleração angular $d(\omega m)/dt$ é experimentada por todos os elementos do cilindro. Com a ajuda da Figura 2.5b, a massa diferencial *dM* na Equação 2.13 pode ser expressa como

$$dM = \rho \underbrace{r d\theta}_{arco}\underbrace{dr}_{altura}\underbrace{d\ell}_{comprimento} \tag{2.14}$$

em que ρ é a densidade do material em kg/m³. Substituindo *dM* da Equação 2.14 na Equação 2.13,

$$\rho\,(r^3 dr\,d\theta\,d\ell)\frac{d\ell}{dt}\omega_m = dT \tag{2.15}$$

O torque líquido atuante sobre o cilindro pode ser obtido por integração sobre todos os elementos diferenciais em termos de *r*, θ e ℓ como

$$\rho\left(\int_0^{r_1} r^3 dr \int_0^{2\pi} d\theta \int_0^{\ell} d\ell\right)\frac{d}{dt}\omega_m = T. \tag{2.16}$$

Executando a tripla integração, resulta em

$$\underbrace{\left(\frac{\pi}{2}\rho\,\ell\,r_1^4\right)}_{J_{cil}}\frac{d}{dt}\omega_m = T \tag{2.17}$$

ou

$$J_{cil}\frac{d\omega_m}{dt} = T \tag{2.18}$$

em que a quantidade dentro dos parênteses na Equação 2.17 é denominada momento de inércia *J*, que para um cilindro sólido é

$$J_{cil} = \frac{\pi}{2}\rho\ell\,r_1^4. \tag{2.19}$$

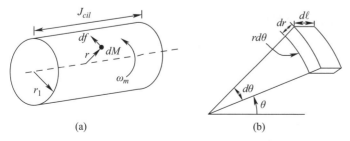

FIGURA 2.5 Cálculo da inércia J_{cil} de um cilindro sólido.

Como a massa do cilindro da Figura 2.5a é $M = \rho\pi \cdot r_1^2 \ell$, o momento de inércia na Equação 2.19 pode ser escrito como

$$J_{cil} = \frac{1}{2} M r_1^2 \qquad (2.20)$$

(b) Substituindo $r_1 = 6$ cm, comprimento $\ell = 18$ cm e a densidade $\rho = 7{,}85 \times 10^3$ kg/m³ na Equação 2.19, o momento de inércia J_{cil} do cilindro na Figura 2.5a é

$$J_{cil} = \frac{\pi}{2} \times 7{,}85 \times 10^3 \times 0{,}18 \times 0{,}06^4 = 0{,}029 \text{ kg} \cdot \text{m}^2$$

O torque líquido T_J atuando sobre um corpo girante de inércia J causa-lhe uma aceleração. Similar aos sistemas de movimento linear em que $f_M = M\,a$, a Lei de Newton em sistemas giratórios é

$$T_J = J\,\alpha \qquad (2.21)$$

em que a aceleração angular $\alpha(= d\omega/dt)$ em rad/s² é

$$\alpha = \frac{d\omega_m}{dt} = \frac{T_J}{J} \qquad (2.22)$$

que é similar à Equação 2.18 do exemplo anterior. No sistema MKS de unidades, um torque de 1 Nm, atuando sobre uma inércia de 1 kg · m² resulta em uma aceleração angular de 1 rad/s².

No sistema, tal como o mostrado na Figura 2.6a, o motor produz um torque eletromagnético, T_{em}. O atrito nos rolamentos e a resistência de arraste do vento (arrasto) podem ser combinados com o torque de carga T_L opondo-se ao giro. Em muitos sistemas, supõe-se que a parte giratória do motor com inércia J_M é rigidamente acoplada (não flexível) à carga de inércia J_L. O torque líquido, que é a diferença entre o torque eletromagnético desenvolvido pelo motor e o torque da carga opondo-se, causa uma aceleração nas inércias combinadas do motor e da carga em concordância com a Equação 2.22:

$$\frac{d}{dt}\omega_m = \frac{T_J}{J_{eq}} \qquad (2.23)$$

em que o torque líquido $T_J = T_{em} - T_L$ e a inércia combinada $J_{eq} = J_M + J_L$.

Exemplo 2.3

Na Figura 2.6a, cada estrutura tem a mesma inércia como a do cilindro sólido do Exemplo 2.2. O torque da carga é desprezível. Calcule o torque eletromagnético quando a velocidade aumenta linearmente desde o repouso até 1800 rpm em 5 s.

Solução Utilizando o resultado do Exemplo 2.2, a inércia combinada do sistema é

$$J_{eq} = 2 \times 0{,}029 = 0{,}058 \text{ kg} \cdot \text{m}^2$$

A aceleração angular é

$$\frac{d}{dt}\omega_m = \frac{\Delta\omega_m}{\Delta t} = \frac{(1800/60)2\pi}{5} = 37{,}7 \text{ rad/s}^2$$

Assim, da Equação 2.23,

$$T_{em} = 0{,}058 \times 37{,}7 = 2{,}19 \text{ Nm}$$

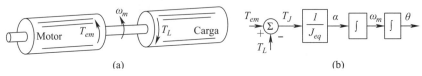

FIGURA 2.6   Interação do torque da carga e do motor elétrico com um acoplamento rígido.

A Equação 2.23 mostra que o torque líquido é a quantidade que causa a aceleração, que por sua vez conduz a mudanças na velocidade e posição. Integrando a aceleração $\alpha(t)$ com respeito ao tempo,

$$\text{Velocidade } \omega_m(t) = \omega_m(0) + \int_0^t \alpha(\tau) \, d\tau \qquad (2.24)$$

em que $\omega_m(0)$ é a velocidade em $t = 0$, e τ é uma variável de integração. Logo, integrando $\omega_m(t)$ na Equação 2.24 com relação ao tempo, resulta em

$$\theta(t) = \theta(0) + \int_0^t \omega_m(\tau) d\tau \qquad (2.25)$$

em que $\theta(0)$ é a posição em $t = 0$, e τ é outra vez a variável de integração. As Equações 2.23 a 2.25 indicam que o torque é a variável fundamental para controlar a velocidade e a posição. As Equações de 2.23 a 2.25 podem ser representadas na forma de blocos, como mostrado na Figura 2.6b.

Exemplo 2.4

Considere que o sistema giratório mostrado na Figura 2.6a, com a inércia combinada $J_{eq} = 2 \times 0{,}029 = 0{,}058 \text{ kg} \cdot \text{m}^2$, é requerido para ter o perfil de velocidade mostrado na Figura 2.1b. O torque da carga é zero. Calcule e faça o gráfico, em função do tempo do torque eletromagnético do motor e da mudança de posição.

Solução No gráfico da Figura 2.1b, a magnitude da aceleração e desaceleração é 100 rad/s². Durante os intervalos de aceleração e desaceleração, como $T_L = 0$,

$$T_{em} = T_J = J_{eq} \frac{d\omega_m}{dt} = \pm 5{,}8 \text{ Nm}$$

como mostrado na Figura 2.7.

Durante os intervalos com velocidade constante, nenhum torque é requerido. Como a posição θ é a integral no tempo da velocidade, a mudança resultante da posição (supondo que a posição inicial seja zero) é também mostrada na Figura 2.7.

No sistema rotacional mostrado na Figura 2.8, se um torque líquido T causa o giro do cilindro em um ângulo diferencial $d\theta$, o trabalho diferencial é

$$dW = T \, d\theta \qquad (2.26)$$

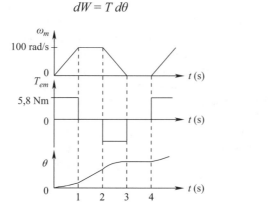

FIGURA 2.7 Variações, com o tempo, da velocidade, torque e ângulo.

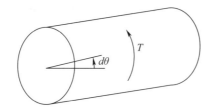

FIGURA 2.8 Torque, trabalho e potência.

Se essa rotação diferencial toma lugar em um tempo diferencial dt, a potência pode ser expressa como

$$p = \frac{dW}{dt} = T\frac{d\theta}{dt} = T\omega_m \qquad (2.27)$$

em que $\omega_m = d\theta/dt$ é a velocidade angular de rotação. Substituindo por T da Equação 2.21 na Equação 2.27,

$$p = J\frac{d\omega_m}{dt}\omega_m \qquad (2.28)$$

Integrando ambos os lados da Equação 2.28 em relação ao tempo, supondo que a velocidade ω_m e a energia cinética W no tempo $t = 0$ são zero, a energia cinética armazenada na massa giratória de inércia J é

$$W = \int_0^t p(\tau)\,d\tau = J\int_0^t \omega_m \frac{d\omega_m}{d\tau}\,d\tau = J\int_0^{\omega_m} \omega_m\,d\omega_m = \frac{1}{2}J\omega_m^2 \qquad (2.29)$$

Essa energia cinética armazenada pode ser recuperada fazendo com que a potência $p(t)$ inverta sua direção, isto é, fazendo $p(t)$ negativo.

Exemplo 2.5

No Exemplo 2.3, calcule a energia cinética armazenada na inércia combinada (motor e carga) na velocidade de 1800 rpm.

Solução Da Equação 2.29,

$$W = \frac{1}{2}(J_L + J_M)\omega_m^2 = \frac{1}{2}(0,029 + 0,029)\left(2\pi\frac{1800}{60}\right)^2 = 1030,4\ J$$

2.4 ATRITO

O atrito interno do motor e a carga atuam opondo-se ao movimento giratório. O atrito ocorre nos rolamentos que suportam as estruturas girantes. Ademais, objetos em movimento no ar encontram o efeito de ventilação ou arrasto. Em veículos, o arrasto é uma força que deve ser superada. Portanto, o atrito e o arrasto podem ser considerados como forças ou torque opostos ao movimento, os quais devem ser controlados. O torque de atrito é geralmente não linear em natureza. Evidentemente, é necessária uma alta força (ou torque) para iniciar (desde o repouso) o movimento de um objeto. Esse atrito em velocidade zero é denominado atrito estático (*stiction*). Uma vez iniciado o movimento, o atrito é constituído de uma componente denominada atrito Coulomb (atrito entre duas superfícies secas), que se mantém independente da magnitude da velocidade (sempre se opõe à rotação), e de outra componente denominada atrito viscoso (atrito dinâmico), que se incrementa linearmente com a velocidade.

Em geral, o torque de atrito T_f em um sistema consiste em todos os componentes acima mencionados. Como exemplo, na Figura 2.9, a característica do atrito é linearizada por uma análise aproximada, nas linhas tracejadas. Com essa aproximação, a característica é similar àquela do atrito viscoso em que

$$T_f = B\omega_m \qquad (2.30)$$

B é o coeficiente de atrito viscoso ou amortecimento viscoso.

Exemplo 2.6

A força de arrasto aerodinâmica em automóveis pode ser estimada como $f_L = 0,046\ C_w A u^2$, em que o coeficiente 0,046 tem unidades apropriadas, a força de arrasto está em N, C_w é o coeficiente de arrasto (adimensional), A é a área transversal do veículo em m², e u é a soma da velocidade do veículo e o vento contrário em km/h [4]. Se $A = 1,8$ m² para dois veículos com $C_w = 0,3$ e $C_w = 0,5$, respectivamente, calcule a força de arrasto e a potência requerida para superá-lo nas velocidades de 50 km/h e 100 km/h.

Solução A força de arrasto é $f_L = 0,046\, C_w A u^2$, e a potência requerida à velocidade constante, da Equação 2.6, é $P = f_L u$, em que a velocidade é expressa em m/s. A Tabela 2.1 lista a força de arrasto e potência requerida para várias velocidades para os dois veículos. Como a força de arrasto F_L depende do quadrado da velocidade, a potência depende do cubo da velocidade.

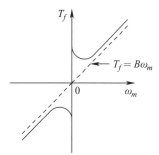

FIGURA 2.9 Características do atrito linearizado e real.

TABELA 2.1 Força de arrasto e potência requerida.

Veículo	$u = 50$ km/h		$u = 100$ km/h	
$C_w = 0,3$	$f_L = 62\text{-}06$ N	$P = 0,86$ kW	$f_L = 248,2$ N	$P = 6,9$ kW
$C_w = 0,5$	$f_L = 103,4$ N	$P = 1,44$ kW	$f_L = 413,7$ N	$P = 11,5$ kW

Viajar a 50 km/h em comparação com 100 km/h requer 1/8 da potência, mas isto supõe duas vezes mais tempo para chegar ao destino. Portanto, a energia requerida em 50 km/h será 1/4 que a 100 km/h.

2.5 RESSONÂNCIAS TORCIONAIS

Na Figura 2.6, o eixo acoplando o motor e a carga foi considerado como de rigidez infinita, isto é, os dois foram conectados rigidamente. Na realidade, qualquer eixo torcerá (flexão), conforme ele transmite torque de um extremo a outro. Na Figura 2.10, o torque T_{eixo} disponível para ser transmitido pelo eixo é

$$T_{eixo} = T_{em} - J_M \frac{d\omega_m}{dt} \tag{2.31}$$

Este torque motor no lado da carga supera o torque de carga e o acelera:

$$T_{eixo} = T_L + J_L \frac{d\omega_L}{dt} \tag{2.32}$$

A torção ou flexão do eixo, em termos dos ângulos nos dois extremos, depende da torção do eixo ou da relação do coeficiente de elasticidade K:

$$(\theta_M - \theta_L) = \frac{T_{eixo}}{K} \tag{2.33}$$

em que θ_M e θ_L são as rotações angulares nos dois extremos do eixo. Se K é infinito, $\theta_M = \theta_L$. Para um eixo elástico finito, esses dois ângulos não são iguais, e o eixo atua como uma mola. Essa elasticidade na presença de energia armazenada nas massas e inércias pode conduzir a condições de ressonância em certas frequências. Esse fenômeno é frequentemente denominado ressonância torcional. Assim, as ressonâncias devem ser evitadas, ou devem manter-se em níveis baixos. Dito de outra maneira, elas podem conduzir à fadiga e falha dos componentes mecânicos.

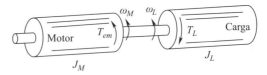

FIGURA 2.10 Interação do torque motor e de carga com um acoplamento rígido.

2.6 ANALOGIA ELÉTRICA

Uma analogia com circuitos elétricos pode ser muito útil quando são analisados sistemas mecânicos. A analogia geralmente utilizada, ainda que não seja a única, é para relacionar quantidades elétricas e mecânicas, como mostrado na Tabela 2.2.

Para o sistema mecânico apresentado na Figura 2.10, a Figura 2.11a ilustra a analogia elétrica, em que cada inércia é representada por um capacitor de seu nó ao nó de referência (terra). Neste circuito, podemos escrever equações similares às Equações 2.31 a 2.33. Supondo que o eixo tenha rigidez infinita, a indutância que o representa é zero, e o circuito resultante é mostrado na Figura 2.11b, em que $\omega_m = \omega_M = \omega_L$. Os dois capacitores que representam as duas inércias podem ser combinados para representar uma simples equação similar à Equação 2.23.

Exemplo 2.7

Em um acionamento de motor elétrico similar àquele da Figura 2.6a, a inércia combinada é $J_{eq} = 5 \times 10^{-3}$ kg · m². O torque de carga opondo-se ao movimento giratório é principalmente devido ao atrito e pode ser descrito como $T_L = 0{,}5 \times 10^{-3}\omega_L$. Desenhe o circuito elétrico equivalente e o gráfico do torque eletromagnético necessário do motor para levar o sistema linearmente desde o repouso até a velocidade de 100 rad/s em 4 s, e então manter essa velocidade.

Solução O circuito elétrico equivalente é mostrado na Figura 2.12a. A inércia é representada pelo capacitor de 5 mF, e o atrito pela resistência $R = 1/(0{,}5 \times 10^{-3}) = 2000\ \Omega$. A aceleração linear é 100/4 = 25 rad/s², que no circuito elétrico equivalente corresponde a $dv/dt =$

TABELA 2.2 Analogia Corrente-Torque

Sistema Mecânico	Sistema Elétrico
Torque (T)	Corrente (i)
Velocidade angular (ω_m)	Tensão (v)
Velocidade de deslocamento (θ)	Fluxo de enlace (ψ)
Momento de inércia (J)	Capacitância (C)
Constante da mola (K)	Indutância (1/L)
Coeficiente de amortecimento (B)	Resistência (1/R)
Relação de acoplamento (n_M/n_L)	Relação de transformação (n_L/n_M)

Nota: A razão de acoplamento é discutida mais ao final deste capítulo.

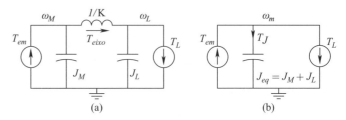

FIGURA 2.11 Analogia elétrica: (a) eixo de rigidez finita; (b) eixo de rigidez infinita.

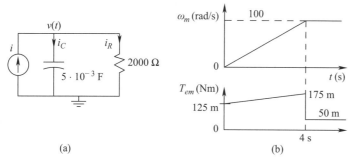

FIGURA 2.12 (a) Equivalente elétrico; (b) variação do torque e velocidade.

25 V/s. Portanto, durante o período de aceleração, $v(t) = 25\,t$. Por conseguinte, a corrente do capacitor durante o intervalo de aceleração linear é

$$i_c(t) = C\frac{dv}{dt} = 125{,}0\text{ mA} \quad 0 \leq t < 4\text{ s} \tag{2.34a}$$

e a corrente no resistor é

$$i_R(t) = \frac{v(t)}{R} = \frac{25\,t}{2000} = 12{,}5\,t\text{ mA} \quad 0 \leq t < 4\text{ s} \tag{2.34b}$$

Portanto,

$$T_{em}(t) = (125{,}0 + 12{,}5\,t) \times 10^{-3}\text{ Nm} \quad 0 \leq t < 4\text{ s} \tag{2.34c}$$

Além do estágio de aceleração, o torque eletromagnético é requerido somente para superar o atrito, que é 50×10^{-3} Nm, como mostra o gráfico da Figura 2.12b.

2.7 MECANISMOS DE ACOPLAMENTO

Onde quer que seja possível, é preferível acoplar a carga diretamente ao motor, para evitar custos adicionais dos mecanismos acoplados e perdas de potência associadas. Na prática, os mecanismos de acoplamentos são utilizados frequentemente pelas seguintes razões:

- Um motor rotativo está acionando uma carga que necessita de movimento linear
- Os motores estão projetados para operar em altas velocidades (para reduzir o tamanho físico), em comparação com as velocidades requeridas pela carga
- Os eixos de giro necessitam ser mudados

Há vários tipos de mecanismos de acoplamento. Para conversão entre movimento giratório e linear, é possível utilizar correias transportadoras (correias e polias), conjunto de trilhos e rodas dentadas, ou engrenagens, ou tipos de arranjos com mecanismos de parafusos sem fim. Para conversão de movimento giratório a giratório, vários tipos de mecanismos, tais como engrenagens, são empregados.

Os mecanismos de acoplamento têm as seguintes desvantagens:

- Perdas adicionais de potência
- Introdução de não linearidades devido ao fenômeno denominado "movimento causado pela folga entre os dentes das engrenagens" (*backlash*)
- Riscos de danos mecânicos pelo uso

2.7.1 Conversão entre Movimento Linear e Giratório

Em muitos sistemas, um movimento linear é conseguido utilizando o motor giratório, como mostrado na Figura 2.13.

Nesse sistema, as velocidades angular e linear são relacionadas pelo raio r do tambor ou cilindro:

$$u = r\,\omega_m \tag{2.35}$$

Para acelerar a massa M na Figura 2.13 na presença de uma força oposta f_L, a força f aplicada à massa, da Equação 2.1, deve ser

$$f = M\frac{du}{dt} + f_L \tag{2.36}$$

Essa força é entregue pelo motor na forma de um torque T, que é relacionado com f, utilizando a Equação 2.35, como

$$T = r \cdot f = r^2 M\frac{d\omega_m}{dt} + r f_L \tag{2.37}$$

Portanto, o torque eletromagnético necessário do motor é

$$T_{em} = J_M\frac{d\omega_m}{dt} + \underbrace{r^2 M\frac{d\omega_m}{dt} + r f_L}_{\text{devido à carga}} \tag{2.38}$$

Exemplo 2.8

No veículo do Exemplo 2.6 com $C_w = 0{,}5$, suponha que cada roda seja tracionada pelo motor elétrico que está acoplado diretamente a ela. Se o diâmetro da roda é 60 cm, calcule o torque e a potência necessária de cada motor para vencer a força de arrasto, quando o veículo está viajando a uma velocidade de 100 km/h.

Solução No Exemplo 2.6, o veículo com $C_w = 0{,}5$ apresentou uma força de arrasto $f_L = 413{,}7$ N na velocidade $u = 100$ km/h. A força necessária de cada um dos quatro motores é $f_M = f_L/4 = 103{,}4$ N. Portanto, o torque requerido de cada motor é

$$T_M = f_M\, r = 103{,}4 \times \frac{0{,}6}{2} = 31{,}04 \text{ Nm}$$

Da Equação 2.35,

$$\omega_m = \frac{u}{r} = \left(\frac{100 \times 10^3}{3600}\right)\frac{1}{(0{,}6/2)} = 92{,}6 \text{ rad/s}$$

Logo, a potência requerida de cada motor é

$$T_M \omega_m = 2{,}87 \text{ kW}$$

2.7.2 Engrenagens

Para adequação de velocidades, a Figura 2.14 mostra um mecanismo de engrenagens em que se supõe que os eixos tenham rigidez infinita, e as massas das engrenagens são igno-

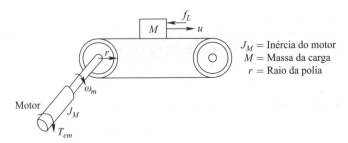

FIGURA 2.13 Combinação de movimento giratório e linear.

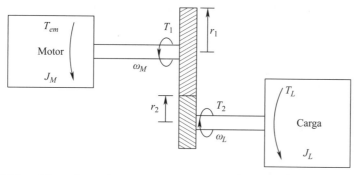

FIGURA 2.14 Mecanismo de engrenagens para acoplamento de motor e carga.

radas. Posteriormente assumiremos que não há perdas nas engrenagens. As engrenagens têm a mesma velocidade linear no ponto de contato. Portanto, sua velocidade angular é relacionada por seus respectivos raios r_1 e r_2, tais que

$$r_1 \omega_m = r_2 \omega_L \tag{2.39}$$

e

$$\omega_m T_1 = \omega_L T_2 \quad \text{(supondo sem perdas de potência)} \tag{2.40}$$

Combinando as Equações 2.39 e 2.40,

$$\frac{r_1}{r_2} = \frac{\omega_L}{\omega_M} = \frac{T_1}{T_2} \tag{2.41}$$

em que T_1 e T_2 são os torques nos extremos dos mecanismos das engrenagens, como é mostrado na Figura 2.14. Expressando T_1 e T_2 em termos de T_{em} e T_L na Equação 2.41,

$$\underbrace{\left(T_{em} - J_M \frac{d\omega_M}{dt}\right)}_{T_1} \frac{\omega_M}{\omega_L} = \underbrace{\left(T_L + J_L \frac{d\omega_L}{dt}\right)}_{T_2} \tag{2.42}$$

Da Equação 2.42, o torque eletromagnético requerido do motor é

$$T_{em} = \underbrace{\left[J_M + \left(\frac{\omega_L}{\omega_M}\right)^2 J_L\right]}_{J_{eq}} \frac{d\omega_M}{dt} + \left(\frac{\omega_L}{\omega_M}\right) T_L \quad \left(\text{nota: } \frac{d\omega_L}{dt} = \frac{d\omega_M}{dt} \frac{\omega_L}{\omega_M}\right) \tag{2.43}$$

em que a inércia equivalente no lado do motor é

$$J_{eq} = J_M + \left(\frac{\omega_L}{\omega_M}\right)^2 J_L = J_M + \left(\frac{r_1}{r_2}\right)^2 J_L \tag{2.44}$$

2.7.2.1 Ótima Relação de Engrenagens

A Equação 2.43 mostra que o torque eletromagnético requerido do motor para acelerar o conjunto motor e carga depende da relação de engrenagens. Em uma carga inercial básica em que T_L pode ser considerada desprezível, T_{em} pode ser minimizada, para uma dada aceleração da carga ($d\omega_L/d_t$), por seleção da ótima relação de engrenagens $(r_1/r_2)_{oti}$. A derivação da relação ótima mostra que a inércia da carga vista pelo motor deve ser igual à inércia do motor, isto é, na Equação 2.44

$$J_M = \left(\frac{r_1}{r_2}\right)^2_{oti} J_L \quad \text{ou} \quad \left(\frac{r_1}{r_2}\right)_{oti} = \sqrt{\frac{J_M}{J_L}} \tag{2.45a}$$

e, consequentemente,

$$J_{eq} = 2 J_M \tag{2.45b}$$

Com a ótima relação de engrenagens, na Equação 2.43, utilizando $T_L = 0$, e utilizando a Equação 2.41,

$$(T_{em})_{oti} = \frac{2 \; J_M}{\left(\frac{r_1}{r_2}\right)_{oti}} \frac{d\omega_L}{dt} \qquad (2.46)$$

Similares cálculos podem ser realizados para outros tipos de mecanismos de acoplamento.

2.8 TIPOS DE CARGAS

Normalmente as cargas atuam opondo-se à rotação. Na prática, as cargas podem ser classificadas nas seguintes categorias [5]:

1. Torque Centrífugo (Quadrático)
2. Torque Constante
3. Potência Quadrática
4. Potência Constante

As cargas centrífugas, tais como os ventiladores e sopradores, requerem torques que variam com o quadrado da velocidade, e a potência da carga que varia com o cubo da velocidade. Em cargas com torque constante, como correia transportadora, guindaste, elevador e grua, o torque se mantém constante com a velocidade, e a potência da carga varia linearmente com a velocidade. Em cargas quadráticas, como compressores e rolos, o torque varia linearmente com a velocidade, e a potência da carga varia com o quadrado da velocidade. Em cargas de potência constante, como bobinadeira e desbobinadeira, o torque acima de certa faixa de velocidades varia com o inverso da velocidade, e a potência da carga se mantém constante com a velocidade.

2.9 OPERAÇÃO EM QUATRO QUADRANTES

Em muitos sistemas de alto desempenho, os acionamentos são requeridos para operar em todos os quatro quadrantes no plano torque-velocidade, como é mostrado na Figura 2.15b.

O motor aciona a carga na direção avante no quadrante 1, e na direção reversa no quadrante 3. Nesses quadrantes, a potência média é positiva e flui do motor para a carga mecânica. A fim de controlar a velocidade da carga rapidamente, pode ser necessário operar o sistema no modo de frenagem regenerativa, em que a direção da potência é invertida, isto é, a potência flui da carga para o motor, e usualmente para a concessionária (através da unidade de processamento de potência). No quadrante 2, a velocidade é positiva, mas o torque produzido pelo motor é negativo. No quadrante 4, a velocidade é negativa e o torque produzido é positivo.

2.10 OPERAÇÃO EM REGIME ESTACIONÁRIO E DINÂMICO

Conforme foi discutido na Seção 2.8, cada carga tem sua própria característica torque-velocidade. Para acionamentos de alto desempenho, em adição à operação de regime estacionário, a operação dinâmica, como as mudanças dos pontos de operação com o tempo, é

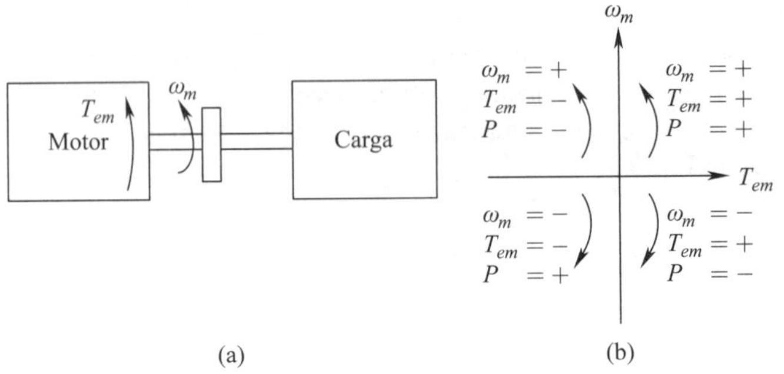

FIGURA 2.15 Requerimento de quatro quadrantes em acionamentos.

também importante. A variação de velocidade do conjunto motor e carga deve ser acompanhada rapidamente e sem nenhuma oscilação (que em outro caso pode ser prejudicial). Isto requer um bom projeto de um controlador de malha fechada, o que será discutido no Capítulo 8, que trata do controle de acionamentos.

RESUMO/QUESTÕES DE REVISÃO

1. Quais são as unidades no sistema MKS de força, torque, velocidade linear, velocidade angular e potência?
2. Qual é a relação entre força, torque e potência?
3. Mostre que o torque é a variável fundamental no controle da velocidade e posição.
4. Qual é a energia cinética armazenada em massas em movimento e em massas rotativas?
5. Qual é o mecanismo para ressonâncias torcionais?
6. Quais são os vários tipos de mecanismos de acoplamento?
7. Qual é a relação ótima de engrenagens para minimizar o torque requerido do motor para um determinado perfil de velocidade em função do tempo?
8. Quais são os perfis de torque por velocidade e potência × velocidade para os vários tipos de carga?

REFERÊNCIAS

1. H. Gross (ed.), *Electric Feed Drives for Machine Tools* (New York: Siemens and Wiley, 1983).
2. *DC Motors and Control ServoSystem—An Engineering Handbook*, 5th ed. (Hopkins, MN: Electro-Craft Corporation, 1980).
3. M. Spong and M. Vidyasagar, *Robot Dynamics and Control* (New York: JohnWiley & Sons, 1989).
4. Robert Bosch, *Automotive Handbook* (Robert Bosch GmbH, 1993).
5. T. Nondahl, Proceedings of the NSF/EPRI-Sponsored Faculty Workshop on "Teaching of Power Electronics," June 25–28, 1998, University of Minnesota.

EXERCÍCIOS

2.1 Um torque constante de 5 Nm é aplicado a um motor sem carga em repouso em $t = 0$. O motor alcança a velocidade de 1800 rpm em 3 s. Supondo que o atrito é desprezível, calcule a inércia do motor.

2.2 Calcule a inércia se o cilindro no Exemplo 2.2 é oco, com raio interno $r_2 = 4$ cm.

2.3 Um veículo de massa de 1.500 kg está viajando em uma velocidade de 50 km/h. Qual é a energia cinética armazenada em sua massa? Calcule a energia que pode ser recuperada reduzindo a velocidade do veículo a 10 km/h.

Sistemas de Correia e Polia

2.4 Considere o sistema de correia e polia da Figura 2.13. Outras inércias que aquelas mostradas na figura são desprezíveis. O raio $r = 0,09$ m, e a inércia do motor $J_M = 0,01$ kg · m². Calcule o torque T_{em} necessário para acelerar a carga de 1,0 kg desde o repouso até a velocidade de 1 m/s em 4 s. Admita que o torque do motor é constante durante esse intervalo.

2.5 Para o sistema de correia e polia da Figura 2.13, M = 0,02 kg. Para o motor com inércia $J_M = 40$ g · cm², determine o raio da polia que minimiza o torque requerido do motor para um perfil de velocidade da carga fornecido. Não levar em conta o amortecimento e a força da carga f_L.

Engrenagens

2.6 No sistema de engrenagens mostrado na Figura 2.14, a relação de engrenagens é $n_L/n_M = 3$, em que n é igual ao número de dentes em uma engrenagem. A inércia da carga e do motor são $J_L = 10$ kg · m² e $J_M = 1,2$ kg · m². O amortecimento e o torque da carga T_L não são considerados. Para o perfil de velocidade mostrado na Figura 2.1b, desenhe o perfil do torque eletromagnético T_{em} necessário do motor em função do tempo.

2.7 No sistema do Exercício 2.6, assuma um perfil de velocidade triangular da carga com igual variação de aceleração e desaceleração (iniciando e finalizando em velocidade zero). Supondo uma eficiência de acoplamento de 100%, calcule o tempo necessário para girar a carga em um ângulo de 30° se a magnitude do torque eletromagnético (positivo ou negativo) do motor é 500 Nm.

2.8 O veículo do Exemplo 2.8 é alimentado por motores que têm uma velocidade máxima de 5000 rpm. Cada motor está acoplado a uma roda utilizando um mecanismo de engrenagens. (a) Calcule a relação de engrenagens se a velocidade máxima do veículo é 150 km/h; (b) Calcule o torque requerido de cada motor na velocidade máxima.

2.9 Considere o sistema mostrado na Figura 2.14. Para $J_M = 40$ g · cm² e $J_L = 60$ g · cm², qual é a relação ótima de engrenagens para minimizar o torque requerido do motor para um determinado perfil de velocidade? Não considerar amortecimento e torque externo da carga.

Mecanismo de Parafusos Sem-Fim

2.10 Considere o acionamento de parafuso sem-fim mostrado na Figura E2.10. Obtenha a seguinte equação em termos do passo s, em que $\ddot{u}L$ = aceleração linear da carga, J_M = inércia do arranjo do parafuso e a relação de acoplamento $n = (s/2 \cdot \pi)$:

$$T_{em} = \frac{\dot{u}_L}{n}\left[J_M + J_s + n^2(M_T + M_W)\right] + nF_L$$

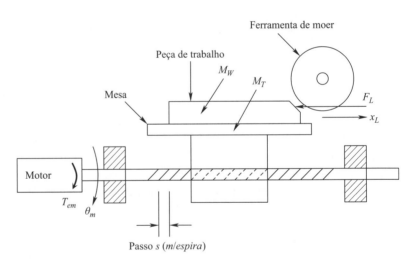

FIGURA E2.10 Sistema de parafuso sem-fim.

Aplicações em Turbinas Eólicas e Veículos Elétricos

2.11 Em turbinas eólicas, a potência disponível no eixo é dada como segue; o passo angular θ é quase zero para "pegar" toda a energia disponível do vento:

$$P_{eixo} = C_p \left(\frac{1}{2}\rho A_r V_W^3\right)$$

em que C_p é o Coeficiente de Desempenho (adimensional) da turbina eólica, ρ é a densidade do ar, A_r é a área varrida pelas pás do rotor, e V_W é a velocidade do vento, todas no sistema de unidades MKS. A velocidade giratória da turbina eólica é controlada de maneira tal que é operada próximo do valor ótimo do Coeficiente de Desempenho, com $C_p = 0{,}48$. Suponha que a eficiência combinada da caixa de engrenagens, gerador e conversor de eletrônica de potência é 90%, e a densidade do ar é 1,2 kg/m³. A_r = 4.000 m². Calcule a potência elétrica de saída da turbina eólica na velocidade nominal de 13 m/s.

2.12 Uma turbina eólica está girando a 22 rpm em regime estacionário em uma velocidade de vento de 13 m/s e está produzindo 1,5 MW de potência. A inércia dos mecanismos é 3,40 × 10⁶ kg · m². Repentinamente há um curto-circuito na rede elétrica, e a saída elétrica vai a zero por 2 segundos. Calcule o incremento na velocidade em rpm durante esse intervalo. Suponha que o torque no eixo se mantém constante, e todas as outras eficiências são 100% para o propósito deste cálculo.

2.13 Em um veículo elétrico, cada roda é tracionada por seu próprio motor. O veículo pesa 2.000 kg. Este veículo incrementa sua velocidade linearmente de 0 a 96,54 km/h em 10 segundos. O diâmetro do pneu é 70 cm. Calcule a máxima potência requerida de cada motor em kW.

2.14 Em um veículo elétrico, cada roda é tracionada por seu próprio motor. Este veículo elétrico pesa 1.000 kg, o diâmetro do pneu é 50 cm. Utilizando frenagem regenerativa, sua velocidade é levada de 20 m/s (72 km/h) a zero em 10 segundos, linearmente com o tempo. Sem considerar perdas, calcule e apresente um gráfico em função do tempo para cada roda, levando em consideração: o torque eletromagnético T_{em} em N · m, a velocidade de rotação ω_m em rad/s e a potência P_m recuperada em kW. Marcar os gráficos.

EXERCÍCIOS DE SIMULAÇÃO

2.15 Fazendo uma analogia elétrica, resolva o Exercício 2.4.
2.16 Fazendo uma analogia elétrica, resolva o Exercício 2.6.

3
REVISÃO DE FUNDAMENTOS DE CIRCUITOS ELÉTRICOS

3.1 INTRODUÇÃO

O propósito deste capítulo é revisar os elementos da teoria básica dos circuitos elétricos que são essenciais para o estudo de acionamentos elétricos: o uso de fasores para analisar circuitos em estado permanente senoidal, a potência reativa, o fator de potência e a análise de circuitos trifásicos.

Neste livro, utilizaremos as unidades do sistema de unidades MKS e letras e símbolos das normas IEEE sempre que seja possível. As letras minúsculas v e i são utilizadas para representar os valores instantâneos de tensões e correntes que variam com o tempo. Elas podem, ou não, ser mostradas explicitamente como funções temporais. A direção da corrente positiva é indicada por uma seta, como mostra a Figura 3.1. De forma similar, as polaridades devem ser indicadas. A tensão v_{ab} se refere à tensão do nó "a" em relação ao nó "b", isto é, $v_{ab} = v_a - v_b$.

3.2 REPRESENTAÇÃO FASORIAL EM ESTADO ESTACIONÁRIO SENOIDAL

Em circuitos lineares com tensões e correntes senoidais de frequência f aplicada por um longo tempo para atingir o estado estacionário, todas as correntes e tensões do circuito estão na frequência $f(=\omega/2\pi)$. Para analisar esse tipo de circuitos, os cálculos são simplificados por meio da análise no domínio fasorial. O uso dos fasores também provê um profundo entendimento (com relativa facilidade) do comportamento do circuito.

No domínio fasorial, as variáveis temporais $v(t)$ e $i(t)$ são transformadas em fasores que são representados pelas variáveis complexas $\overline{V}$ e $\overline{I}$. Observa-se que os fasores são expressos por letras maiúsculas com uma barra "-" na parte superior. No plano complexo (real e imaginário), esses fasores podem ser desenhados com uma magnitude e um ângulo.

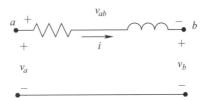

FIGURA 3.1 Convenções para tensões e correntes.

Uma função temporal cossenoidal é tomada como um fasor de referência; por exemplo, a expressão da tensão na Equação 3.1, a seguir, é representada por um fasor, que é completamente real com um ângulo de zero grau:

$$v(t) = \hat{V} \cos \omega t \Leftrightarrow \overline{V} = \hat{V} \angle 0 \qquad (3.1)$$

de forma similar,

$$i(t) = \hat{I} \cos(\omega t - \phi) \Leftrightarrow \overline{I} = \hat{I} \angle -\phi \qquad (3.2)$$

em que "^" indica o pico da amplitude. Esses fasores da tensão e corrente estão desenhados na Figura 3.2. Nas Equações 3.1 e 3.2 observa-se o seguinte: escolhemos os valores picos das tensões e correntes para representar as magnitudes do fasor, e a frequência ω está associada implicitamente a cada fasor. Conhecendo essa frequência, uma expressão fasorial pode ser retransformada em uma expressão no domínio do tempo.

Utilizando fasores, podemos converter equações diferenciais em equações algébricas contendo variáveis complexas e de fácil solução. Considere o circuito da Figura 3.3a em estado estacionário senoidal e com uma tensão aplicada na frequência $f(= \omega/2\pi)$. Para calcular a corrente no circuito, permanecendo no domínio do tempo, precisamos resolver a seguinte equação diferencial:

$$Ri(t) + L\frac{di(t)}{dt} + \frac{1}{C}\int i(t) \cdot dt = \hat{V}\cos(\omega t) \qquad (3.3)$$

Utilizando fasores, podemos redesenhar o circuito da Figura 3.3a na Figura 3.3b, em que a indutância L é representada por $j\omega L$, e a capacitância C é representada por $-j/(\omega C)$. No circuito do domínio fasorial, a impedância Z dos elementos conectados em série é obtida pelo triângulo de impedâncias da Figura 3.3 como

$$Z = R + jX_L - jX_c \qquad (3.4)$$

em que

$$X_L = \omega L \quad \text{e} \quad X_c = \frac{1}{\omega C} \qquad (3.5)$$

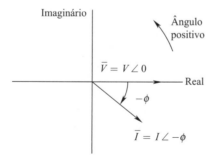

FIGURA 3.2   Diagrama fasorial.

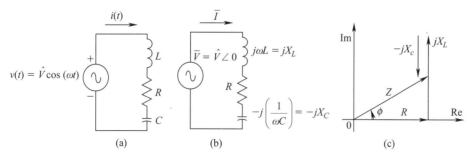

FIGURA 3.3   (a) Circuito no domínio do tempo; (b) circuito no domínio fasorial; (c) triângulo de impedâncias.

A impedância pode ser expressa como

$$Z = |Z| \angle \phi \tag{3.6a}$$

em que

$$|Z| = \sqrt{R^2 + \left(\omega L - \frac{1}{\omega C}\right)^2} \quad \text{e} \quad \phi = \tan^{-1}\left[\frac{\left(\omega L - \dfrac{1}{\omega C}\right)}{R}\right] \tag{3.6b}$$

É importante reconhecer que, enquanto Z é um número complexo, a impedância *não* é um fasor e *não* tem uma expressão correspondente no domínio do tempo.

Exemplo 3.1

Calcule a impedância vista entre os terminais do circuito na Figura 3.4 em regime estacionário senoidal na frequência $f = 60$ Hz.

Solução

$$Z = j0,1 + (-j5,0 \| 2,0)$$
$$Z = j0,1 + \frac{-j10}{(2-j5)} = 1,72 - j0,59 = 1,82 \angle -18,9° \; \Omega$$

Utilizando a impedância na Equação 3.6, a corrente na Figura 3.3b pode ser obtida como

$$\bar{I} = \frac{\overline{V}}{Z} = \left(\frac{\hat{V}}{|Z|}\right) \angle -\phi \tag{3.7}$$

em que $\hat{I} = \dfrac{\hat{V}}{|Z|}$, e ϕ é calculada da Equação 3.6b. Utilizando a Equação 3.2, a corrente temporal pode ser expressa como

$$i(t) = \frac{\hat{V}}{|Z|} \cos(\omega t - \phi) \tag{3.8}$$

No triângulo de impedâncias da Figura 3.3c, um valor positivo do ângulo de fase ϕ implica que a corrente se atrasa da tensão no circuito da Figura 3.3a. Algumas vezes, isto é conveniente para expressar o inverso da impedância, que é denominada admitância:

$$Y = \frac{1}{Z} \tag{3.9}$$

O procedimento no domínio fasorial para resolver $i(t)$ é muito mais fácil do que resolver a equação diferencial dada pela Equação 3.3 (veja os Exercícios 3.3 e 3.4).

Exemplo 3.2

Calcule a corrente $\bar{I}_1$ e $i_1(t)$ no circuito da Figura 3.5 se a tensão aplicada tem um valor rms de 120 V e uma frequência de $f = 60$ Hz. Suponha que $\overline{V}_1$ é o fasor de referência.

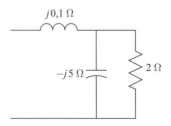

FIGURA 3.4 Circuito de impedâncias.

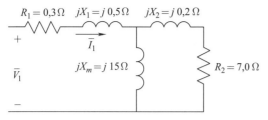

FIGURA 3.5 Exemplo 3.2.

Solução Para um valor rms de 120 V, o valor pico é $\hat{V}_1 = \sqrt{2} \times 120 = 169,7\, V$. Com $\overline{V}_1$ como fasor de referência, então pode-se escrever $\overline{V}_1 = 169,7 \angle 0°\, V$. A impedância do circuito vista pelos terminais da tensão aplicada é

$$Z = (R_1 + jX_1) + (jX_m) \| (R_2 + jX_2)$$

$$= (0,3 + j0,5) + \frac{(j15)(7+j0,2)}{(j15) \;\; (7+j0,2)} = (5,92 + j3,29) = 6,78 \angle 29°\, \Omega$$

$$\overline{I}_1 = \frac{\overline{V}_1}{Z} = \frac{169,7 \angle 0°}{6,78 \angle 29°} = 25,0 \angle -29°\, A$$

Portanto,

$$i_1(t) = 25,0 \cos(\omega t - 29°)\, A.$$

O valor rms da corrente é $25,0/\sqrt{2} = 17,7$ A.

3.2.1 Potência, Potência Reativa e Fator de Potência

Considere o circuito genérico da Figura 3.6 em estado estacionário senoidal. Cada subcircuito consiste em elementos passivos (R-L-C) e fontes ativas de tensão e corrente. Com base na escolha arbitrária da polaridade da tensão e na direção da corrente mostrada na Figura 3.6, a potência instantânea $p(t) = v(t)i(t)$ é entregue pelo subcircuito 1 e absorvida pelo subcircuito 2.

Isto é porque, no subcircuito 1, a corrente definida como positiva está saindo pelo terminal de polaridade positiva (o mesmo como em um gerador). Por outro lado, a corrente definida positiva está entrando no terminal positivo no subcircuito 2 (o mesmo como na carga). Um valor negativo de $p(t)$ inverte os papéis dos subcircuitos 1 e 2.

Sob uma condição de estado estacionário senoidal em uma frequência f, a potência complexa S, a potência reativa Q e o fator de potência expressam quão "efetivamente" a potência real (média) P é transferida de um subcircuito para outro.

Se $v(t)$ e $i(t)$ estão em fase, $p(t) = v(t)\, i(t)$, como mostra a Figura 3.7a, oscila em duas vezes a frequência de regime permanente. Mas, em todos os tempos, $p(t) \geq 0$; por conseguinte, a potência sempre flui em uma direção: do subcircuito 1 para o subcircuito 2. Agora

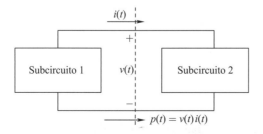

FIGURA 3.6 Um circuito genérico dividido em dois subcircuitos.

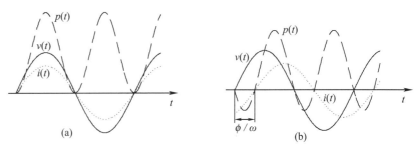

FIGURA 3.7 Potência instantânea com tensões e correntes senoidais.

considere as formas de onda da Figura 3.7b, em que a forma de onda de $i(t)$ atrasa a forma de onda de $v(t)$ por um ângulo de fase $\phi(t)$. Agora, $p(t)$ chega a ser negativo durante um intervalo de tempo de (ϕ/ω) durante cada meio ciclo. Uma potência instantânea negativa implica um fluxo de potência na direção oposta. Esse fluxo de potência em ambas as direções indica que a potência real (média) não é transferida otimamente de um subcircuito para outro, como no caso da Figura 3.7a.

O circuito da Figura 3.6 é redesenhado na Figura 3.8a no domínio fasorial. Os fasores da tensão e corrente são definidos por suas magnitudes e ângulos de fase como

$$\overline{V} = \hat{V} \angle \phi_v \qquad e \qquad \overline{I} = \hat{I} \angle \phi_i \qquad (3.10)$$

Na Figura 3.8b, supõe-se que $\phi_v = 0$ e que ϕ_i tem um valor negativo. Para expressar a potência real, reativa e complexa, é conveniente usar o valor rms da tensão V e o valor rms da corrente I, em que

$$V = \frac{1}{\sqrt{2}} \hat{V} \qquad e \qquad I = \frac{1}{\sqrt{2}} \hat{I} \qquad (3.11)$$

A potência complexa S é definida como

$$S = \frac{1}{2} \overline{V} \, \overline{I}^* \text{ (* indica complexo conjugado)} \qquad (3.12)$$

Assim, substituindo as expressões da tensão e corrente na Equação 3.12, e considerando que $\overline{I}^* = \hat{I} \angle -\phi_i$, em termos dos valores rms da Equação 3.11,

$$S = V \angle \phi_v \, I \angle -\phi_i = V I \angle (\phi_v - \phi_i) \qquad (3.13)$$

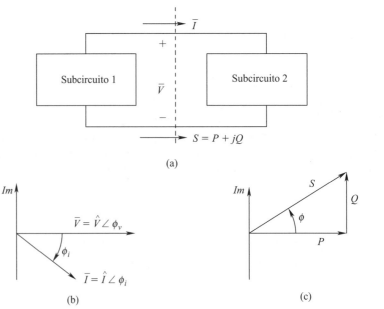

FIGURA 3.8 (a) Potência transferida no domínio fasorial; (b) diagrama fasorial; (c) triângulo de potências.

A diferença entre os dois ângulos de fase é definida como

$$\phi = \phi_v - \phi_i \tag{3.14}$$

Portanto,

$$S = VI\angle\phi = P + jQ \tag{3.15}$$

em que

$$P = VI\cos\phi \tag{3.16}$$

e

$$Q = VI\operatorname{sen}\phi \tag{3.17}$$

O triângulo de potências correspondente para a Figura 3.8b é mostrado na Figura 3.8c. Da Equação 3.15, a magnitude de S, também denominada "potência aparente", é

$$|S| = \sqrt{P^2 + Q^2} \tag{3.18}$$

e

$$\phi = \tan^{-1}\left(\frac{Q}{P}\right) \tag{3.19}$$

As quantidades acima têm as seguintes unidades: $P{:}W$(Watts); $Q{:}Var$(Volt-Ampere Reativo) supondo por convenção que uma carga indutiva absorve vars positivo; $|S|$: VA(Volt-ampères); finalmente ϕ_v, ϕ_i, ϕ: em radianos, são medidos positivamente em sentido anti-horário com respeito ao eixo de referência (desenhado horizontalmente da esquerda para a direita).

O significado físico de potência aparente $|S|$, P e Q deve ser entendido. O custo de muitos equipamentos elétricos, tais como geradores, transformadores e linhas de transmissão, é proporcional a $|S|$ ($= VI$), já que seu nível de isolamento e o tamanho do núcleo magnético dependem da tensão V, e o tamanho do condutor depende da corrente I. A potência real P tem significado físico, uma vez que ele representa o trabalho útil sendo executado mais as perdas. Em muitas situações, é desejável que a potência reativa Q seja igual a zero.

Para apoiar a discussão acima, outra quantidade denominada fator de potência é definida. O fator de potência é uma medida de quão efetivamente a carga absorve potência real (ativa):

$$\text{fator de potência} = \frac{P}{|S|} = \frac{P}{VI} = \cos\phi \tag{3.20}$$

que é uma quantidade adimensional. Idealmente, o fator de potência deve ser 1.0 (isto é, Q deve ser zero) de maneira a absorver potência real com a magnitude mínima da corrente, e assim minimizar as perdas no equipamento elétrico e linhas de transmissão e distribuição. Uma carga indutiva absorve potência com um fator de potência atrasado quando a corrente se atrasa em relação à tensão. Contrariamente, uma carga capacitiva absorve potência com um fator de potência adiantado quando a corrente se adianta da tensão da carga.

Exemplo 3.3

Calcule a P, Q, S e o fator de potência de funcionamento nos terminais do circuito da Figura 3.5 no Exemplo 3.2. Desenhe o triângulo de potências.

Solução

$$P = V_1 I_1 \cos\phi = 120 \times 17{,}7 \cos 29° = 1857{,}7 \text{ W}$$

$$Q = V_1 I_1 \operatorname{sen}\phi = 120 \times 17{,}7 \times \operatorname{sen} 29° = 1029{,}7 \text{ VAR}$$

$$|S| = V_1 I_1 = 120 \times 17{,}7 = 2124 \text{ VA}$$

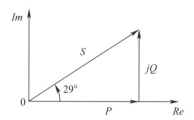

FIGURA 3.9 Triângulo de potências.

Da Equação 3.19, $\phi = \tan^{-1}\frac{Q}{P} = 29°$. O triângulo de potências é mostrado na Figura 3.9. Note que o ângulo de S no triângulo é o mesmo que o ângulo de impedância ϕ no Exemplo 3.2.

Também observe o seguinte para a impedância indutiva no exemplo acima: (1) A impedância é $Z = |Z| \angle \phi$, em que ϕ é positivo. (2) A corrente se atrasa da tensão em um ângulo de impedância ϕ. Isto corresponde a uma operação com fator de potência atrasado. (3) No triângulo de potências, o ângulo da impedância ϕ relaciona P, Q e S. (4) Uma impedância indutiva, quando aplicada uma tensão, absorve uma potência reativa positiva (vars). Se a impedância fosse capacitiva, o ângulo ϕ deveria ser negativo e deveria absorver uma potência reativa negativa (em outras palavras, a impedância forneceria potência reativa positiva).

3.3 CIRCUITOS TRIFÁSICOS

O entendimento básico de circuitos trifásicos é tão importante no estudo de acionamentos elétricos como em sistemas de potência. Quase toda a eletricidade é gerada por meio de geradores CA trifásicos. A Figura 3.10 mostra o diagrama unifilar de um sistema de transmissão e distribuição trifásico. As tensões geradas (usualmente entre 22 e 69 kV) são elevadas através de transformadores a níveis de 230 kV a 500 kV para logo serem transportadas através das linhas de transmissão de potência desde a usina de geração até o centro de carga. A maioria das cargas são motores acima de alguns kW de potência nominal alimentados por um sistema trifásico. Em muitos acionamentos CA, a entrada ao acionamento pode ser monofásica ou trifásica. Mesmo assim, os motores são quase sempre alimentados por sistema trifásico e com frequência ajustável CA, exceto os pequenos motores de ventiladores bifásicos utilizados em equipamentos eletrônicos.

As configurações mais comuns de circuitos trifásicos CA são as conexões estrela e triângulo. Agora serão investigadas essas duas configurações em condições de regime estacionário senoidal. Adicionalmente, vamos supor uma condição balanceada, que implica que todas as três tensões são iguais em magnitude e deslocadas em 120° ($2\pi/3$ radianos), uma em relação a outra. Considerando que afonte e a carga estão conectadas em estrela no domínio fasorial, conforme mostrado na Figura 3.11.

A sequência de fases é assumida para ser $a - b - c$, que é considerada uma sequência positiva. Nesta sequência, a tensão da fase "a" adianta à fase "b" em 120°, e a fase "b" adianta à fase "c" em 120° ($2\pi/3$ radianos), conforme está ilustrado na Figura 3.12.

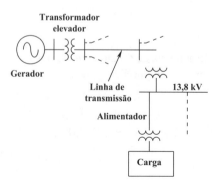

FIGURA 3.10 Diagrama unifilar de um sistema de transmissão e distribuição trifásico.

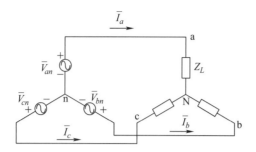

FIGURA 3.11 Fonte e carga conectada em estrela.

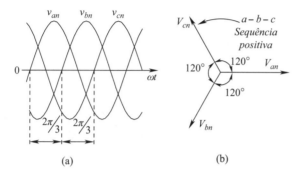

FIGURA 3.12 Tensões trifásicas no domínio temporal e fasorial.

Esta aplicação é feita tanto no domínio do tempo como no domínio fasorial. Observe que, na sequência das tensões $a - b - c$ mostrada na Figura 3.12a, primeiro v_{an} atinge seu pico positivo, e logo v_{bn} atinge seu pico positivo $2\pi/3$ radianos depois, e assim sucessivamente. Podemos representar essas tensões em forma fasorial como

$$\overline{V}_{an} = \hat{V}_s \angle 0°, \qquad \overline{V}_{bn} = \hat{V}_s \angle -120° \qquad \text{e} \qquad \overline{V}_{cn} = \hat{V}_s \angle -240° \qquad (3.21)$$

em que $\hat{V}_s$ é a amplitude da tensão de fase, e a tensão da fase "a" é assumida para ser a referência (com um ângulo de zero grau). Para um grupo de tensões balanceadas dado pela Equação 3.21, em qualquer instante, a soma dessas tensões de fase é igual a zero:

$$\overline{V}_{an} + \overline{V}_{bn} + \overline{V}_{cn} = 0 \qquad \text{e} \qquad v_{an}(t) + v_{bn}(t) + v_{cn}(t) = 0 \qquad (3.22)$$

3.3.1 Análise por Fase

Um circuito trifásico pode ser analisado de forma monofásica, sempre e quando ela tenha um conjunto balanceado de fontes de tensão e impedâncias iguais em cada fase. Como no circuito mostrado na Figura 3.11. Nesse circuito, o neutro da fonte "n" e o neutro da carga "N" estão no mesmo potencial. Portanto, "hipoteticamente" conectando esses neutros com um cabo de impedância zero, como mostrado na Figura 3.13, não muda o circuito original trifásico, que agora pode ser analisado em forma monofásica.

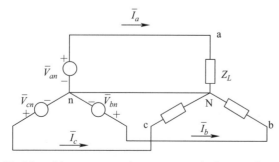

FIGURA 3.13 Fio hipotético conectando os neutros da fonte e da carga.

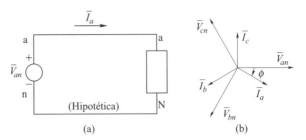

FIGURA 3.14 (a) Circuito equivalente monofásico; (b) diagrama fasorial.

Selecionando a fase para esta análise, o circuito monofásico é mostrado na Figura 3.14a. Se $Z_L = |Z_L| \angle \phi$, utilizando o fato de que, num circuito trifásico balanceado, as quantidades por fase estão deslocadas em 120° uma com relação a outro, encontra-se que

$$\bar{I}_a = \frac{\bar{V}_{an}}{Z_L} = \frac{\hat{V}_s}{|Z_L|} \angle -\phi,$$

$$\bar{I}_b = \frac{\bar{V}_{bn}}{Z_L} = \frac{\hat{V}_s}{|Z_L|} \angle (-\frac{2\pi}{3} - \phi) \quad \text{e} \quad (3.23)$$

$$\bar{I}_c = \frac{\bar{V}_{cn}}{Z_L} = \frac{\hat{V}_s}{|Z_L|} \angle (-\frac{4\pi}{3} - \phi)$$

As três tensões e correntes por fase são mostradas na Figura 3.14b. A potência real ativa e a potência reativa em um circuito trifásico balanceado podem ser obtidas multiplicando os valores por fase por 3. O fator de potência é o mesmo, como no caso trifásico.

Exemplo 3.4

No circuito balanceado da Figura 3.11, as tensões rms por fase são iguais a 120 V, e a impedância $Z_L = 5 \angle 30°\ \Omega$. Calcule o fator de potência de funcionamento e a potência real e reativa consumidas pela carga trifásica.

Solução Como o circuito é balanceado, somente uma das fases, por exemplo, a fase "a", necessita ser analisada.

$$\bar{V}_{an} = \sqrt{2} \times 120 \angle 0°\ \text{V}$$

$$\bar{I}_a = \frac{\bar{V}_{an}}{Z_L} = \frac{\sqrt{2} \times 120 \angle 0°}{5 \angle 30°} = \sqrt{2} \times 24 \angle -30°\ \text{A}$$

O valor rms da corrente é 24 A. O fator de potência pode ser calculado como

fator de potência = cos 30° = 0,866 (atrasado)

A potência ativa consumida pela carga é

$$P = 3V_{an}I_a \cos \phi = 3 \times 120 \times 24 \times \cos 30° = 7482\ \text{W}.$$

A potência reativa "consumida" pela carga é

$$Q = 3V_{an}I_a \text{ sen } \phi = 3 \times 120 \times 24 \times \text{sen } 30° = 4320\ \text{VAR}.$$

3.3.2 Tensões Linha a Linha

No circuito balanceado conectado em estrela da Figura 3.11, é geralmente necessário considerar as tensões linha a linha, tais como aquelas entre as fases "a" e "b", e assim por diante. Com base na análise anterior, podemos referir-nos a ambos os pontos neutros "n"

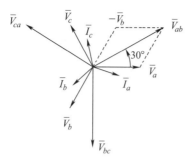

FIGURA 3.15 Tensões linha a linha em um sistema balanceado.

e "N" por um termo comum "n", já que a diferença de potencial entre n e N é zero. Assim, na Figura 3.11 temos:

$$\overline{V}_{ab} = \overline{V}_{an} - \overline{V}_{bn}, \quad \overline{V}_{bc} = \overline{V}_{bn} - \overline{V}_{cn} \quad \text{e} \quad \overline{V}_{ca} = \overline{V}_{cn} - \overline{V}_{an} \tag{3.24}$$

como mostrado no diagrama fasorial da Figura 3.15. Ou utilizando a Equação 3.24 ou graficamente da Figura 3.15, podemos mostrar que

$$\overline{V}_{ab} = \sqrt{3}\,\hat{V}_s \angle \frac{\pi}{6}$$

$$\overline{V}_{bc} = \sqrt{3}\,\hat{V}_s \angle \left(\frac{\pi}{6} - \frac{2\pi}{3}\right) = \sqrt{3}\,\hat{V}_s \angle -\frac{\pi}{2} \tag{3.25}$$

$$\overline{V}_{ca} = \sqrt{3}\,\hat{V}_s \angle \left(\frac{\pi}{6} - \frac{4\pi}{3}\right) = \sqrt{3}\,\hat{V}_s \angle -\frac{7\pi}{6}$$

Comparando as Equações 3.21 e 3.25, observamos que as tensões linha a linha têm uma amplitude de $\sqrt{3}$ vezes a amplitude da tensão de fase:

$$\hat{V}_{LL} = \sqrt{3}\,\hat{V}_s \tag{3.26}$$

e $\overline{V}_{ab}$ adianta $\overline{V}_{an}$ em $\pi/6$ radianos (30°).

3.3.3 Cargas Conectadas em Triângulo

Em acionamentos de motores CA, as três fases do motor podem ser conectadas na configuração delta. Portanto, consideraremos o circuito da Figura 3.16, em que a carga é conectada na configuração triângulo. Na condição balanceada, é possível substituir a carga conectada em triângulo pelo equivalente da carga conectada em estrela; veja a Figura 3.11. Podemos então aplicar a análise por fase utilizando a Figura 3.14.

Considere a carga de impedâncias conectadas em triângulo do circuito trifásico da Figura 3.17a.

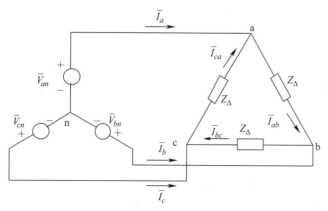

FIGURA 3.16 Carga conectada em triângulo.

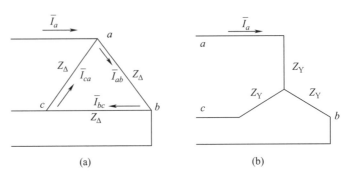

FIGURA 3.17 Transformação estrela-triângulo.

Em termos das correntes drenadas, essas são equivalentes às impedâncias conectadas em estrela da Figura 3.17b, em que

$$Z_y = \frac{Z_\Delta}{3} \qquad (3.27)$$

O circuito equivalente conectado em estrela na Figura 3.17b é fácil de analisar na base por fase.

RESUMO/QUESTÕES DE REVISÃO

1. Por que é importante sempre indicar os sentidos das correntes e as polaridades das tensões?
2. Quais são os significados de $i(t)$, $\hat{I}$, I e $\bar{I}$?
3. Em uma forma de tensão senoidal, qual é a relação entre o valor pico e o valor rms?
4. Como as correntes, tensões, resistores, capacitores e indutores são representados no domínio fasorial? Expresse e desenhe as seguintes relações como fasores, assumindo que ϕ_v e ϕ_i sejam positivas:

$$v(t) = \hat{V}\cos(\omega t + \phi_v) \qquad e \qquad i(t) = \hat{I}\cos(\omega t + \phi_i)$$

5. Como é a corrente fluindo através da impedância $|Z| \angle \phi$ em relação à tensão nela, em magnitude e fase?
6. O que são potência reativa e potência real? Quais são as expressões das potências em termos dos valores rms da corrente e tensão e a diferença de fase entre os dois?
7. O que é potência aparente S? Como é a relação dela com a potência real e reativa? Quais são as expressões para S, P e Q, em termos dos fasores da tensão e corrente? Qual é a polaridade da potência reativa drenada por um circuito indutivo/capacitivo?
8. O que são sistemas trifásicos balanceados? Como pode sua análise ser simplificada? Qual é a relação entre a tensão de linha a linha e tensão de fase em termos de magnitude e fase? O que são as conexões triângulo e estrela?

REFERÊNCIA

Qualquer livro-texto de introdução a Circuitos Elétricos.

EXERCÍCIOS

3.1 Calcule o valor rms da corrente com a forma de onda mostrada na Figura E3.1a.
3.2 Calcule o valor rms da corrente com a forma de onda mostrada na Figura E3.1b.
3.3 Expresse as tensões a seguir como fasores: (a) $v_1(t) = \sqrt{2} \times 120\cos(\omega t - 30°)$ V e (b) $v_2(t) = \sqrt{2} \times 120\cos(\omega t + 30°)$ V.
3.4 O circuito série R-L-C da Figura 3.3a está em estado permanente senoidal na frequência de 60 Hz. $V = 120$ V, $R = 1,3$ Ω, $L = 20$ mH e $C = 100$ μF. Calcule $i(t)$ neste circuito resolvendo a equação diferencial, Equação 3.3.

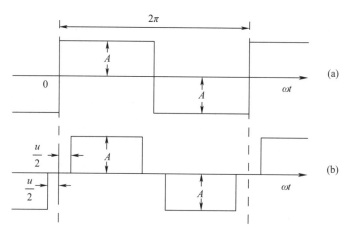

FIGURA E3.1   Formas de onda da corrente.

3.5 Repita o Exercício 3.3 usando a análise no domínio fasorial.

3.6 Em um circuito linear em estado permanente senoidal com somente uma fonte ativa $\overline{V} = 90 \angle 30°\ V$, a corrente no ramo é $\overline{I} = 5 \angle 15°$ A. Calcule a corrente no mesmo ramo, se a fonte de tensão fosse $120 \angle 0°$ V.

3.7 No circuito da Figura 3.5 no Exemplo 3.2, mostre que a potência real e a potência reativa fornecidas nos terminais são iguais à soma de seus componentes individuais, isto é, $P = \sum_k I_k^2 R_k$ e $Q = \sum_k I_k^2 X_k$.

3.8 Uma carga indutiva conectada a uma fonte CA de 120 V (rms), 60 Hz absorvem 1 kW com um fator de potência de 0,8. Calcule a capacitância necessária em paralelo com a carga em ordem a levar o fator de potência do conjunto a 0,95 (atrasado).

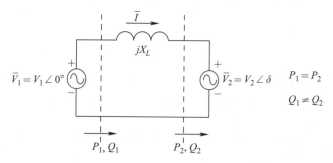

FIGURA E3.2   Fluxo de potência com fontes CA.

3.9 No circuito da Figura E3.2 $\overline{V}_1 = \sqrt{2} \times 120 \angle 0$ V e $X_L = 0,5\ \Omega$. Mostre que $\overline{V}_1, \overline{V}_2$ e $\overline{I}$ em um diagrama fasorial e calcule P_1 e Q_1 para os seguintes valores de $\overline{I}$: (a) $\sqrt{2} \times 10 \angle 0$ A, (b) $\sqrt{2} \times 10 \angle 180°$ A, (c) $\sqrt{2} \times 10 \angle 90°$ A e (d) $\sqrt{2} \times 10 \angle -90°$ A.

3.10 Uma carga indutiva trifásica balanceada é alimentada por uma fonte trifásica balanceada em estado permanente com uma tensão de 120 V rms. A carga absorve uma potência real de 10 kW com um fator de potência de 0,85. Calcule os valores rms das correntes de fase e a magnitude da impedância de carga por fase, supondo que a carga está conectada em estrela. Desenhe o diagrama fasorial, mostrando as três tensões e as três correntes.

3.11 Uma fonte de tensão conectada em estrela, balanceada, e de sequência positiva (a – b – c) tem a tensão da fase a igual a $\overline{V}_a = \sqrt{2} \times 120 \angle 30°$ V. Obtenha as tensões no domínio do tempo $v_a(t)$, $v_b(t)$, $v_c(t)$ e $v_{ab}(t)$.

3.12 Repita o Exercício 3.9, supondo uma carga conectada em triângulo.

3.13 Em uma turbina eólica, o gerador está especificado em 690 V e 2,3 MW. Ele opera com um fator de potência de 0,85 (atrasado) em suas condições nominais. Calcule a corrente por fase que está sendo conduzida pelos cabos para o conversor de eletrônica de potência e o transformador elevador localizado na base da torre.

3.14 Um parque eólico está interligado com a rede elétrica através de um transformador e de uma linha de distribuição. A reatância total entre o parque eólico e a rede é $X_T = 0,2$ pu. A tensão no parque eólico é $\overline{V}_{WF} = 1,0 \angle 0°\ pu$. O parque eólico produz uma potência $P = 1\ pu$ e fornece uma potência reativa de $Q = 0,1\ pu$ fluindo do ponto de interconexão ao resto do sistema. Calcule a magnitude da tensão na rede e a corrente fornecida fluindo do parque eólico. Desenhe o diagrama fasorial mostrando as tensões e correntes.

3.15 No Exercício 3.14, suponha que a magnitude da tensão na rede é $1,0\ pu$ e a tensão no parque eólico é também mantida em $1\ pu$, quando o parque eólico está produzindo $P = 1\ pu$. Calcule a potência reativa Q que o parque eólico deve fornecer fluindo do ponto de interconexão ao resto do sistema.

3.16 No diagrama monofásico mostrado na Figura E3.3a, a tensão da rede é $\overline{V}_s = 1,0 \angle 0°\ pu$. $\overline{V}_{conv}$ representa a tensão CA que pode ser sintetizada com uma magnitude e fase apropriada para obter a corrente desejada $\overline{I}$, como mostra o diagrama fasorial da Figura E3.3b. A reatância entre as duas fontes de tensão é $X = 0,05\ pu$. (a) Calcule $\overline{V}_{conv}$ para obter os seguintes valores de $\overline{I}$: $\overline{I} = 1,0 \angle -30°\ pu$, $\overline{I} = 1,0 \angle 30°\ pu$, $\overline{I} = -1,0 \angle -30°\ pu$ e $\overline{I} = -1,0 \angle 30°\ pu$. (b) Para cada valor de $\overline{I}$ na parte (a), calcule a potência real P e a potência reativa Q fornecida para a rede por $\overline{V}_{conv}$.

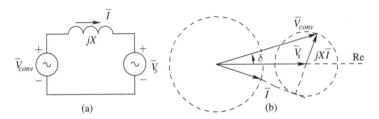

FIGURA E3.3

PROBLEMAS DE SIMULAÇÃO

3.17 Repita o Exercício 3.3 em estado permanente senoidal por meio de simulação computacional.

3.18 Repita o Exercício 3.9 em estado permanente senoidal por meio de simulação computacional.

3.19 Repita o Exercício 3.11 em estado permanente senoidal por meio de simulação computacional.

4
ENTENDIMENTO BÁSICO DE CONVERSORES DE ELETRÔNICA DE POTÊNCIA DE MODO CHAVEADO EM ACIONAMENTOS ELÉTRICOS

4.1 INTRODUÇÃO

Conforme foi discutido no Capítulo 1, os acionamentos elétricos requerem unidades de processamento de potência (UPPs) para converter eficientemente a entrada da rede na frequência de linha a fim de fornecer tensões e correntes a motores e geradores com apropriada frequência e forma. Algumas das aplicações relacionadas com sustentabilidade estão incrementando a eficiência dos sistemas acionados por motores, o emprego da energia eólica e o transporte por meios elétricos de vários tipos, como discutido no Capítulo 1. De forma similar aos amplificadores lineares, as unidades de processamento de potência amplificam os sinais de controle de entrada. Mesmo assim, a diferença dos amplificadores lineares, as UPPs em acionamentos elétricos utilizam os princípios de eletrônica de potência de modo chaveado para conseguir alta eficiência energética, baixo custo, tamanho e peso. Neste capítulo, examinaremos os princípios básicos do modo chaveado, topologias e controle para o processamento de energia elétrica em uma forma eficiente e controlada.

4.2 VISÃO GERAL DAS UNIDADES DE PROCESSAMENTO DE POTÊNCIA (UPPs)

A discussão neste capítulo é extraída de [1], para que o leitor seja encaminhado por uma discussão sistemática. Em muitas aplicações, tais como turbinas eólicas, a estrutura de enlace de tensão da Figura 4.1 é utilizada. Para proporcionar a funcionalidade necessária aos conversores da Figura 4.1, os transistores e diodos, os quais podem bloquear a tensão somente em uma polaridade, têm levado à estrutura do tipo enlace de tensão a ser a mais comumente usada.

Esta estrutura consiste em dois conversores separados, um no lado da rede e outro no lado da carga. As portas CC desses dois conversores são interconectadas entre si com um capacitor em paralelo formando um enlace CC; nele a polaridade da tensão não reverte e, por isso, permite aos transistores bloquear a tensão de forma unipolar para ser utilizada dentro desses conversores. O capacitor em paralelo com os dois conversores forma um enlace de tensão CC; portanto, esta estrutura é denominada estrutura *enlace de tensão* (ou

---
[1] A denominação fonte de tensão está sendo mais utilizada na tecnologia. (N.R.)

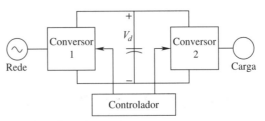

FIGURA 4.1   Sistema de enlace de tensão.

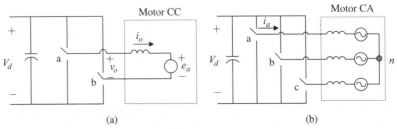

FIGURA 4.2   Conversores de modo chaveado para (a) acionamentos CC e (b) acionamentos CA.

fonte de tensão[1]). Esta estrutura é utilizada em uma grande faixa de potência, desde algumas dezenas de watts até alguns megawatts, inclusive é estendida a centenas de megawatts em aplicações em sistemas de potência. Portanto, focaremos principalmente na estrutura enlace de tensão neste livro, mesmo que existam outras estruturas também. Devemos lembrar que o fluxo de potência na Figura 4.1 se inverte quando o papel da rede e da carga é intercambiado.

Para entender como os conversores na Figura 4.1 funcionam, nossa ênfase será discutir como o conversor do lado da carga, com a tensão CC como entrada, sintetiza as tensões de saída CC ou as tensões de saída senoidais de baixa frequência. Funcionalmente, esse conversor opera como um amplificador linear, amplificando um sinal de controle, CC no caso de acionamentos de motores CC, e CA no caso de acionamentos de motores CA. O fluxo de potência através desse conversor deve ser reversível.

A tensão CC, V_d (supondo que é constante), é utilizada como a tensão de entrada para o conversor no modo chaveado no lado da carga na Figura 4.1. A tarefa desse conversor, dependendo do tipo de máquina, é entregar uma magnitude ajustável CC ou CA senoidal para a máquina por amplificação do sinal do controlador por um ganho constante. É possível que o fluxo de potência através do conversor em modo chaveado deva ser invertido. Em conversores em modo chaveado, como seu nome sugere, os transistores são operados como chaves: ou ligados (*on*) plenamente ou desligados (*off*) totalmente. Os conversores em modo chaveado utilizado para os acionamentos de máquinas CC ou CA podem ser ilustrados de forma simples como na Figura 4.2a e na Figura 4.2b, respectivamente, onde cada chave de duas posições constitui um polo. Os conversores CC-CC para acionamento de máquinas CC na Figura 4.2a consistem em dois polos, enquanto os conversores CC para CA trifásico mostrado na Figura 4.2b para o acionamento de máquinas CA consiste em três polos.

Tipicamente, as eficiências das UPPs excedem 95% e podem atingir 98% em aplicações de grandes potências. Portanto, a eficiência de energia de acionamentos de velocidade ajustável é comparável à da forma convencional de alimentar motores diretamente da rede; desse modo, os sistemas com acionamentos de velocidade ajustável podem alcançar altas eficiências no sistema global (comparado com suas contrapartes convencionais) em muitas aplicações discutidas no Capítulo 1.

4.2.1   Conversão em Modo Chaveado: Polos Chaveados de Potência como Bloco Básico

A obtenção de alta eficiência energética requer conversão em modo chaveado, em que, em contraste com eletrônica de potência linear, transistores (e diodos) são operados como chaves em dois estados: ou ligado ou desligado. Esta conversão em modo chaveado pode

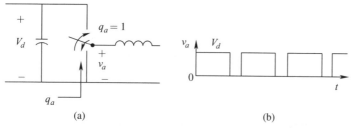

FIGURA 4.3   Polo chaveado de potência como bloco básico de conversores.

ser explicada por seu bloco básico, um polo chaveado de potência *a*, como ilustrado na Figura 4.3a. Esse bloco consiste em uma chave de duas posições, que forma um dispositivo de duas portas: uma porta de tensão em um capacitor com tensão V_d, que não pode ser alterada instantaneamente, e uma porta de corrente em um indutor série, no qual passa uma corrente que não pode ser alterada instantaneamente. Por ora, admitiremos que a chave é ideal, com duas posições: para cima ou para baixo (fechada ou aberta). A posição da chave é determinada por um sinal de chaveamento q_a, que assume dois valores: 1 (chave fechada, para cima) e 0 (chave aberta, para baixo).

Ao alternar a chave entre as duas posições a uma alta taxa de repetição chamada de frequência de chaveamento f_s, a chave "corta" a tensão de entrada V_d em um trem de pulsos de tensão de alta frequência, representado pela forma de onda v_a na Figura 4.3b. O controle da largura de pulso em um ciclo de chaveamento permite o controle sobre o valor médio nos ciclos de chaveamento da saída pulsada, e esta modulação da largura de pulso constitui a base da sintetização e de saídas ajustáveis CC e senoidais CA de baixa frequência, como descrito na próxima seção. Um conversor em modo chaveado consiste em um ou mais (multiníveis) polos chaveados de potência.

4.2.2 Modulação por Largura de Pulso (PWM) de Polos Chaveados de Potência (f_s constante)

O objetivo do polo chaveado de potência, redesenhado na Figura 4.4a, é sintetizar a tensão de saída de modo que seu *valor médio nos ciclos de chaveamento* seja o valor desejado: CC ou CA, que varia senoidalmente em uma frequência baixa, em comparação com f_s. O chaveamento a uma frequência constante f_s produz um trem de pulsos de tensão como ilustrado na Figura 4.4b que se repete a um período constante de chaveamento T_s, que é igual a $1/f_s$.

Em cada ciclo de chaveamento, de período T_s ($= 1/f_s$) na Figura 4.4b, o valor médio, $\bar{v}_a$, nos ciclos de chaveamento da forma de onda, é controlado pela largura de pulso T_{up} (durante o qual a chave está na posição "para cima" e v_a é igual a V_d), e dado como uma razão de T_s:

$$\bar{v}_a = \frac{T_{up}}{T_s} V_d = d_a V_d \qquad 0 \le d_a \le 1 \qquad (4.1)$$

em que d_a ($= T_{up}/T_s$), que é a média da forma de onda q_a, ilustrada na Figura 4.4b, é definida como *ciclo de trabalho*[2] do polo chaveado de potência *a*; e a tensão média calculada ao

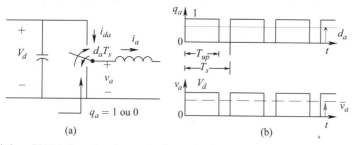

FIGURA 4.4   PWM do polo chaveado de potência.

---

[2] É também comum o termo *duty-ratio*; o correspondente jargão em português é "razão de trabalho" ou "razão cíclica". (N.T.)

longo dos ciclos de chaveamento é indicada com uma barra "–" acima da letra. A tensão média nos ciclos de chaveamento e o ciclo de trabalho da chave são expressos por letras minúsculas, e podem variar com o tempo. O controle do valor médio da tensão de saída ao longo dos ciclos de chaveamento é conseguido ajustando ou modulando a largura de pulso, o que, posteriormente, será caracterizado como modulação por largura de pulso (*Pulse-Width Modulation* – PWM). O polo chaveado de potência e o controle de sua saída por PWM constituem a base da conversão em modo chaveado com alta eficiência energética.

Devemos notar que, na discussão anterior, $\bar{v}_a$ e d_a são grandezas discretas, e seus valores calculados no k-ésimo ciclo de chaveamento podem ser expressos como $\bar{v}_{a,k}$ e $d_{a,k}$, respectivamente. Entretanto, em aplicações práticas, a largura de pulso T_{up} muda muito lentamente ao longo de vários ciclos de chaveamento e, neste caso, podemos considerar essas grandezas como grandezas analógicas, expressas como $\bar{v}_A(t)$ e $d_A(t)$, que são funções contínuas do tempo. Por simplicidade, não podemos mostrar a dependência temporal dessas grandezas explicitamente.

4.2.3 Polo Chaveado de Potência Bidirecional

Um polo chaveado de potência bidirecional, através do qual o fluxo de potência pode ser em uma ou outra direção, é implementado como ilustrado na Figura 4.5a. Nesse polo chaveado de potência bidirecional, a corrente positiva i_L representa o modo de operação abaixador (Buck) (onde o fluxo de potência é da alta-tensão para a baixa tensão) como mostra a Figura 4.5b, em que somente o transistor e o diodo associado com o conversor abaixador tomam parte; o transistor conduz quando $q = 1$; senão, o diodo conduz.

Mesmo assim, como mostrado na Figura 4.5c, a corrente negativa no indutor representa o modo de operação elevador (Boost) (onde o fluxo de potência vai da baixa tensão para a alta tensão), em que somente o transistor e o diodo associado com o conversor elevador fazem parte; o transistor conduz quando $q = 0$ ($q^- = 1$), senão, o diodo conduz quando $q = 1$ ($q^- = 0$).

As Figuras 4.5b e 4.5c mostram que a combinação de dispositivos na Figura 4.5a o representa como um polo chaveado de potência que pode conduzir i_L em uma ou outra direção. Isto é mostrado como uma chave equivalente na Figura 4.6a que de fato está na posição "para cima" quando $q = 1$ como mostrado na Figura 4.6b, e na posição "para baixo" quando $q = 0$ como mostrado na Figura 4.6c, independente da direção de i_L.

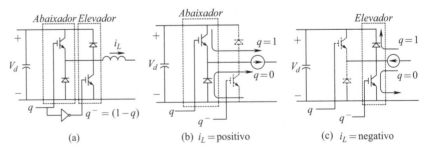

FIGURA 4.5 Fluxo de potência bidirecional através de polo chaveado de potência.

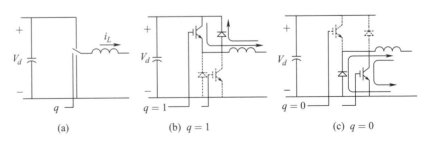

FIGURA 4.6 Polo chaveado de potência bidirecional.

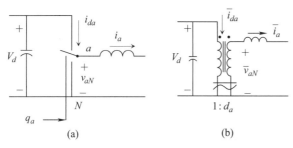

FIGURA 4.7 Representação média em um ciclo de chaveamento do polo chaveado de potência.

O polo chaveado de potência bidirecional da Figura 4.6a é repetido na Figura 4.7a para o polo a, com seu sinal de chaveamento identificado como q_a. Em resposta ao sinal de chaveamento, o polo se comporta da seguinte forma: "para cima" quando $q_a = 1$; em outro caso, "para baixo". Portanto, sua representação média por ciclo de chaveamento é um transformador ideal, como mostrado na Figura 4.7b, com uma relação de espiras 1: $d_a(t)$.

Os valores médios por ciclo de chaveamento das variáveis na porta de tensão e na porta de corrente na Figura 4.7b estão relacionados por $d_a(t)$ como:

$$\bar{v}_{aN} = d_a V_d \qquad (4.2)$$

$$\bar{i}_{da} = d_a \bar{i}_a \qquad (4.3)$$

4.2.4 Modulação por Largura de Pulso (PWM) do Polo de Potência Chaveado Bidirecional

A tensão na porta de corrente de um polo de potência chaveado sempre tem polaridade positiva. Entretanto, para aplicação em acionamento de motores, as tensões de saída dos conversores na Figura 4.2 devem ter polaridade reversível. Isto é obtido com a introdução de uma tensão em modo comum em cada polo de potência, como discutido a seguir, e utilizando a saída diferencial entre os polos de potência.

Na Figura 4.7b, que inclui uma tensão em modo comum, a obtenção de uma desejada tensão média por ciclo de chaveamento $\bar{v}_{aN}$ requer o seguinte ciclo de trabalho, da Equação 4.2:

$$d_a = \frac{\bar{v}_{aN}}{V_d} \qquad (4.4)$$

em que V_d é a tensão no barramento CC. Para que o sinal de chaveamento q_a forneça tal ciclo de trabalho, uma tensão de controle $v_{cntrl,a}$ é comparada com uma portadora de forma de onda triangular, na frequência de chaveamento f_s e amplitude $\hat{V}_{tri}$, como indicado na Fi-

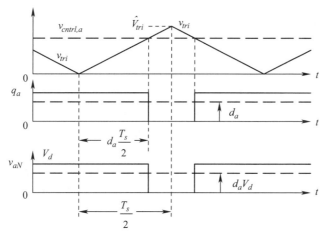

FIGURA 4.8 Formas de onda para PWM em um polo de potência chaveado.

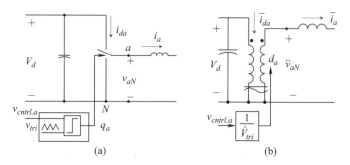

FIGURA 4.9 Polo chaveado e o controle do ciclo de trabalho.

gura 4.8. Devido à simetria, apenas se considera $T_s/2$, metade do período de chaveamento. O sinal de chaveamento é $q_a = 1$, se $v_{cntrl,a} > v_{tri}$; caso contrário, $q_a = 0$. Portanto, na Figura 4.8, temos

$$v_{cntrl,a} = d_a \hat{V}_{tri} \tag{4.5}$$

A representação média por ciclo de chaveamento do polo de potência na Figura 4.9a é ilustrada na Figura 4.9b como um transformador ideal com razão de espiras controlável, em que a representação média por ciclo de chaveamento do controle do ciclo de trabalho está de acordo com a Equação 4.5.

O espectro de Fourier da forma de onda chaveada v_{aN} é mostrado na Figura 4.10, e depende da natureza do sinal de controle. Se a tensão de controle for CC, a tensão de saída terá harmônicos nos múltiplos da frequência de chaveamento, isto é, f_s, $2f_s$, etc., como indicado na Figura 4.10a. Se a tensão de controle varia em uma baixa frequência f_1, como nos acionamentos elétricos, então aparecem os harmônicos de magnitudes relevantes nas bandas laterais da frequência de chaveamento e seus múltiplos, como indicado na Figura 4.10b, em que

$$f_h = k_1 f_s + \underbrace{k_2 f_1}_{bandas\ laterais} \tag{4.6}$$

k_1 e k_2 são constantes que podem assumir os valores 1, 2, 3, e assim por diante. Alguns desses harmônicos associados ao polo de potência são cancelados entre as tensões de saída do conversor, quando dois ou três polos de potência são usados.

No polo de potência mostrado na Figura 4.9, a tensão de saída v_{aN} e seu valor médio por ciclo de chaveamento $\bar{v}_{aN}$ são limitados a valores entre 0 e V_d. Para obter uma tensão de saída $\bar{v}_{an}$ (em que "n" pode ser um nó fictício) que possa ser positiva e negativa, uma compensação de modo comum (*offset*) $\bar{v}_{com}$ é introduzida em cada polo de potência, de modo que a tensão de saída do polo é

$$\bar{v}_{aN} = \bar{v}_{com} + \bar{v}_{an} \tag{4.7}$$

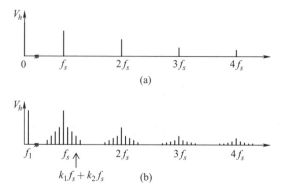

FIGURA 4.10 Harmônicos na saída de um polo de potência chaveado.

em que $\bar{v}_{com}$ permite que $\bar{v}_{an}$ se torne positivo e negativo em torno da tensão em modo comum $\bar{v}_{com}$. Na saída diferencial, quando dois ou três polos são usados, a tensão em modo comum é eliminada.

4.3 CONVERSORES PARA ACIONAMENTO DE MOTORES CC $(-V_d < \bar{v}_o < V_d)$

Conversores para acionamento de motores CC (veja o Capítulo 7) consistem em dois polos de potência, como mostrado na Figura 4.11a, em que

$$\bar{v}_o = \bar{v}_{aN} - \bar{v}_{bN} \qquad (4.8)$$

e $\bar{v}_o$ pode assumir valores positivos e negativos. Como a tensão de saída deve ter valores em todo o intervalo de $-V_d$ a $+V_d$, o polo a é indicado para gerar $\bar{v}_o/2$, e o polo b, para gerar $-\bar{v}_o/2$ para a saída:

$$\bar{v}_{an} = \frac{\bar{v}_o}{2} \quad \text{e} \quad \bar{v}_{bn} = -\frac{\bar{v}_o}{2} \qquad (4.9)$$

em que "n" é um nó fictício, como mostrado na Figura 4.11a, escolhido para definir a contribuição de cada polo para $\bar{v}_o$.

Para alcançar iguais excursões de valores positivos e negativos da tensão média na saída por ciclo de chaveamento, a tensão média de modo comum por ciclo de chaveamento em cada polo é escolhida como a metade da tensão no barramento CC:

$$\bar{v}_{com} = \frac{V_d}{2} \qquad (4.10)$$

Portanto, da Equação 4.7, temos

$$\bar{v}_{aN} = \frac{V_d}{2} + \frac{\bar{v}_o}{2} \quad \text{e} \quad \bar{v}_{bN} = \frac{V_d}{2} - \frac{\bar{v}_o}{2} \qquad (4.11)$$

As tensões de saída médias por ciclo de chaveamento dos polos de potências e conversor são mostradas na Figura 4.11b. Das Equações 4.4 e 4.11,

$$d_a = \frac{1}{2} + \frac{1}{2}\frac{\bar{v}_o}{V_d} \quad \text{e} \quad d_b = \frac{1}{2} - \frac{1}{2}\frac{\bar{v}_o}{V_d} \qquad (4.12)$$

e, da Equação 4.12,

$$\bar{v}_o = (d_a - d_b)V_d \qquad (4.13)$$

Exemplo 4.1

Em um acionamento de motor CC, a tensão no barramento CC é $V_d = 350$ V. Determinemos $\bar{v}_{com}$, $\bar{v}_{aN}$ e d_a para o polo a e de forma similar às grandezas correspondentes para o polo b, se a tensão de saída requerida é (a) $\bar{v}_o = 300$ V e (b) $\bar{v}_o = -300$ V.

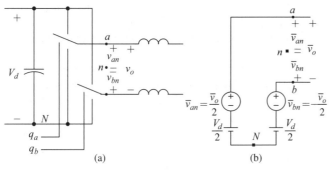

FIGURA 4.11 Conversor para acionamento de motor CC.

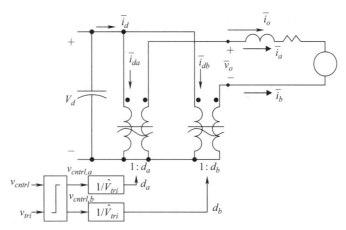

FIGURA 4.12   Representação média por ciclo de chaveamento do conversor para acionamentos CC.

Solução Da Equação 4.10, $\bar{v}_{com} = \dfrac{V_d}{2} = 175$ V.

(a) Para $\bar{v}_o = 300$ V, da Equação 4.9, $\bar{v}_{an} = \bar{v}_o/2 = 150$ V e $\bar{v}_{bn} = -\bar{v}_o/2 = -150$ V. Da Equação 4.11, $\bar{v}_{aN} = 325$ V e $\bar{v}_{bN} = 25$ V. Da Equação 4.12, $d_a \approx 0{,}93$ e $d_b \approx 0{,}07$.

(b) Para $\bar{v}_o = -300$ V, $\bar{v}_{an} = \bar{v}_o/2 = -150$ V e $\bar{v}_{bn} = -\bar{v}_o/2 = 150$ V. Portanto, da Equação 4.11, $\bar{v}_{aN} = 25$ V e $\bar{v}_{bN} = 325$ V. Da Equação 4.12, $d_a \approx 0{,}07$ e $d_b \approx 0{,}93$.

A representação média por ciclo de chaveamento dos dois polos de potência, conjuntamente com o modulador de largura de pulso, é mostrada na forma de diagrama de blocos na Figura 4.12.

Em cada polo de potência na Figura 4.12, no lado CC, a corrente média por ciclo de chaveamento está relacionada à corrente de saída através da razão de trabalho do polo

$$\bar{i}_{da} = d_a \bar{i}_a \quad \text{e} \quad \bar{i}_{db} = d_b \bar{i}_b \tag{4.14}$$

Pela lei de correntes de Kirchhoff, no lado CC, a corrente média total por ciclo de chaveamento é

$$\bar{i}_d = \bar{i}_{da} + \bar{i}_{db} = d_a \bar{i}_a + d_b \bar{i}_b \tag{4.15}$$

Identificando os sentidos de definição das correntes i_a e i_b, temos

$$\bar{i}_a(t) = -\bar{i}_b(t) = \bar{i}_o(t) \tag{4.16}$$

Por conseguinte, substituindo as correntes da Equação 4.15 na Equação 4.16, determinamos

$$\bar{i}_d = (d_a - d_b)\bar{i}_o \tag{4.17}$$

Exemplo 4.2

No acionamento de motor CC, no Exemplo 4.1, a corrente de saída para o motor é $\bar{i}_o = 15$ A. Calcule a potência fornecida pelo barramento CC e mostre que essa potência é igual à potência entregue ao motor (supondo que o conversor não tenha perdas), se $\bar{v}_o = 300$ V.

Solução Usando os valores para d_a e d_b da parte (a) do Exemplo 4.1 e $\bar{i}_o = 15$ A da Equação 4.17, $\bar{i}_d(t) = 12{,}9$ A; portanto, a potência fornecida pelo barramento CC é $P_d = 4{,}515$ kW. A potência entregue pelo conversor ao motor é $P_o = \bar{v}_o \bar{i}_o = 4{,}5$ kW, que é igual à potência de entrada (desprezando os erros de arredondamento).

Usando as Equações 4.5 e 4.12, as tensões de controle para os dois polos são as seguintes:

$$v_{cntrl,a} = \frac{\hat{V}_{tri}}{2} + \frac{\hat{V}_{tri}}{2}\left(\frac{\bar{v}_o}{V_d}\right) \quad \text{e} \quad v_{cntrl,b} = \frac{\hat{V}_{tri}}{2} - \frac{\hat{V}_{tri}}{2}\left(\frac{\bar{v}_o}{V_d}\right) \tag{4.18}$$

FIGURA 4.13   Ganho do conversor para acionamentos CC.

Na Equação 4.18, definindo o segundo termo nas tensões de controle como a metade da tensão de controle, temos

$$\frac{v_{cntrl}}{2} = \frac{\hat{V}_{tri}}{2}\left(\frac{\bar{v}_o}{V_d}\right) \qquad (4.19)$$

A Equação 4.19 pode ser simplificada para

$$\bar{v}_o = \underbrace{\left(\frac{V_d}{\hat{V}_{tri}}\right)}_{k_{PWM}} v_{cntrl} \qquad (4.20)$$

em que $(V_d/\hat{V}_{tri})$ é o ganho k_{PWM} do conversor, relacionando o sinal de controle de realimentação com a tensão média de saída por ciclo de chaveamento, como mostrado na Figura 4.13 na forma de um diagrama de bloco.

4.3.1   Formas de Onda Chaveadas em um Conversor para Acionamento de Motores CC

Examinemos os detalhes de chaveamento do conversor na Figura 4.11a. As tensões de controle para produzir uma tensão de saída positiva são mostradas na Figura 4.14. Apenas a metade de um período, $T_s/2$, requer ser considerado devido à simetria.

As tensões de saída dos polos v_{aN} e v_{bN} têm a mesma forma de onda dos sinais de chaveamento, exceto que suas amplitudes são diferentes. A forma de onda da tensão de saída v_o mostra que a frequência de chaveamento efetiva na saída é o dobro da original. Ou seja, em um período da frequência de chaveamento f_s com que os dispositivos conversores estão chaveando, há dois ciclos completos de repetição. Portanto, os harmônicos na saída estão em $(2f_s)$ e seus múltiplos. Se o valor selecionado para a frequência de chaveamento for suficientemente grande, a indutância do motor pode ser suficiente para manter a ondulação na corrente de saída em uma faixa aceitável, sem a necessidade de um indutor em série externo.

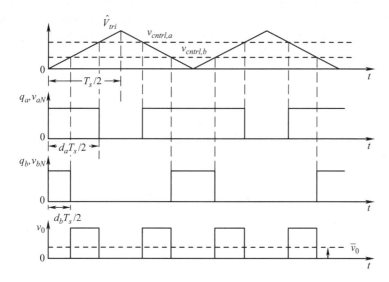

FIGURA 4.14   Formas de onda de tensões chaveadas em um conversor para acionamento CC.

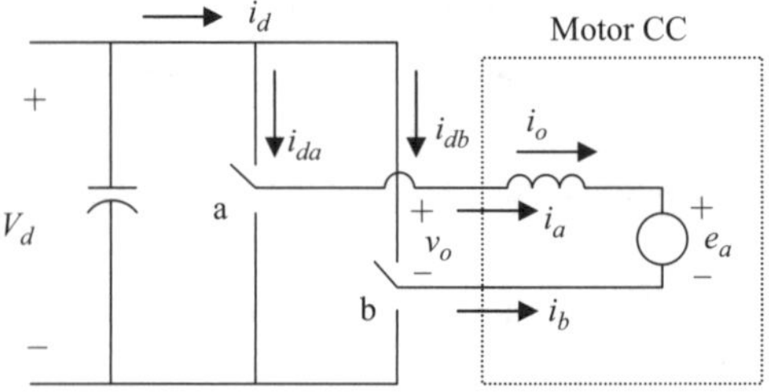

FIGURA 4.15 Correntes definidas no conversor para acionamento CC.

A seguir, examinaremos as correntes associadas a esse conversor, repetido na Figura 4.15. As correntes nos polos são $i_a = i_o$ e $i_b = -i_o$. A corrente no lado CC é $i_d = i_{da} + i_{db}$. As formas de onda dessas correntes são ilustradas com o Exemplo 4.3.

Exemplo 4.3

No acionamento de motor CC da Figura 4.15, supomos que as condições de operação são as seguintes: $V_d = 350$ V, $e_a = 236$ V(CC) e $\bar{i}_o = 4$ A. A frequência de chaveamento é $f_s = 20$ kHz. Assumamos que a resistência série R_a associada com o motor seja de 0,5 Ω. Calculemos a indutância série L_a necessária para manter a ondulação pico a pico na corrente de saída em 1,0 A nesta condição de operação. Suponhamos, ainda, que $\hat{V}_{tri} = 1$ V. Desenhemos os gráficos de v_o, $\bar{v}_o$, i_o e i_d.

Solução Como visto na Figura 4.14, a tensão de saída v_o é uma forma de onda pulsada que consiste em um valor médio por ciclo de chaveamento $\bar{v}_o$ e em uma componente de ondulação $v_{o,ondulação}$, que contém subcomponentes em frequências muito altas (múltiplos de $2f_s$):

$$v_o = \bar{v}_o + v_{o,ondulação} \quad (4.21)$$

Assim, a corrente resultante i_o consiste em uma componente média CC $\bar{i}_o$ e uma componente de ondulação $i_{o,ondulação}$ por ciclo de chaveamento:

$$i_o = \bar{i}_o + i_{o,ondulação} \quad (4.22)$$

Para um valor dado de v_o, podemos calcular a corrente de saída por meio de superposição, considerando o circuito em CC e na frequência de ondulação (múltiplos de $2f_s$), como mostrado nas Figuras 4.16a e 4.16b, respectivamente. No circuito CC, a indutância série não tem nenhum efeito e, portanto, é omitida da Figura 4.16a. No circuito na frequência de ondulação, na Figura 4.16b, a fcem e_a, que é CC, é suprimida juntamente com a resistência série R_a que, em geral, é desprezível quando comparada com a reatância indutiva de L_a nas altas frequências associadas à ondulação.

Do circuito na Figura 4.16a,

$$\bar{v}_o = e_a + R_a \bar{i}_o = 238 \text{ V} \quad (4.23)$$

As formas de onda chaveadas são mostradas na Figura 4.17, que é baseada na Figura 4.14, em que os detalhes são mostrados para o primeiro meio ciclo. A tensão de saída v_o pulsa entre 0 e $V_d = 350$ V; da Equação 4.12, temos $d_a = 0,84$ e $d_b = 0,16$. Com $f_s = 20$ kHz,

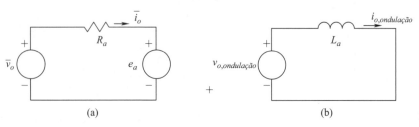

FIGURA 4.16 Superposição de variáveis CC e na frequência de ondulação.

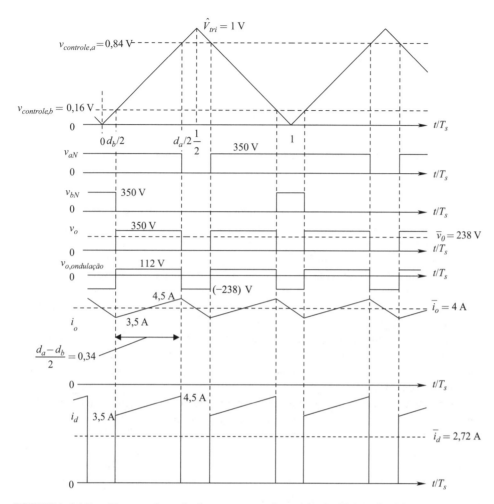

FIGURA 4.17 Formas de onda das correntes chaveadas no Exemplo 4.3.

$T_s = 50\ \mu s$. Utilizando as Equações 4.21 e 4.23, a forma de onda da ondulação de tensão é como mostra a Figura 4.17, em que, durante $\frac{d_a-d_b}{2}T_s\ (=17,0\ \mu s)$, a ondulação de tensão no circuito da Figura 4.16b é de 112 V. Portanto, durante esse intervalo de tempo, a ondulação pico a pico ΔI_{p-p} na corrente no indutor pode ser relacionada à ondulação de tensão como se segue:

$$L_a \frac{\Delta I_{p-p}}{(d_a - d_b)T_s/2} = 112\ \text{V} \tag{4.24}$$

Substituindo os valores dados nas equações anteriores, com $\Delta I_{p-p} = 1$ A, obtemos $L_a = 1,9$ mH. Como mostrado na Figura 4.17, a corrente de saída aumenta linearmente durante $(d_a - d_b)T_s/2$, e sua forma de onda é simétrica em relação ao valor médio por ciclo de chaveamento; isto é, a forma de onda cruza o valor médio por ciclo de chaveamento no ponto médio desse intervalo. A forma de onda de ondulação nos outros intervalos pode ser determinada por simetria. A corrente no lado CC i_d flui apenas durante o intervalo $(d_a - d_b)T_s/2$; fora dele, essa corrente é zero, como mostra a Figura 4.17. Tomando a média em $T_s/2$, a corrente média por ciclo de chaveamento no lado CC é $\bar{i}_d = 2,72$ A.

4.4 SÍNTESE DE CA DE BAIXA FREQUÊNCIA

O princípio de síntese de tensão CC para acionamento de motores CC pode ser estendido à síntese de tensões CA de baixa frequência, sempre que a frequência f_1 da grandeza CA sintetizada seja duas ou três ordens de grandeza menor do que a frequência de chaveamento f_s. Este é o caso da maioria das aplicações de acionamentos de motores CA e UPS, em que

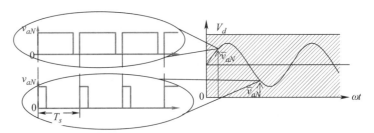

FIGURA 4.18 Formas de onda de um polo de potência chaveado para sintetizar CA de baixa frequência.

f_1 é 60 Hz (ou da ordem de 60 Hz) e a frequência de chaveamento é de algumas dezenas de kHz. A tensão de controle, a qual é comparada com uma forma de onda triangular para gerar os sinais de chaveamento, varia lentamente na frequência f_1 da tensão CA sintetizada.

Portanto, com $f_1 \ll f_s$, durante um período T_s ($= 1/f_s$) da frequência de chaveamento, a tensão de controle pode ser considerada pseudo-CC, e a análise e síntese de conversores para acionamentos CC se aplicam. A Figura 4.18 mostra como a tensão de saída do polo de potência pode ser sintetizada e que, na média por ciclo de chaveamento, ela varia na baixa frequência f_1; a figura também mostra, para qualquer instante nas "lentes de aumento", os correspondentes sinais de chaveamento, cujas razões de trabalho dependem da tensão média por ciclo de chaveamento sendo sintetizada. O limite para o valor médio da tensão por ciclo de chaveamento no polo de potência está entre 0 e V_d, como no caso de conversores para acionamento CC.

A representação média por ciclo de chaveamento do polo de potência chaveado na Figura 4.7a é, como mostrado anteriormente na Figura 4.7b, um transformador ideal com razão de espiras controlável. Os harmônicos na saída do polo de potência foram mostrados anteriormente, de forma geral, na Figura 4.10b. Nas seções a seguir, três polos de potência chaveados são usados para sintetizar tensões CA trifásicas para o acionamento de motores.

4.5 INVERSORES TRIFÁSICOS

Os conversores para saídas trifásicas consistem em três polos de potência, como mostrado na Figura 4.19a. A representação média por ciclo de chaveamento está ilustrada na Figura 4.19b.

Na Figura 4.19, $\bar{v}_{an}$, $\bar{v}_{bn}$ e $\bar{v}_{cn}$ são as desejadas tensões médias equilibradas por ciclo de chaveamento a serem sintetizadas: $\bar{v}_{an} = \hat{V}_{ph} \operatorname{sen}(\omega_1 t)$, $\bar{v}_{bn} = \hat{V}_{ph} \operatorname{sen}(\omega_1 t - 120°)$ e $\bar{v}_{cn} = \hat{V}_{ph} \operatorname{sen}(\omega_1 t - 240°)$. Em série com essas tensões, são adicionadas as tensões de modo comum, tal que:

$$\bar{v}_{aN} = \bar{v}_{com} + \bar{v}_{an} \quad \bar{v}_{bN} = \bar{v}_{com} + \bar{v}_{bn} \quad \bar{v}_{cN} = \bar{v}_{com} + \bar{v}_{cn} \quad (4.25)$$

Essas tensões são mostradas na Figura 4.20a. As tensões em modo comum não aparecem na carga; apenas $\bar{v}_{an}$, $\bar{v}_{bn}$ e $\bar{v}_{cn}$ aparecem na carga, em relação ao neutro da carga. Isto pode ser ilustrado com a aplicação do princípio de superposição ao circuito na Figura 4.20a.

"Suprimindo" $\bar{v}_{an}$, $\bar{v}_{bn}$ e $\bar{v}_{cn}$, apenas as tensões de modo comum estarão presentes em cada fase, como mostrado na Figura 4.20b. Se a corrente em uma fase for i, então essa corrente será a mesma nas outras duas fases. Pela lei de correntes de Kirchhoff no neutro da carga, $3i = 0$ e, portanto, $i = 0$; logo, as tensões de modo comum não aparecem nas fases de carga.

Para obtermos as correntes médias absorvidas por ciclo de chaveamento da porta de tensão de cada polo de potência chaveado, assumiremos que as correntes absorvidas pela carga motor na Figura 4.19b sejam senoidais e atrasadas em relação às tensões médias por ciclo de chaveamento em cada fase por um ângulo ϕ_1, em que $\bar{v}_{an}(t) = \hat{V}_{ph} \operatorname{sen}(\omega_1 t)$, e assim por diante:

$$\bar{i}_a(t) = \hat{I} \operatorname{sen}(\omega_1 t - \phi_1), \quad \bar{i}_b(t) = \hat{I} \operatorname{sen}(\omega_1 t - \phi_1 - 120°), \quad \bar{i}_c(t) = \hat{I} \operatorname{sen}(\omega_1 t - \phi_1 - 240°)$$

(4.26)

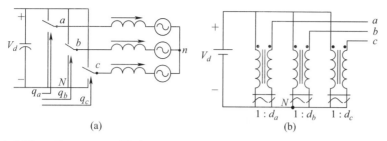

FIGURA 4.19 Conversor trifásico.

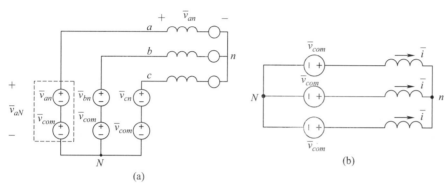

FIGURA 4.20 Tensões de saída médias por ciclo de chaveamento em um conversor trifásico.

Assumindo que a ondulação nas correntes de saída seja pequena, a potência média de saída do conversor pode ser escrita como

$$P_o = \bar{v}_{aN}\bar{i}_a + \bar{v}_{bN}\bar{i}_b + \bar{v}_{cN}\bar{i}_c \qquad (4.27)$$

Igualando a potência de saída média à potência de entrada do barramento CC, e assumindo que o conversor não tenha perdas,

$$\bar{i}_d(t)V_d = \bar{v}_{aN}\bar{i}_a + \bar{v}_{bN}\bar{i}_b + \bar{v}_{cN}\bar{i}_c \qquad (4.28)$$

Usando a Equação 4.26 na Equação 4.28,

$$\bar{i}_d(t)V_d = \bar{v}_{com}(\bar{i}_a + \bar{i}_b + \bar{i}_c) + \bar{v}_{an}\bar{i}_a + \bar{v}_{bn}\bar{i}_b + \bar{v}_{cn}\bar{i}_c \qquad (4.29)$$

Pela lei de correntes de Kirchhoff no neutro de carga, a soma das correntes nas três fases entre parênteses na Equação 4.29 é zero:

$$\bar{i}_a + \bar{i}_b + \bar{i}_c = 0 \qquad (4.30)$$

Portanto, da Equação 4.29,

$$\bar{i}_d(t) = \frac{1}{V_d}(\bar{v}_{an}\bar{i}_a + \bar{v}_{bn}\bar{i}_b + \bar{v}_{cn}\bar{i}_c) \qquad (4.31)$$

Na Equação 4.31, a soma dos produtos das tensões e correntes nas fases é a potência trifásica fornecida ao motor. Substituindo estas tensões e correntes na Equação 4.31

$$\bar{i}_d(t) = \frac{\hat{V}_{ph}\hat{I}}{V_d}\left\{\begin{array}{l}\text{sen}(\omega_1 t)\,\text{sen}(\omega_1 t - \phi_1) + \text{sen}(\omega_1 t - 120°)\,\text{sen}(\omega_1 t - \phi_1 - 120°) \\ + \text{sen}(\omega_1 t - 240°)\,\text{sen}(\omega_1 t - \phi_1 - 240°)\end{array}\right\} \qquad (4.32)$$

que se simplifica a uma corrente CC, como isto devia ser, no circuito trifásico:

$$\bar{i}_d(t) = I_d = \frac{3}{2}\frac{\hat{V}_{ph}\hat{I}}{V_d}\cos\phi_1 \qquad (4.33)$$

Em conversores trifásicos, há dois métodos para a síntese das tensões de saída senoidais, dos quais discutiremos apenas o PWM senoidal. Na PWM senoidal, as saídas médias por ciclo

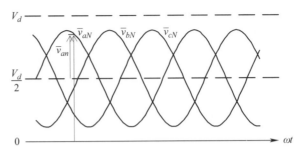

FIGURA 4.21 Tensões médias por ciclo de chaveamento devido a PWM senoidal.

de chaveamento dos polos de potência, $\bar{v}_{aN}$, $\bar{v}_{bN}$ e $\bar{v}_{cN}$, têm uma tensão de modo comum CC constante, $\bar{v}_{com} = \frac{V_d}{2}$, como em conversores para acionamento CC de motores, em torno da qual $\bar{v}_{an}$, $\bar{v}_{bn}$ e $\bar{v}_{cn}$ podem variar senoidalmente, como indicado na Figura 4.21:

$$\bar{v}_{aN} = \frac{V_d}{2} + \bar{v}_{an} \qquad \bar{v}_{bN} = \frac{V_d}{2} + \bar{v}_{bn} \qquad \bar{v}_{cN} = \frac{V_d}{2} + \bar{v}_{cn} \qquad (4.34)$$

Na Figura 4.21, usando a Equação 4.4, os gráficos de $\bar{v}_{aN}$, $\bar{v}_{bN}$ e $\bar{v}_{cN}$, cada um dividido por V_d, estão também os gráficos de d_a, d_b e d_c, dentro dos limites de 0 e 1:

$$d_a = \frac{1}{2} + \frac{\bar{v}_{an}}{V_d} \qquad d_b = \frac{1}{2} + \frac{\bar{v}_{bn}}{V_d} \qquad d_c = \frac{1}{2} + \frac{\bar{v}_{cn}}{V_d} \qquad (4.35)$$

Estes ciclos de trabalho dos polos de potência definem a razão de espiras na representação por transformador ideal na Figura 4.19b. Como podemos observar na Figura 4.21, no limite, $\bar{v}_{an}$ pode chegar a ter o valor máximo $\frac{V_d}{2}$, de forma que o máximo valor permitido para o pico da tensão de fase é

$$(\hat{V}_{ph})_{máx} = \frac{V_d}{2} \qquad (4.36)$$

Portanto, usando as propriedades do circuito trifásico em que a magnitude da tensão linha-linha é $\sqrt{3}$ vezes a magnitude da tensão de fase, a máxima magnitude da tensão linha-linha em um PWM senoidal é limitada a

$$(\hat{V}_{LL})_{máx} = \sqrt{3}(\hat{V}_{ph})_{máx} = \frac{\sqrt{3}}{2} V_d \simeq 0{,}867\, V_d \qquad (4.37)$$

4.5.1 Formas de Onda de um Inversor Trifásico com PWM Senoidal

Em PWM senoidal, as tensões de controle senoidais trifásicas são iguais aos produtos dos ciclos de trabalho, dados na Equação 4.35, multiplicado por $\hat{V}_{tri}$. Essas tensões são comparadas com um sinal com forma de onda triangular para gerar os sinais de chaveamento. As formas de onda chaveadas para a PWM senoidal são ilustradas pelo exemplo a seguir.

Exemplo 4.4

No conversor trifásico da Figura 4.19a, é usada a PWM senoidal. Os parâmetros e condições de operação são: $V_d = 350$ V, $f_1 = 60$ Hz, $\bar{v}_{an} = 160 \cos \omega_1 t$ V, etc., e a frequência de chaveamento é $f_s = 25$ kHz. $\hat{V}_{tri} = 1$ V. Em $\omega_1 t = 15°$, calcule e desenhe as formas de onda chaveadas em um ciclo da frequência de chaveamento.

Solução Em $\omega_1 t = 15°$, $\bar{v}_{an} = 154{,}55$ V, $\bar{v}_{bn} = -41{,}41$ V e $\bar{v}_{cn} = -113{,}14$ V. Portanto, da Equação 4.34, $\bar{v}_{aN} = 329{,}55$ V, $\bar{v}_{bN} = 133{,}59$ V e $\bar{v}_{cN} = 61{,}86$ V. Da Equação 4.35, os correspondentes ciclos de trabalho dos polos de potência são $d_a = 0{,}942$, $d_b = 0{,}382$ e $d_c = 0{,}177$. Para $\hat{V}_{tri} = 1$ V, esses ciclos de trabalho são iguais às tensões de controle em volts. O período de chaveamento é $T_s = 50\ \mu$s. Com base nisto, as formas de onda chaveadas são mostradas na Figura 4.22.

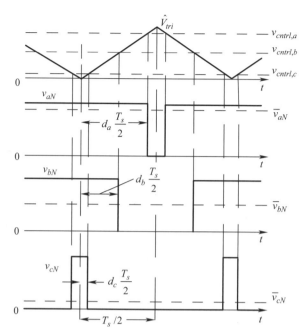

FIGURA 4.22 Frequência de chaveamento no exemplo 4.4.

Deve ser observado que há outra aproximação denominada PWM do vetor espacial (SV-PWM), descrita na Referência [1], a qual utiliza completamente a tensão disponível no barramento CC e resulta na saída CA que pode ser aproximadamente 15% maior, melhor do que é possível usando PWM senoidal, ambos em uma faixa linear em que nenhum harmônico de ordem inferior aparece. O PWM senoidal está limitado a $(\hat{V}_{LL})_{máx} \simeq 0{,}867\, V_d$, como na Equação 4.37, porque ele sintetiza as tensões de saída na base de um polo, que não toma vantagem das propriedades trifásicas. Contudo, considerando as tensões linha-linha, é possível obter $(\hat{V}_{LL})_{máx} = V_d$ no PWM do vetor espacial.

4.6 DISPOSITIVOS SEMICONDUTORES DE POTÊNCIA [4]

Os acionamentos elétricos devem seu sucesso no mercado, em parte, aos rápidos melhoramentos nos dispositivos semicondutores de potência e aos circuitos integrados (CIs) de controle. Os conversores eletrônicos de potência de modo chaveado requerem diodos e transistores, que são chaves controláveis e podem ser ligados ou desligados por aplicação de pequenas tensões em suas portas. Esses dispositivos de potência são caracterizados pelas seguintes grandezas:

1. *Tensão Nominal* é a máxima tensão que pode ser aplicada em um dispositivo em seu estado desligado; acima deste valor, o dispositivo sofre "ruptura", e ocorre dano irreversível.
2. *Corrente Nominal* é a máxima corrente (expressa em valor instantâneo, médio e/ou rms) que o dispositivo pode conduzir em estado ligado; acima deste valor, o dispositivo é destruído por excesso de calor em seu interior.
3. *Velocidades de Chaveamento* são as velocidades com que um dispositivo pode fazer uma transição do estado ligado para o estado desligado, e vice-versa. Pequenos tempos de chaveamento estão associados com os dispositivos de alta velocidade de chaveamento, resultando em baixas perdas por chaveamento; ou, considerando isto de forma diferente, dispositivos de rápido chaveamento podem ser operados a frequências de chaveamento mais elevadas.
4. *Tensão no Estado Ligado* é a queda de tensão em um dispositivo no estado ligado enquanto conduz uma corrente. Quanto menor for esta tensão, menor será a perda de potência no estado ligado.

4.6.1 Especificações Nominais dos Dispositivos

A faixa de tensões nominais dos dispositivos de potência disponíveis é de alguns kV (até 9 kV), e a faixa de correntes nominais é de alguns kA (até 5 kA). Ademais, esses dispositivos podem ser conectados em série e paralelo para satisfazer qualquer requisito de tensão e corrente. A faixa de velocidade de chaveamento vai de uma fração de microssegundo a alguns segundos, dependendo de suas outras características nominais. Em geral, os dispositivos de alta potência chaveiam mais lentamente que aqueles de baixa potência. A tensão no estado ligado está geralmente na faixa de 1 a 3 V.

4.6.2 Diodos de Potência

Os diodos de potência estão disponíveis em tensões nominais de alguns kV (até 9 kV) e as correntes nominais alcançam alguns kA (até 5 kA). No estado ligado a queda de tensão dos diodos geralmente é da ordem de 1 V. Os conversores de modo chaveado usados em acionamentos de motores requerem diodos de chaveamento rápido. Por outro lado, o diodo da retificação da frequência de linha CA pode ser atendido por diodos lentos, que têm uma baixa queda de tensão na condução.

4.6.3 Chaves Controláveis

Os transistores são chaves controláveis que estão disponíveis em algumas formas: Bipolar Junction Transistor (BJTs), transistores metal-oxide-semiconductor field-efect (MOSFETs), tiristores Gate Turn Off (GTO) e transistor insulated-gate bipolar transistor (IGBTs). No conversor de modo chaveado para aplicações em acionamento de motores, há dois dispositivos que são principalmente usados: os MOSFETs em níveis de baixas potências e os IGBTs para faixas de potências estendendo a níveis de MW. As seguintes subseções fornecem uma breve visão geral de suas características e capacidades.

4.6.3.1 MOSFETs

Para aplicações abaixo de 200 V e com frequências de chaveamento de mais de 50 kHz, os MOSFETs são obviamente os dispositivos escolhidos devido a suas baixas perdas no estado ligado e baixos valores nominais de tensão, sua rápida velocidade de chaveamento e seu fácil controle. O símbolo de um MOSFET tipo canal *n* é mostrado na Figura 4.23a. Isto consiste em três terminais: *dreno (drain-D)*, *fonte (source-S)* e *porta (gate-G)*. A corrente principal flui entre os terminais dreno e fonte. No MOSFET, as características *i-v* para vários valores das tensões de porta são mostradas na Figura 4.23b; está totalmente desligado e se aproxima de uma chave aberta quando a tensão dreno-porta é zero. Para levar o MOSFET ao estado de plenamente ligado, uma tensão positiva entre a fonte e a porta deve ser aplicada, tipicamente na faixa de 10 a 15 V. Essa tensão deve ser aplicada de forma contínua de modo a manter o MOSFET conduzindo.

4.6.3.2 IGBTs

Os IGBTs combinam com a facilidade de controle dos MOSFETs e com as baixas perdas no estado ligado. Suas velocidades de chaveamento são suficientemente rápidas para frequências de chaveamento até 30 kHz. Portanto, eles são usados em uma vasta faixa de tensões e potências, desde frações de kW até MW.

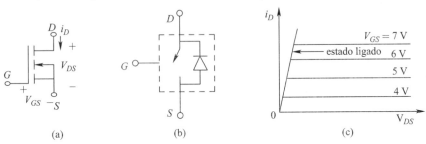

FIGURA 4.23 Características do MOSFET.

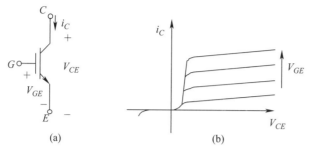

FIGURA 4.24 Características e símbolo do IGBT.

O símbolo para um IGBT é mostrado na Figura 4.24a, e as características *i-v* são mostradas na Figura 4.24b. De forma similar aos MOSFETs, os IGBTs têm uma porta de impedância alta, o que requer apenas uma pequena quantidade de energia para chavear o dispositivo. Os IGBTs têm uma pequena tensão no estado ligado, inclusive os dispositivos com altas especificações de tensão de bloqueio (por exemplo, a tensão em estado ligado é aproximadamente 2 V em dispositivos de 1200 V). Os IGBTs podem ser projetados para bloquear tensões negativas, mas muitos IGBTs disponíveis comercialmente, projetados para melhorar outras características, não podem bloquear nenhuma apreciável tensão de polaridade reversa (similar aos MOSFETs).

Os transistores IGBTs têm tempos para ligar e desligar na ordem de 1 microssegundo e estão disponíveis em módulos com especificações tão elevadas como 3,3 kV e 1200 A. São projetados para especificações de tensão de até 5 kV.

4.6.4 Módulos de "Potência Inteligente" Incluindo Acionamentos de Porta

Um circuito de acionamento de porta, mostrado como um bloco na Figura 4.25, é requerido como um intermediário para interface do sinal de controle vindo de um microprocessador ou circuito integrado (CI) analógico para a chave de semicondutor de potência. Esses tipos de circuitos de acionamentos de porta requerem muitos componentes, tanto ativos como passivos. Um isolamento elétrico pode também ser necessário entre o circuito do sinal de controle e o circuito em que a chave de potência está conectada. Os circuitos integrados de acionamento de porta, que inclui todos esses componentes em um pacote, estiveram disponíveis por algum tempo.

Ultimamente, os módulos de "potência inteligente", também denominados módulos integrados de potência (MIP), chegaram a estar disponíveis. Esses módulos de potência inteligentes combinam mais de uma chave de potência e um diodo, junto com o circuito de acionamento de porta necessário, em um simples módulo. Esses módulos também incluem proteção e diagnóstico de faltas. Eles simplificam enormemente o projeto de conversores de eletrônica de potência.

4.6.5 Custo de MOSFETs e IGBTs

Conforme esses dispositivos evoluíram, seu custo relativo continua diminuindo, por exemplo, aproximadamente de 0,25 $/A, para um dispositivo de 600 V, e 0,50 $/A para dispositivos de 1200 V. Os módulos de potência para dispositivos da classe 3 kV custam aproximadamente 1 $/A.

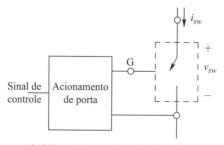

FIGURA 4.25 Diagrama de bloco de um circuito de acionamento de porta.

RESUMO/QUESTÕES DE REVISÃO

1. Qual é a função das unidades de processamento de potência?
2. Quais são os sub-blocos de uma unidade de processamento de potência?
3. Qualitativamente, como um amplificador de modo chaveado difere de um amplificador linear?
4. Por que os transistores funcionando como chave resultam em perdas reduzidas quando comparados à operação deles em sua região linear?
5. Como uma chave de duas posições é obtida em um polo conversor?
6. Que é ganho de cada pólo conversor?
7. Como o polo conversor de modo chaveado aproxima a saída de um amplificador linear?
8. Qual é o significado de $\bar{v}_{aN}(t)$?
9. Como a tensão de saída do polo se faz linearmente proporcional ao sinal de controle de entrada?
10. Qual é o significado físico do ciclo de trabalho, por exemplo, $d_a(t)$?
11. Como é conseguida a modulação de largura de pulso (PWM) e qual é sua função?
12. As quantidades instantâneas nos dois lados de um polo conversor, por exemplo, o polo a, estão relacionadas pelo sinal de chaveamento $q_a(t)$. Que relacionam as grandezas médias nos dois lados?
13. Qual é o modelo equivalente de um polo de modo chaveado em termos de suas grandezas médias?
14. Como é um conversor CC-CC de modo chaveado que pode alcançar uma tensão de saída de uma ou outra polaridade e obter uma corrente de saída fluindo em uma ou outra direção?
15. Qual é o conteúdo em frequência da forma de onda da tensão de saída de um conversor CC-CC?
16. Em um conversor de acionamento CC, como é possível manter a ondulação em um valor baixo na corrente de saída, apesar de a tensão de saída pulsar entre 0 e V_d ou 0 e $-V_d$, durante cada ciclo de chaveamento?
17. Qual é o conteúdo, em frequência, da corrente CC de entrada? Onde flui continuamente a componente de ondulação pulsante da corrente do lado CC?
18. Como é o fluxo de potência bidirecional em um polo conversor?
19. Em um polo conversor, como está relacionada a corrente média do lado CC com a corrente média de saída por sua razão de trabalho?
20. Como são as tensões CA senoidais trifásicas sintetizadas considerando-se desde a tensão de entrada CC?
21. Quais são as especificações nominais de tensão e corrente e as velocidades de chaveamento dos diferentes dispositivos semicondutores de potência?

REFERÊNCIAS

1. N. Mohan, *Power Electronics: A First Course* (New York: John Wiley & Sons, 2011).
2. N. Mohan, *Power Electronics: Computer Simulation, Analysis and Education using PSpice* (January 1998), www.mnpere.com.
3. N. Mohan, T. Undeland, and W. P. Robbins, *Power Electronics: Converters, Applications and Design*, 3rd ed. (New York: John Wiley & Sons, 2003).

EXERCÍCIOS

4.1 No polo a do conversor em modo chaveado na Figura 4.4a, $V_d = 150$ V, $\hat{V}_{tri} = 5$ V e $f_s = 20$ kHz. Calcule os valores do sinal de controle $v_{cntrl,a}$ e o ciclo de trabalho d_a do polo durante o qual a chave está na posição para cima para os seguintes valores médios da tensão de saída: $\bar{v}_{aN} = 125$ V e $\bar{v}_{aN} = 50$ V.

4.2 No Exercício 4.1, assuma que a forma de onda de $i_a(t)$ é CC com uma magnitude de 10 A. Desenhe a forma de onda de $i_{da}(t)$ para os dois valores de $\bar{v}_{aN}$.

Conversores CC-CC (com Capacidade para Quatro Quadrantes)

4.3 Um conversor CC-CC em modo chaveado usa um CI controlador de PWM, o qual tem um sinal de forma de onda triangular em 25 kHz, com $\hat{V}_{tri} = 3$ V. Se a fonte de tensão de entrada é $V_d = 150$ V, calcule o ganho k_{PWM} deste amplificador em modo chaveado.

4.4 Em um conversor CC-CC em modo chaveado da Figura 4.11a, $v_{cntrl}/\hat{V}_{tri} = 0,8$, com frequência de chaveamento $f_s = 20$ kHz e $V_d = 150$ V. Calcule e desenhe a ondulação na tensão de saída $v_o(t)$.

4.5 Um conversor CC-CC em modo chaveado opera com frequência de chaveamento $f_s = 20$ kHz e $V_d = 150$ V. A corrente média do motor CC é de 8,0 A. No circuito equivalente do motor CC, $E_a = 100$ V, $R_a = 0,25$ Ω e $L_a = 4$ mH, todos em série. (a) Desenhe a corrente de saída e calcule a ondulação pico a pico e (b) desenhe a corrente no lado CC do conversor.

4.6 No Exercício 4.5, o motor passa do modo de frenagem regenerativa. A corrente média fornecida pelo motor ao conversor durante a frenagem é de 8,0 A. Desenhe as formas de onda da tensão e da corrente nos dois lados desse conversor. Calcule o fluxo médio de potência para o conversor.

4.7 No Exercício 4.5, calcule $\bar{i}_{da}$, $\bar{i}_{db}$ e $\bar{i}_d$ ($= I_d$).

4.8 Repita o Exercício 4.5 com o motor girando no sentido reverso, com a mesma corrente absorvida e o mesmo valor de fem induzida E_a com polaridade oposta.

4.9 Repita o Exercício 4.8 se o motor está freando, enquanto está girando no sentido reverso. O motor fornece a mesma corrente e produz o mesmo valor de fem induzida E_a com polaridade oposta.

4.10 Repita o Exercício 4.5 se o chaveamento com tensão bipolar é usado no conversor CC-CC. Nesse esquema de chaveamento, as chaves de duas posições são operadas de modo que, quando a chave a estiver na posição para cima, a chave b está na posição para baixo, e vice-versa. O sinal de chaveamento para o polo a é obtido comparando a tensão de controle (como no Exercício 4.5) com uma forma de onda triangular.

Inversores Trifásicos CC-CA

4.11 Desenhe $d_a(t)$ se a tensão de saída do polo a do conversor é $\bar{v}_{aN}(t) = \dfrac{V_d}{2} + 0,85 \dfrac{V_d}{2}$ sen($\omega_1 t$), em que $\omega_1 = 2\pi \times 60$ rad/s.

4.12 No inversor trifásico CC-CA da Figura 4.19, $V_d = 300$ V, $\hat{V}_{tri} = 1$ V, $\bar{v}_{an}(t) = 90$ sen($\omega_1 t$) e $f_1 = 45$ Hz. Calcule e desenhe $d_a(t)$, $d_b(t)$ e $d_c(t)$, $\bar{v}_{aN}(t)$, $\bar{v}_{bN}(t)$ e $\bar{v}_{cN}(t)$, $\bar{v}_{an}(t)$, $\bar{v}_{bn}(t)$ e $\bar{v}_{cn}(t)$.

4.13 No inversor trifásico CC-CA equilibrado mostrado na Figura 4.19, a tensão média de saída da fase a é $\bar{v}_{an}(t) = \dfrac{V_d}{2} 0,75$ sen($\omega_1 t$), em que $V_d = 300$ V e $\omega_1 = 2\pi \times 45$ rad/s. A indutância L em cada fase é de 5 mH. A tensão interna na fase a do motor CA pode ser representada por $e_a(t) = 106,14$ sen($\omega_1 t - 6,6°$) V. Supondo que essa tensão interna é senoidal pura. (a) Calcule e desenhe $d_a(t)$, $d_b(t)$ e $d_c(t)$; (b) esboce o gráfico $\bar{i}_a(t)$; e (c) esboce $\bar{i}_{da}(t)$.

4.14 No Exercício 4.13, calcule e desenhe $\bar{i}_d(t)$, que é a corrente média CC absorvida do barramento CC do capacitor na Figura 4.19b.

Exercícios de Simulação

4.15 Simule o polo de dois quadrantes da Figura 4.7a em estado estacionário CC. Os valores nominais são como segue: $V_d = 200$ V e a saída tem em série $R_a = 0,37$ Ω, $L_a = 1,5$ mH e $E_a = 136$ V. $\hat{V}_{tri} = 1,0$ V. A frequência de chaveamento $f_s = 20$ kHz. Em estado estacionário CC, a corrente média de saída é $I_a = 10$ A. (a) Obtenha o gráfico de $v_{aN}(t)$, $i_a(t)$ e $i_{da}(t)$; (b) obtenha a ondulação pico a pico em $i_a(t)$ e compare-o com o valor obtido analiticamente; (c) obtenha os valores médios de $i_a(t)$ e $i_{da}(t)$ e mostre que esses dois valores médios estão relacionados pela razão de trabalho d_a.

4.16 Repita o Exercício 4.15 calculando o valor da tensão de controle de modo que o polo conversor esteja operando no modo elevador com $I_a = -10$ A.

Conversores CC-CC

4.17 Simule o conversor CC-CC da Figura 4.11a em estado estacionário CC. Os valores nominais são como segue: $V_d = 200$ V e a saída tem em série $R_a = 0{,}37$ Ω, $L_a = 1{,}5$ mH e $E_a = 136$ V. $\hat{V}_{tri} = 1{,}0$ V. A frequência de chaveamento $f_s = 20$ kHz. Em estado estacionário CC, a corrente média de saída é $I_a = 10$ A. (a) Obtenha o gráfico de $v_o(t)$, $i_o(t)$ e $i_d(t)$; (b) obtenha a ondulação pico a pico em $i_o(t)$ e compare-o com o valor obtido analiticamente; e (c) obtenha os valores médios de $i_o(t)$ e $i_d(t)$ e mostre que esses dois valores médios estão relacionados pelo ciclo de trabalho d na Equação 4.17.

4.18 No Exercício 4.17, aplique um incremento de degrau em 0,5 ms na tensão de controle para alcançar a corrente de saída de 15 A (em estado estacionário) e observe a resposta da corrente de saída.

4.19 Repita o Exercício 4.18 com cada polo conversor representado com base na sua média.

Inversores Trifásicos CC-CA

4.20 Simule o inversor trifásico CA na base média para o sistema descrito no Exercício 4.13. Obtenha várias formas de onda.

4.21 Repita o Exercício 4.20 para um circuito de chaveamento correspondente e compare as formas de onda de chaveamento com as formas de onda média no Exercício 4.20.

5
CIRCUITOS MAGNÉTICOS

5.1 INTRODUÇÃO

O objetivo deste capítulo é revisar alguns conceitos básicos associados a circuitos magnéticos e desenvolver um entendimento sobre transformadores, o que é necessário para o estudo de geradores e motores CA.

5.2 O CAMPO MAGNÉTICO PRODUZIDO POR CONDUTORES CONDUZINDO UMA CORRENTE

Quando uma corrente i passa através de um condutor, um campo magnético é produzido. A direção do campo magnético depende da direção da corrente. Conforme mostrado na Figura 5.1a, a corrente através do condutor, perpendicular ao plano do papel e *entrando* de cima para baixo, aqui representado por "×", essa corrente produz um campo magnético no sentido horário. Contrariamente, a corrente que *sai do* papel, representada por um "•", produz um campo magnético no sentido anti-horário, como mostrado na Figura 5.1b.

5.2.1 Lei de Ampère

A intensidade de campo magnético H produzido por condutores conduzindo uma corrente pode ser obtida por meio da Lei de Ampère, que, em sua forma mais simples, enuncia que, em qualquer instante, a integral de linha (contorno) da intensidade de campo magnético ao longo de *qualquer* trajetória fechada é igual à corrente total fechada por essa trajetória. Portanto, na Figura 5.1c, em que

$$\oint H d\ell = \sum i \tag{5.1}$$

$\oint$ representa um contorno ou uma integração de linha fechada. Notar que o escalar H na Equação 5.1 é a componente da intensidade do campo magnético (ou vetor campo) na direção do comprimento diferencial $d\ell$ ao longo da trajetória fechada. Alternativamente,

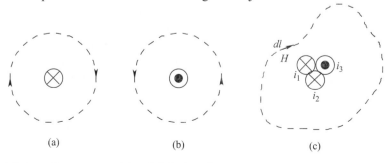

FIGURA 5.1 Campo magnético; lei de Ampère.

podemos expressar a intensidade de campo e o comprimento diferencial por quantidades vetoriais, o que requer o produto escalar no lado esquerdo da Equação 5.1.

Exemplo 5.1

Considere o toroide da Figura 5.2, que tem $N = 25$ espiras. O toroide no qual a bobina é enrolada tem um diâmetro interno $ID = 5$ cm e um diâmetro externo $OD = 5,5$ cm. Para uma corrente de $i = 3$ A, calcule a intensidade de campo H no comprimento da *trajetória média*[1] no interior do toroide.

Solução Devido à simetria, a intensidade de campo magnético H_m no contorno circular no interior do toroide é constante. Na Figura 5.2, o raio médio $r_m = \frac{1}{2}(\frac{OD+ID}{2})$. Assim, a trajetória média de comprimento ℓ_m ($= 2\pi r_m = 0,165$ m) fecha a corrente N vezes, como mostrado na Figura 5.2b. Portanto, da Lei de Ampère na Equação 5.1, a intensidade de campo na trajetória média é

$$H_m = \frac{N\,i}{\ell_m} \qquad (5.2)$$

na qual para os valores fornecidos pode ser calculada como

$$H_m = \frac{25 \times 3}{0,165} = 454,5 \text{ A/m}.$$

Se o diâmetro do toroide é muito menor que o raio médio r_m, é razoável supor que H_m é uniforme em uma vista transversal do toroide.

A intensidade de campo na Equação 5.2 tem as unidades de [A/m]. Observa-se que "espiras" ou "voltas" são quantidades adimensionais. O produto Ni é comumente referido a ampère-espiras ou força magneto motriz F que produz o campo magnético.

A corrente na Equação 5.2 pode ser CC ou variável no tempo. Se a corrente varia no tempo, a Equação 5.2 é válida na forma instantânea, isto é, $H_m(t)$ é relacionado com $i(t)$ por N/ℓ_m.

5.3 A DENSIDADE DE FLUXO B E O FLUXO ϕ

Em qualquer instante t para um dado campo H, a densidade de linhas de fluxo, chamada de densidade de fluxo B (unidades [T] para Tesla), depende da permeabilidade μ do material onde H está atuando. No ar,

$$B = \mu_o H \qquad \mu_o = 4\pi \times 10^{-7} \left[\frac{henrys}{m}\right] \qquad (5.3)$$

em que μ_o é a permeabilidade do ar no espaço livre.

5.3.1 Materiais Ferromagnéticos

Os materiais magnéticos guiam o campo magnético e, devido a sua alta permeabilidade, requerem baixos ampère-espiras (pouca corrente para um determinado número de espiras) para produzir certo valor de densidade de fluxo. Esses materiais apresentam um comportamento não linear e multivalente, como mostrado na curva característica *B-H* na Figura 5.3a. Imagine que o toroide da Figura 5.2 consiste em um material ferromagnético tal como aço silício. Se a corrente que passa pela bobina é levemente variada de uma forma senoidal, com o tempo, o correspondente campo H causará um dos laços de histerese traçados, como mostrado na Figura 5.3a. Uma vez completado o laço, resulta em uma dissipação líquida de energia dentro do material causando perda de potência, denominada perda por histerese.

Incrementando o valor de pico do campo H variável senoidalmente resultará em um maior laço de histerese. Agrupando os valores pico dos laços de histerese pode se apro-

---
[1] No jargão técnico, trajetória média é também denominada linha neutra. (N.T.)

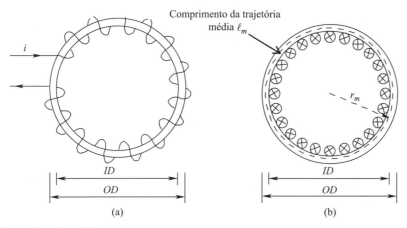

FIGURA 5.2   Toroide.

ximar a característica *B-H* por uma simples curva mostrada na Figura 5.3b. Para valores baixos de campo magnético, a característica *B-H* é considerada como sendo linear com uma inclinação constante, tal que:

$$B_m = \mu_m H_m \tag{5.4a}$$

em que μ_m é a permeabilidade do material ferromagnético. Tipicamente, o μ_m de um material é expresso em termos de uma permeabilidade μ_r relativa à permeabilidade do ar.

$$\mu_m = \mu_r \mu_o \qquad \left(\mu_r = \frac{\mu_m}{\mu_o}\right) \tag{5.4b}$$

Em materiais ferromagnéticos o valor de μ_m pode ser vários milhares de vezes maior que μ_o.

Na Figura 5.3b, a relação linear (com um valor constante μ_m) é válida aproximadamente até atingir o "joelho" da curva, acima do qual o material começa a saturar. Os materiais ferromagnéticos são operados frequentemente até a densidade máxima de fluxo, ligeiramente acima do "joelho", de 1,6 T a 1,8 T; acima desse valor, muito mais ampère-espiras são requeridos para incrementar a densidade de fluxo, mesmo que ligeiramente. Na região saturada, a permeabilidade incremental do material magnético se aproxima de μ_o, como mostrado pela inclinação da curva na Figura 5.3b.

Neste livro, vamos supor que o material magnético está operando na região linear e, portanto, sua característica pode ser representada por $B_m = \mu_m H_m$, em que μ_m se mantém constante.

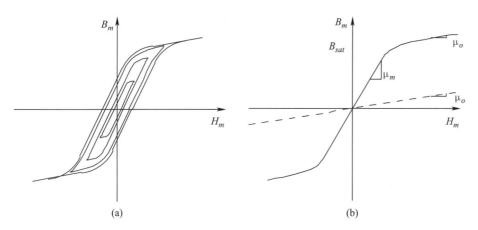

FIGURA 5.3   Característica *B-H* de materiais ferromagnéticos.

5.3.2 O Fluxo ϕ

As linhas de fluxo formam linhas fechadas, conforme mostrado na Figura 5.4 do núcleo magnético toroidal, que são cercadas pelo enrolamento que conduz a corrente. O fluxo no toroide pode ser calculado selecionando uma área A_m em um plano perpendicular à direção das linhas de fluxo. Como discutido no Exemplo 5.1, é razoável supor que H_m é uniforme e, portanto, a densidade de fluxo B_m é uniforme em todo o corte transversal do núcleo.

Substituindo por H_m da Equação 5.2 na Equação 5.4a,

$$B_m = \mu_m \frac{Ni}{\ell_m} \qquad (5.5)$$

em que B_m é a densidade de linhas do fluxo no núcleo. Portanto, supondo que B_m seja uniforme, o fluxo ϕ_m pode ser calculado como

$$\phi_m = B_m A_m \qquad (5.6)$$

em que as unidades do fluxo é o Weber (Wb). Substituindo por B_m da Equação 5.5 na Equação 5.6,

$$\phi_m = A_m \left(\mu_m \frac{Ni}{\ell_m} \right) = \frac{Ni}{\underbrace{\left(\frac{\ell_m}{\mu_m A_m} \right)}_{\mathfrak{R}_m}} \qquad (5.7)$$

em que Ni é igual aos ampère-espiras (ou força magnetomotriz F) aplicados ao núcleo, e o termo entre parênteses no lado direito é denominado relutância $\mathfrak{R}_m$ do núcleo magnético. Da Equação 5.7,

$$\mathfrak{R}_m = \frac{\ell_m}{\mu_m A_m} \quad [A/Wb] \qquad (5.8)$$

A Equação 5.8 esclarece que a relutância tem a unidade [A/Wb]. A Equação 5.8 mostra que a relutância da estrutura magnética, por exemplo, o toroide na Figura 5.4, é proporcional linearmente ao comprimento da trajetória magnética e inversamente proporcional tanto à área de seção transversal do núcleo como à permeabilidade de seu material.

A Equação 5.7 mostra que a quantidade de fluxo produzido pelos ampère-espiras F ($= Ni$) é inversamente proporcional a $\mathfrak{R}$; essa relação é análoga à Lei de Ohm ($I = V/R$) em circuitos elétricos em estado estacionário CC.

5.3.3 Fluxo de Enlaçado

Se todas as espiras de uma bobina, por exemplo, na Figura 5.4, são enlaçadas pelo mesmo fluxo ϕ, então a bobina tem um fluxo enlaçado λ, em que

$$\lambda = N\phi \qquad (5.9)$$

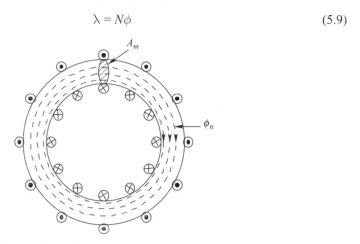

FIGURA 5.4 Toroide com fluxo ϕ_m.

Exemplo 5.2

No Exemplo 5.1, o núcleo consiste em um material com $\mu_m = 2000$. Calcule a densidade de campo magnético B_m e o ϕ_m.

Solução No Exemplo 5.1, foi calculado que $H_m = 454,5$ A/m espiras. Usando as Equações 5.4a e 5.4b, $B_m = 4\pi \times 10^{-7} \times 2000 \times 454,5 = 1,14$ T. O diâmetro no corte perpendicular do toroide é $\frac{OD - ID}{2} = 0,25 \times 10^{-2}$ m. Assim, a seção reta transversal do toroide é

$$A_m = \frac{\pi}{4}(0,25 \times 10^{-2})^2 = 4,9 \times 10^{-6} \text{ m}^2$$

Por conseguinte, da Equação 5.6, supondo que a densidade de fluxo é uniforme no corte transversal,

$$\phi_m = 1,14 \times 4,9 \times 10^{-6} = 5,59 \times 10^{-6} \text{ Wb}$$

5.4 ESTRUTURAS MAGNÉTICAS COM ENTREFERRO

Nas estruturas magnéticas de máquinas elétricas, as linhas de fluxo têm que cruzar dois entreferros. Para estudar os efeitos do entreferro considera-se a estrutura magnética da Figura 5.5 que consiste em uma bobina de N espiras em um núcleo magnético montado com ferro. O objetivo é estabelecer um campo magnético desejado no entreferro de comprimento ℓ_m controlando a corrente i do núcleo. Vamos supor que a intensidade de campo H_m é uniforme ao longo do comprimento da trajetória média ℓ_m do núcleo magnético. A intensidade de campo magnético no entreferro é representada por H_g. Da Lei de Ampère da Equação 5.1, a integral de linha ao longo da trajetória média dentro do núcleo e do entreferro conduz à seguinte equação:

$$H_m \ell_m + H_g \ell_g = Ni \tag{5.10}$$

Aplicando a Equação 5.3 no entreferro e a Equação 5.4 no núcleo, as densidades de fluxo correspondentes para H_m e H_g são

$$B_m = \mu_m H_m \quad \text{e} \quad B_g = \mu_o H_g \tag{5.11}$$

Em termos das densidades de fluxo da Equação 5.11, a Equação 5.10 pode ser escrita como

$$\frac{B_m}{\mu_m}\ell_m + \frac{B_g}{\mu_o}\ell_g = Ni \tag{5.12}$$

Como as linhas de fluxo formam trajetórias fechadas, o fluxo que cruza perpendicularmente qualquer seção reta transversal no núcleo é a mesma que cruza o entreferro (sem considerar o fluxo disperso, que será discutido mais adiante). Portanto,

$$\phi = A_m B_m = A_g B_g \quad \text{ou} \tag{5.13}$$

$$B_m = \frac{\phi}{A_m} \quad \text{e} \quad B_g = \frac{\phi}{A_g} \tag{5.14}$$

Geralmente, as linhas de fluxo se distorcem ao redor do entreferro, como mostrado na Figura 5.5. Essa distorção é denominada *efeito espraiamento* (*fringing effect*), que pode ser levado em conta pela estimação da área do entreferro A_g, que é feita incrementando cada dimensão na Figura 5.5 pelo comprimento do entreferro:

$$A_g = (W + \ell_g)(d + \ell_g) \tag{5.15}$$

Substituindo as densidades de fluxo da Equação 5.14 na Equação 5.12,

$$\phi\left(\frac{\ell_m}{A_m \mu_m} + \frac{\ell_g}{A_g \mu_o}\right) = Ni \tag{5.16}$$

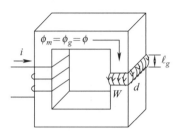

FIGURA 5.5 Estrutura magnética com entreferro.

Na Equação 5.16, podemos identificar, da Equação 5.8, que os dois termos dentro de parênteses são iguais as relutâncias da bobina e do entreferro, respectivamente. Portanto, a relutância efetiva $\Re$ de toda a estrutura na trajetória das linhas de fluxo é a soma das duas relutâncias:

$$\Re = \Re_m + \Re_g \tag{5.17}$$

Substituindo da Equação 5.17 na Equação 5.16, em que Ni é igual à fmm aplicada, F,

$$\phi = \frac{F}{\Re} \tag{5.18}$$

A Equação 5.18 permite que ϕ pode ser calculado pela aplicação dos ampère-espiras (fmm, F). Logo, B_m e B_g podem ser calculados pela Equação 5.14.

Exemplo 5.3

Na estrutura da Figura 5.5, supõe-se que todas as linhas de fluxo no núcleo cruzam o entreferro. As dimensões são as seguintes: a área no corte transversal do núcleo $A_m = 20 \text{ cm}^2$, o comprimento da trajetória média $\ell_m = 40$ cm, $\ell_g = 2$ mm e $N = 75$ espiras. Na região linear, a permeabilidade do núcleo é constante, com $\mu_r = 4500$. A corrente da bobina i (= 30 A) está abaixo do nível de saturação. Sem considerar o efeito de espraiamento, calcule a densidade de campo no entreferro, (a) incluindo a relutância do núcleo, assim como a do entreferro, e (b) ignorando a relutância do núcleo em comparação com a relutância do entreferro.

Solução Da Equação 5.8,

$$\Re_m = \frac{\ell_m}{\mu_o \mu_r A_m} = \frac{40 \times 10^{-2}}{4\pi \times 10^{-7} \times 4500 \times 20 \times 10^{-4}} = 3{,}54 \times 10^4 \frac{A}{Wb} \quad \text{e}$$

$$\Re_g = \frac{\ell_g}{\mu_o A_g} = \frac{2 \times 10^{-3}}{4\pi \times 10^{-7} \times 20 \times 10^{-4}} = 79{,}57 \times 10^4 \frac{A}{Wb}$$

a. Incluindo ambas as relutâncias, da Equação 5.16,

$$\phi_g = \frac{Ni}{\Re_m + \Re_g} \quad \text{e}$$

$$B_g = \frac{\phi_g}{A_g} = \frac{Ni}{(\Re_m + \Re_g)A_g} = \frac{75 \times 30}{(79{,}57 + 3{,}54) \times 10^4 \times 20 \times 10^{-4}} = 1{,}35 \text{ T}$$

b. Ignorando a relutância do núcleo, da Equação 5.16,

$$\phi_g = \frac{Ni}{\Re_g} \quad \text{e}$$

$$B_g = \frac{\phi_g}{A_g} = \frac{Ni}{\Re_g A_g} = \frac{75 \times 30}{79{,}57 \times 10^4 \times 20 \times 10^{-4}} = 1{,}41 \text{ T}$$

Este exemplo mostra que a relutância do entreferro predomina nos cálculos do fluxo e da densidade de fluxo; assim podemos ignorar frequentemente a relutância do núcleo em comparação com a do entreferro.

5.5 INDUTÂNCIAS

Em qualquer instante na bobina da Figura 5.6a, o fluxo enlaçado (devido às linhas do fluxo, integralmente no núcleo) é relacionado à corrente i por um parâmetro definido como a indutância L_m:

$$\lambda = L_m i \qquad (5.19)$$

em que a indutância L_m ($= \lambda_m/i$) é constante se o material do núcleo está operando na região linear.

A indutância da bobina na região linear do material pode ser calculada multiplicando todos os termos da Figura 5.6b, que são baseados nas equações anteriores:

$$L_m = \underbrace{\left(\frac{N}{\ell_m}\right)}_{\text{Eq.5.2}} \underbrace{\mu_m}_{\text{Eq.5.4a}} \underbrace{A_m}_{\text{Eq.5.6}} \underbrace{N}_{\text{Eq.5.9}} = \frac{N^2}{\left(\frac{\ell_m}{\mu_m A_m}\right)} = \frac{N^2}{\mathfrak{R}_m} \qquad (5.20)$$

A Equação 5.20 indica que a indutância L_m é estritamente uma propriedade do circuito magnético (isto é, o material, a geometria e o número de espiras), considerando que a operação é na região linear do material magnético, em que a inclinação de sua característica B-H pode ser representada por uma constante μ_m.

Exemplo 5.4

No toroide retangular da Figura 5.7, $w = 5$ mm, $h = 15$ mm, o comprimento da trajetória média $\ell_m = 18$ cm (linha neutra), $\mu_r = 5000$ e $N = 100$ espiras. Calcule a indutância da bobina L_m supondo que o núcleo não está saturado.

Solução Da Equação 5.8,

$$\mathfrak{R}_m = \frac{\ell_m}{\mu_m A_m} = \frac{0{,}18}{5000 \times 4\pi \times 10^{-7} \times 5 \times 10^{-3} \times 15 \times 10^{-3}} = 38{,}2 \times 10^4 \frac{A}{Wb}$$

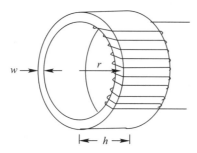

FIGURA 5.6 Indutância de bobina.

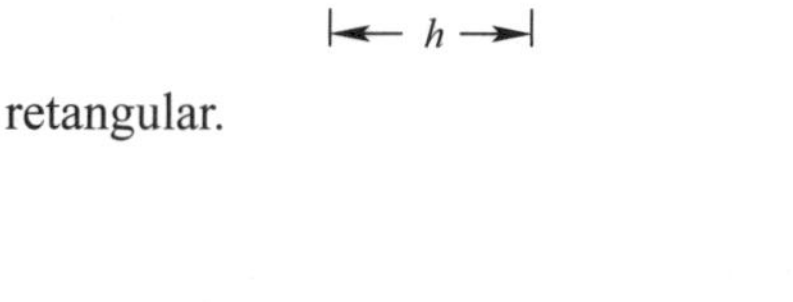

FIGURA 5.7 Toroide retangular.

Portanto, da Equação 5.20,

$$L_m = \frac{N^2}{\mathfrak{R}_m} = 26{,}18 \; mH$$

5.5.1 Energia Magnética Armazenada em Indutores

A energia em um indutor é armazenada em seu campo magnético. Do estudo de circuitos elétricos, sabemos que em qualquer instante, com uma corrente i, a energia armazenada no indutor é

$$W = \frac{1}{2} L_m \, i^2 \quad [J] \tag{5.21}$$

em que [J], para Joules, é a unidade de energia. Supondo que a estrutura, inicialmente, não tenha entreferro, como na Figura 5.6a, podemos expressar a energia armazenada em termos da densidade de fluxo, substituindo na Equação 5.21 a indutância da Equação 5.20 e a corrente da Lei de Ampère na Equação 5.2:

$$W_m = \frac{1}{2} \underbrace{\frac{N^2}{\frac{\ell_m}{\mu_m A_m}}}\, \underbrace{(H_m \ell_m / N)^2}_{i^2} = \frac{1}{2} \frac{(H_m \ell_m)^2}{\frac{\ell_m}{\mu_m A_m}} = \frac{1}{2} \frac{B_m^2}{\mu_m} \underbrace{A_m \, \ell_m}_{volume} \quad [J] \tag{5.22a}$$

em que $A_m \, l_m$ = volume, e na região linear $B_m = \mu_m H_m$. Assim, da Equação 5.22a, a densidade de energia no núcleo é

$$w_m = \frac{1}{2} \frac{B_m^2}{\mu_m} \tag{5.22b}$$

De forma similar, a densidade de energia no entreferro depende de μ_o e da densidade de fluxo nele. Assim, da Equação 5.22b, a densidade de energia em qualquer meio pode ser expressa como

$$w = \frac{1}{2} \frac{B^2}{\mu} \quad [J/m^3] \tag{5.23}$$

Em máquinas elétricas, em que os entreferros estão presentes na trajetória das linhas de fluxo, a energia é inicialmente armazenada nos entreferros. Isto é ilustrado no exemplo a seguir.

Exemplo 5.5

No Exemplo 5.3 parte (a), calcule a energia armazenada no núcleo e no entreferro e compare os resultados.

Solução No Exemplo 5.3 parte (a), $B_m = B_g = 1{,}35$ T. Portanto, da Equação 5.23,

$$w_m = \frac{1}{2} \frac{B_m^2}{\mu_m} = 161{,}1 \; J/m^3 \quad \text{e}$$

$$w_g = \frac{1}{2} \frac{B_g^2}{\mu_o} = 0{,}725 \times 10^6 \; J/m^3.$$

Logo, $\frac{w_g}{w_m} = \mu_r = 4500$.

Baseado nos dados fornecidos das áreas e comprimentos do corte transversal, o volume do núcleo é 200 vezes maior que do entreferro. Portanto, a relação da energia armazenada é

$$\frac{W_g}{W_m} = \frac{w_g}{w_m} \times \frac{(volume)_g}{(volume)_m} = \frac{4500}{200} = 22{,}5$$

5.6 LEI DE FARADAY: A TENSÃO INDUZIDA NA BOBINA DEVIDO À VARIAÇÃO TEMPORAL DO FLUXO DE ENLACE

Na discussão até aqui, estabelecemos as relações em circuitos magnéticos entre a quantidade elétrica i e as quantidades magnéticas H, B, ϕ e λ. Essas relações são válidas sob condições CC (invariante ou estacionário), assim como em qualquer instante quando essas quantidades estão variando com o tempo. Agora será examinada a tensão nos terminais da bobina sob a condição de variação no tempo. Na bobina da Figura 5.8, a Lei de Faraday estabelece que a *variação* temporal do fluxo enlaçado é igual à tensão na bobina em qualquer instante:

$$e(t) = \frac{d}{dt}\lambda(t) = N\frac{d}{dt}\phi(t) \tag{5.24}$$

Isto supõe que todas as linhas de fluxo enlaçam todas as N espiras, de modo que $\lambda = N\phi$. A polaridade da força eletromotriz $e(t)$ e a direção de $\phi(t)$ na equação acima ainda não estão justificadas.

A relação acima é válida, não interessa o que está causando a variação do fluxo. Uma possibilidade é que uma segunda bobina seja colocada no mesmo núcleo. Quando a segunda bobina é alimentada com uma corrente que varia com o tempo, o acoplamento mútuo causa a variação com o tempo do fluxo ϕ através da bobina, como mostrado na Figura 5.8. A outra possibilidade é que uma tensão $e(t)$ seja aplicada nos terminais do núcleo da Figura 5.8, causando a variação do fluxo, que pode ser calculado por integração com respeito ao tempo de ambos os lados da Equação 5.24:

$$\phi(t) = \phi(0) + \frac{1}{N}\int_0^t e(\tau) \cdot d\tau \tag{5.25}$$

em que $\phi(0)$ é o fluxo inicial em $t = 0$ e τ é uma variável de integração.

Lembrando a Lei de Ohm, equação $v = Ri$, a direção da corrente através do resistor é definida para estar entrando no terminal escolhido e é considerada de polaridade positiva. Isto é a convenção para elementos passivos. De forma similar, no núcleo da Figura 5.8, podemos estabelecer a polaridade da tensão e a direção do fluxo, para aplicar a Lei de Faraday, dadas pelas Equações 5.24 e 5.25. Se a direção do fluxo é dada, podemos definir a polaridade da tensão como segue: primeiro, determina-se a direção de uma corrente hipotética que produzirá o fluxo na mesma direção conforme é dada. Logo, a polaridade positiva para a tensão está no terminal em que essa corrente hipotética está entrando. Contrariamente, se a polaridade da tensão é dada, imagine uma corrente hipotética entrando no terminal de polaridade positiva. Esta corrente, baseada em como a bobina está enrolada, por exemplo, na Figura 5.8, determina a direção do fluxo utilizando as Equações 5.24 e 5.25.

Outra forma para determinar a polaridade da força eletromotriz (fem) induzida é aplicar a Lei de Lenz, que estabelece o seguinte: se, devido a uma tensão induzida por um incremento do fluxo enlaçado, é permitido fluir uma corrente, por exemplo, a direção desta corrente hipotética será oposta à mudança de fluxo.

Exemplo 5.6

Na estrutura da Figura 5.8, o fluxo $\phi_m (= \hat{\phi}_m \operatorname{sen} \omega t)$ enlaçando a bobina está variando senoidalmente com o tempo, em que $N = 300$ espiras, $f = 60$ Hz, e a seção reta transversal,

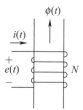

FIGURA 5.8 Polaridade da tensão e direção do fluxo e corrente.

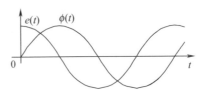

FIGURA 5.9 Formas de onda da tensão induzida e fluxo.

$A_m = 10 \text{ cm}^2$. O pico da densidade de fluxo $\hat{B}_m = 1{,}5$ T. Determine a expressão para a tensão induzida com a polaridade mostrada na Figura 5.8. Apresente o gráfico do fluxo e da tensão induzida como funções temporais.

Solução Da Equação 5.6, $\hat{\phi}_m = \hat{B}_m A_m = 1{,}5 \times 10 \times 10^{-4} = 1{,}5 \times 10^{-3}$ Wb. Da Lei de Faraday na Equação 5.24, $e(t) = \omega N \hat{\phi}_m \cos \omega t = 2\pi \times 60 \times 300 \times 1{,}5 \times 10^{-3} \times \cos \omega t = 169{,}65 \cos \omega t$ V. As formas de onda são apresentadas na Figura 5.9.

O Exemplo 5.6 ilustra que a tensão é induzida devido a $d\phi/dt$, sem considerar que qualquer corrente flui na bobina. Na seguinte subseção estabeleceremos a relação entre $e(t)$, $\phi(t)$ e $i(t)$.

5.6.1 Relações entre $e(t)$, $\phi(t)$ e $i(t)$

Na bobina da Figura 5.10a, uma tensão aplicada $e(t)$ resulta em $\phi(t)$, que é determinado pela equação da Lei de Faraday na forma integral, Equação 5.25. Mas, o que se pode observar a respeito da corrente absorvida pela bobina que estabelece esse fluxo? Antes de voltar para a Lei de Ampère, podemos expressar o fluxo enlaçado em termos de sua indutância e corrente utilizando a Equação 5.19:

$$\lambda(t) = Li(t) \qquad (5.26)$$

Supondo que todo o fluxo enlaça todas as N espiras, o fluxo enlaçado no núcleo $\lambda(t) = N\phi(t)$. Substituindo essa expressão na Equação 5.26, obtemos

$$\phi(t) = \frac{L}{N} i(t) \qquad (5.27)$$

Substituindo por $\phi(t)$, da Equação 5.27, na Equação 5.24 da Lei de Faraday, resulta em

$$e(t) = N \frac{d\phi}{dt} = L \frac{di}{dt} \qquad (5.28)$$

As Equações 5.27 e 5.28 relacionam $i(t)$, $\phi(t)$ e $e(t)$; os gráficos são apresentados na Figura 5.10b.

Exemplo 5.7

No Exemplo 5.6, a indutância da bobina é 50 mH. Determine a expressão para a corrente $i(t)$ na Figura 5.10b.

Solução Da Equação 5.27, $i(t) = \frac{N}{L} \phi(t) = \frac{300}{50 \times 10^{-3}} 1{,}5 \times 10^{-3} \text{ sen } \omega t = 9{,}0 \text{ sen } \omega t$ A.

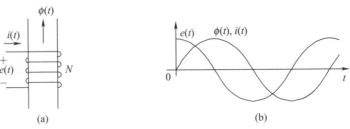

FIGURA 5.10 Formas de onda da tensão induzida, corrente e fluxo.

5.7 INDUTÂNCIAS DE MAGNETIZAÇÃO E DE DISPERSÃO

Da mesma forma como os condutores guiam as correntes elétricas em circuitos elétricos, os núcleos magnéticos guiam o *fluxo* em *circuitos magnéticos*. Mas há uma importante diferença. Nos circuitos elétricos, a condutividade do cobre é aproximadamente 10^{20} vezes maior que a do ar, garantindo que as correntes de dispersão sejam desprezíveis em CC ou em altas frequências, como em 60 Hz. Em circuitos magnéticos, entretanto, a permeabilidade dos materiais magnéticos é somente ao redor de 10^4 vezes maior que a do ar. Por causa desta baixa relação, na janela do núcleo na estrutura da Figura 5.11a existem linhas de fluxo de "dispersão", que não atingem seu destino – o entreferro. Observa-se que a bobina mostrada na Figura 5.11a é desenhada esquematicamente. Na prática, o bobinado consiste em múltiplas, camadas e o núcleo é projetado para caber ajustadamente o enrolamento tanto como seja possível, e assim minimizar a área da "janela" não utilizada.

O efeito da dispersão torna precisa a análise dos circuitos magnéticos mais difíceis; assim, a análise deve ser numérica. Mesmo assim, podem-se levar em conta os fluxos dispersos fazendo certas aproximações. Pode-se dividir o fluxo total ϕ em duas partes: o fluxo magnético ϕ_m, que é completamente confinado no núcleo e enlaça todas as N espiras, e o fluxo de dispersão, que é parcialmente ou inteiramente fechado no ar e é representado pelo fluxo disperso ϕ_ℓ e que também enlaça todas as espiras da bobina, mas não segue a trajetória magnética inteira, conforme mostrado na Figura 5.11b. Assim,

$$\phi = \phi_m + \phi_\ell \tag{5.29}$$

em que ϕ é o fluxo equivalente que enlaça todas as N espiras. Portanto, o fluxo total de enlace da bobina é

$$\lambda = N\phi = \underbrace{N\phi_m}_{\lambda_m} + \underbrace{N\phi_\ell}_{\lambda_\ell} = \lambda_m + \lambda \tag{5.30}$$

A indutância total (denominada autoindutância) pode ser obtida por divisão da Equação 5.30 pela corrente i:

$$\underbrace{\frac{\lambda}{i}}_{L_{autoindutância}} = \underbrace{\frac{\lambda_m}{i}}_{L_m} + \underbrace{\frac{\lambda_\ell}{i}}_{L_\ell} \tag{5.31}$$

Portanto,

$$L_{autoindutância} = L_m + L_\ell \tag{5.32}$$

em que L_m é frequentemente denominada *indutância de magnetização* devido ao fluxo ϕ_m no núcleo magnético, e L_ℓ é denominada *indutância de dispersão* devido ao fluxo ϕ_ℓ. Da Equação 5.32, o fluxo total enlaçado no núcleo pode ser reescrito como

$$\lambda = (L_m + L_\ell)i \tag{5.33}$$

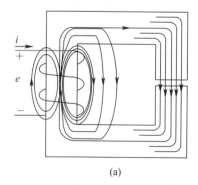
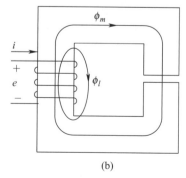

FIGURA 5.11 (a) Fluxos de dispersão e magnético; (b) representação equivalente desses fluxos.

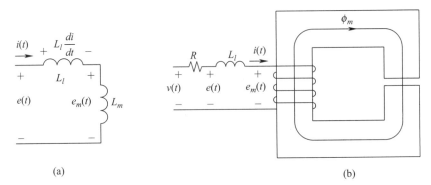

FIGURA 5.12   (a) Circuito equivalente; (b) indutância de dispersão separada do núcleo.

Assim, da Lei de Faraday na Equação 5.24,

$$e(t) = L_\ell \frac{di}{dt} + \underbrace{L_m \frac{di}{dt}}_{e_m(t)} \tag{5.34}$$

Isto resulta no circuito da Figura 5.12a. Na Figura 5.12b, a queda de tensão devido a indutância de dispersão pode ser mostrada separadamente; assim, a tensão induzida na bobina é somente devido ao fluxo de magnetização. A resistência da bobina R pode ser adicionada em série para completar a representação da bobina.

5.7.1   Indutâncias Mútuas

Muitos circuitos magnéticos, tais como aqueles que são encontrados em máquinas elétricas e transformadores, consistem em múltiplas bobinas. Nesses circuitos, o fluxo estabelecido pela corrente em uma bobina enlaça parcialmente a outra bobina ou bobinas. Esse fenômeno pode ser descrito matematicamente por meio de indutâncias mútuas, como examinado em temas de circuitos elétricos. As indutâncias mútuas são também necessárias para desenvolver modelos matemáticos para a análise dinâmica de máquinas elétricas. Como isso não é o objetivo deste livro, não elaboraremos qualquer posterior tópico de indutâncias mútuas. Preferimos usar mais simples e intuitivos meios para conseguir a tarefa manualmente.

5.8   TRANSFORMADORES

As máquinas elétricas consistem em algumas bobinas mutuamente acopladas em que uma porção do fluxo produzido por uma bobina (enrolamento) enlaça outras. Um transformador consiste em duas ou mais bobinas acopladas firmemente, em que quase todo o fluxo produzido por uma enlaça as outras bobinas. Os transformadores são importantes para transmitir e distribuir a energia elétrica. Eles também facilitam o entendimento de forma efetiva de motores ou geradores CA.

Para entender os princípios de operação de transformadores, considere-se uma simples bobina, também denominada enrolamento de N_1 espiras, como mostrado na Figura 5.13a. No início podemos supor que a resistência e a indutância de dispersão dos enrolamentos são zero; a segunda suposição implica que todo o fluxo produzido pelo enrolamento está confinado no núcleo. Aplicando uma tensão e_1 variável com o tempo ao enrolamento, resulta em um fluxo $\phi_m(t)$. Da Lei de Faraday:

$$e_1(t) = N_1 \frac{d\phi_m}{dt} \tag{5.35}$$

em que $\phi_m(t)$ é completamente definida pela integral temporal da tensão aplicada, conforme dado abaixo (em que se supõe que o fluxo no enrolamento inicialmente seja zero):

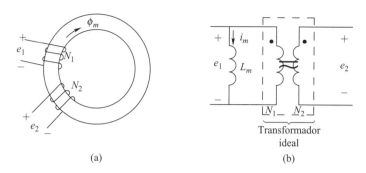

FIGURA 5.13 (a) Núcleo com dois enrolamentos; (b) circuito equivalente.

$$\phi_m(t) = \frac{1}{N_1} \int_0^t e_1(\tau) \cdot d\tau \qquad (5.36)$$

A corrente $i_m(t)$ absorvida para estabelecer esse fluxo depende da indutância de magnetização L_m do enrolamento, conforme mostrado na Figura 5.13b.

Um segundo enrolamento de N_2 espiras é agora colocado no núcleo, como mostrado na Figura 5.13a. Uma tensão é induzida no segundo enrolamento devido ao fluxo $\phi_m(t)$ que o enlaça. Da Lei de Faraday,

$$e_2(t) = N_2 \frac{d\phi_m}{dt} \qquad (5.37)$$

As Equações 5.35 e 5.37 mostram que em cada enrolamento, os volts por espira são os mesmos, devido ao mesmo $d\phi_m/dt$:

$$\frac{e_1(t)}{N_1} = \frac{e_2(t)}{N_2} \qquad (5.38)$$

A Equação 5.38 pode ser representada na Figura 5.14b por meio de um componente de circuito hipotético denominado "transformador ideal", que relaciona as tensões nos dois enrolamentos pela relação de espiras N_1/N_2:

$$\frac{e_1(t)}{e_2(t)} = \frac{N_1}{N_2} \qquad (5.39)$$

Os pontos na Figura 5.14b expressam a informação de que as tensões no enrolamento serão da mesma polaridade nos terminais pontuados com respeito a seus terminais não pontuados. Por exemplo, se ϕ_m é incrementado com o tempo, as tensões em ambos os terminais com pontos serão positivas com respeito aos correspondentes terminais não pontuados. A vantagem de utilizar essa convenção com pontos é que as orientações dos enrolamentos no núcleo não são mostradas em detalhe.

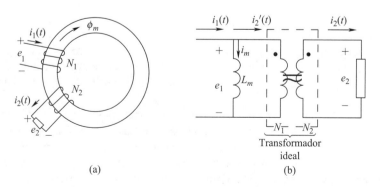

FIGURA 5.14 (a) Transformador com impedância no secundário; (b) circuito equivalente.

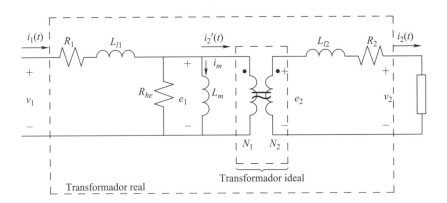

FIGURA 5.15 Circuito equivalente de um transformador real.

Uma carga R-L é agora conectada nos terminais do enrolamento secundário, conforme mostrado na Figura 5.14a. Uma corrente $i_2(t)$ fluirá através da combinação R-L. Os ampère-espiras resultantes $N_2 i_2$ tenderão a variar o fluxo do núcleo ϕ_m, mas isso não *acontecerá* devido a que $\phi_m(t)$ é estabelecido completamente pela tensão aplicada $e_1(t)$, como dado na Equação 5.36. Portanto, uma corrente adicional i_2' na Figura 5.14b é absorvida pelo enrolamento 1 de modo a compensar (ou anular) $N_2 i_2$, tal que

$$N_1 i_2' = N_2 i_2 \tag{5.40}$$

ou

$$\frac{i_2'(t)}{i_2(t)} = \frac{N_2}{N_1} \tag{5.41}$$

Esta é a segunda propriedade de um "transformador ideal". Assim, a corrente total absorvida dos terminais do enrolamento 1 é

$$i_1(t) = i_m(t) + i_2'(t) \tag{5.42}$$

Na Figura 5.14, a resistência e a indutância de dispersão associadas com o enrolamento 2 aparecem em série com carga R-L. Assim, a tensão induzida e_2 é diferente de v_2 nos terminais do enrolamento pela queda de tensão na resistência e indutância de dispersão do enrolamento, conforme mostrado na Figura 5.15. De forma similar, a tensão aplicada v_1 difere da fem e_1 (induzida pela variação temporal do fluxo ϕ_m) pela queda de tensão na resistência e indutância de dispersão do enrolamento 1.

5.8.1 Perdas no Núcleo

Podemos modelar as perdas no núcleo devido à histerese e correntes parasitas conectando uma resistência R_{he} em paralelo com L_m, como mostrado na Figura 5.15. As perdas devido ao laço de histerese na curva característica B-H foram discutidas anteriormente. Outra fonte de perdas no núcleo é devido às correntes parasitas. Todos os materiais magnéticos têm uma resistividade elétrica finita (idealmente, deve ser infinita). Como foi discutido na Seção 5.6, que tratou sobre a lei da tensão induzida de Faraday, os fluxos que variam com o tempo induzem tensões no núcleo, que resultam em correntes circulantes (correntes parasitas) no interior do núcleo e se opõem a essas mudanças de fluxo (e parcialmente as neutralizam).

Na Figura 5.16a, um incremento do fluxo ϕ estabelece muitos laços de corrente (devido às tensões induzidas que se opõem a mudanças do fluxo no núcleo), que resultam em perdas. Uma forma de limitar as perdas por correntes parasitas é construir o núcleo com chapas laminadas de aço, que são isoladas umas das outras com finas camadas de verniz, conforme mostrado na Figura 5.16b. Algumas chapas são mostradas para ilustrar como elas reduzem as perdas por correntes parasitas. Devido ao isolamento entre as chapas, a corrente

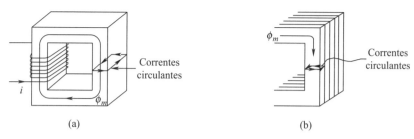

FIGURA 5.16 (a) Correntes parasitas induzidas por fluxos variando no tempo; (b) núcleo com chapas isoladas.

é forçada a fluir em laços muito menores no interior de cada chapa. As chapas do núcleo reduzem o fluxo e a tensão induzida mais que a resistência efetiva às correntes no interior de uma chapa; por conseguinte, reduzem-se todas as perdas. Para operação em 50 e 60 Hz, a espessura das chapas varia entre 0,2 e 1 mm.

5.8.2 Modelos do Transformador Real e Ideal

Seja o circuito equivalente do transformador real, mostrado na Figura 5.15. Se não são considerados todos os efeitos parasitas, tais como indutâncias de dispersão e perdas, e se supomos que a permeabilidade é infinita ($L_m = \infty$), então o circuito equivalente do transformador real se reduz exatamente a um transformador ideal.

5.8.3 Determinação dos Parâmetros do Modelo do Transformador

A fim de utilizar o circuito equivalente do transformador da Figura 5.15, precisamos determinar os valores de vários parâmetros. Esses parâmetros podem ser obtidos por meio de dois ensaios: (1) ensaio de circuito aberto (vazio) e (2) ensaio de curto-circuito.

5.8.3.1 Ensaio de Circuito Aberto

Neste ensaio, um dos enrolamentos, por exemplo, o enrolamento 2, é mantido aberto, como mostrado na Figura 5.17, ao passo que no enrolamento 1 é aplicada a tensão nominal. A tensão rms de entrada V_{ca}, a corrente rms I_{ca} e a potência média P_{ca} são medidas, em que o subscrito "ca" significa a condição de circuito aberto. Sob a condição de circuito aberto, a corrente no enrolamento é pequena e é determinada pela grandeza da impedância de magnetização. Portanto, a queda de tensão na indutância de dispersão pode ser esquecida, conforme mostra a Figura 5.17. Em termos das quantidades medidas, R_{he} pode ser calculado como segue:

$$R_{he} = \frac{V_{ca}^2}{P_{ca}} \tag{5.43}$$

A magnitude da impedância de circuito aberto na Figura 5.17 pode ser calculada como

$$|Z_{ca}| = \frac{X_m R_{he}}{\sqrt{R_{he}^2 + X_m^2}} = \frac{V_{ca}}{I_{ca}} \tag{5.44}$$

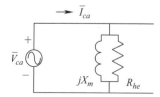

FIGURA 5.17 Ensaio de circuito aberto.

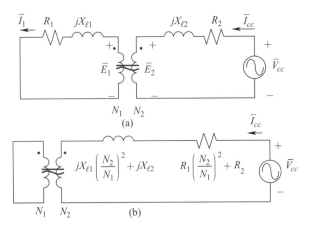

FIGURA 5.18 Ensaio de curto-circuito.

Utilizando os valores medidos de V_{ca}, I_{ca} e R_{he} calculados da Equação 5.43, podemos calcular a reatância de magnetização X_m da Equação 5.44.

5.8.3.2 Ensaio de Curto-Circuito

Neste ensaio, um dos enrolamentos, por exemplo, o enrolamento 1, é curto-circuitado, como mostra a Figura 5.18a. Uma tensão baixa é aplicada ao enrolamento 2 e ajustada de tal forma que a corrente em cada enrolamento seja aproximadamente a corrente nominal. Na condição de curto-circuito, a reatância de magnetização X_m e a resistência de perdas no núcleo R_{he} podem ser desconsideradas em comparação com a impedância de dispersão do enrolamento 1, como mostrado na Figura 5.18a.

Neste circuito, a tensão rms V_{cc}, a corrente rms I_{cc} e a potência média P_{cc} são medidas; o subscrito "cc" significa a condição de curto-circuito.

Em termos de tensões, correntes e a relação de espiras definida na Figura 5.18a,

$$\frac{\overline{E}_2}{\overline{E}_1} = \frac{N_2}{N_1} \quad \text{e} \quad \frac{\overline{I}_{cc}}{\overline{I}_1} = \frac{N_1}{N_2} \tag{5.45}$$

Assim,

$$\frac{\overline{E}_2}{\overline{I}_{cc}} = \frac{\frac{N_2}{N_1}\overline{E}_1}{\frac{N_1}{N_2}\overline{I}_1} = \left(\frac{N_2}{N_1}\right)^2 \frac{\overline{E}_1}{\overline{I}_1} \tag{5.46}$$

Observa-se que na Equação 5.46, da Figura 5.18a,

$$\frac{\overline{E}_1}{\overline{I}_1} = R_1 + jX_{\ell 1} \tag{5.47}$$

Portanto, substituindo a Equação 5.47 na Equação 5.46,

$$\frac{\overline{E}_2}{\overline{I}_{cc}} = \left(\frac{N_2}{N_1}\right)^2 (R_1 + jX_{\ell 1}) \tag{5.48}$$

Isto permite ao circuito equivalente sob a condição de curto-circuito da Figura 5.18a ser redesenhado na Figura 5.18b, em que os componentes parasitas do enrolamento 1 foram movidos para o lado do enrolamento 2 e são incluídos com os componentes parasitas do enrolamento 2. Logo, ao transferir (referenciar) a impedância de dispersão do enrolamento 1 para o lado do enrolamento 2, pode-se substituir efetivamente a porção do transformador ideal da Figura 5.18b com um curto. Assim, em termos das quantidades medidas,

$$R_2 + \left(\frac{N_2}{N_1}\right)^2 R_1 = \frac{P_{cc}}{I_{cc}^2} \tag{5.49}$$

Os transformadores são projetados para produzir aproximadamente iguais perdas $I_2 R$ (perdas no cobre) em cada enrolamento. Isto implica que a resistência do enrolamento é inversamente proporcional ao quadrado de sua corrente nominal. Em um transformador, as correntes nominais estão associadas à relação de espiras como

$$\frac{I_{1,nominal}}{I_{2,nominal}} = \frac{N_2}{N_1} \qquad (5.50)$$

em que a relação de espiras é explicitamente mencionada na placa de especificações do transformador, ou isto pode ser calculado da relação de tensões nominais. Portanto,

$$\frac{R_1}{R_2} = \left(\frac{I_{2,nominal}}{I_{1,nominal}}\right)^2 = \left(\frac{N_1}{N_2}\right)^2 \quad \text{ou}$$

$$R_1 \left(\frac{N_2}{N_1}\right)^2 = R_2 \qquad (5.51)$$

Substituindo a Equação 5.51 na Equação 5.49,

$$R_2 = \frac{1}{2} \frac{P_{cc}}{I_{cc}^2} \qquad (5.52)$$

R_1 pode ser calculado da Equação 5.51.

A reatância de dispersão em um enrolamento é aproximadamente proporcional ao quadrado do número de espiras. Portanto,

$$\frac{X_{\ell 1}}{X_{\ell 2}} = \left(\frac{N_1}{N_2}\right)^2 \quad \text{ou} \quad \left(\frac{N_2}{N_1}\right)^2 X_{\ell 1} = X_{\ell 2} \qquad (5.53)$$

Utilizando as Equações 5.51 e 5.53 na Figura 5.18b,

$$|Z_{sc}| = \sqrt{(2R_2)^2 + (2X_{\ell 2})^2} = \frac{V_{cc}}{I_{cc}} \qquad (5.54)$$

Usando os valores medidos de V_{cc} e I_{cc}, e R_2 calculado da Equação 5.52 podemos calcular $X_{\ell 2}$ da Equação 5.54 e $X_{\ell 1}$ da Equação 5.53.

5.9 ÍMÃS PERMANENTES

Muitas máquinas elétricas diferentemente das máquinas de indução consistem em ímãs permanentes em caso de pequenas especificações. Contudo, o uso de ímã permanente se estenderá, sem dúvida, a grandes máquinas, porque o ímã permanente fornece fluxo independentemente de uma fonte de fluxo, que em outro caso teria que ser criado por enrolamentos conduzindo uma corrente, o que incorreria em perdas $i^2 R$ na resistência do enrolamento. A mais alta eficiência e a mais alta densidade de potência fornecida por máquinas de ímã permanente as tornam mais atrativas. Em anos recentes, significativos avanços foram realizados em materiais como Nd-Fe-B que têm atrativas características magnéticas em comparação com os materiais de ímã permanente mostrado na Figura 5.19.

Os ímãs de Nd-Fe-B oferecem uma operação com alta densidade de fluxo, alta densidade de energia e alta capacidade para resistir desmagnetização. Ao diminuir o custo de fabricação, junto com os avanços de operação em altas temperaturas será permitida sua aplicação em potências mais altas que as oferecidas pelos atuais.

Nos próximos capítulos, como discutimos as máquinas de ímã permanente, será adequado tratá-las como fonte de fluxo; de outra forma, teriam que ser montados enrolamentos conduzindo corrente.

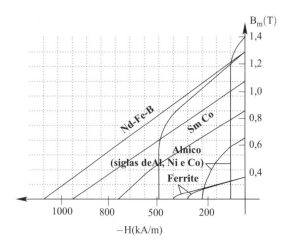

FIGURA 5.19 Características de vários materiais de ímãs permanentes.

RESUMO/QUESTÕES DE REVISÃO

1. Qual é a função dos circuitos magnéticos? Por que são desejáveis os materiais magnéticos com alta permeabilidade? Qual é a faixa típica das permeabilidades relativas de materiais ferromagnéticos de ferro?
2. Por que pode ser ignorada a "dispersão" em circuitos elétricos, mas não em circuitos magnéticos?
3. Que é a Lei de Ampère e que quantidade é calculada com ela?
4. Qual é a definição de força magneto motriz (fmm), F?
5. Qual é o significado de "saturação magnética"?
6. Qual é a relação entre ϕ e B?
7. Como pode ser calculada a relutância magnética $\Re$? Qual quantidade do campo é determinada dividindo a fmm F pela relutância $\Re$?
8. Em circuitos magnéticos com entreferro, o que geralmente domina na relutância total na trajetória do fluxo: o entreferro ou o resto da estrutura magnética?
9. Qual é o significado de fluxo enlaçado λ de uma bobina?
10. Que lei permite calcular a força eletromotriz induzida? Qual é a relação entre a tensão induzida e o fluxo enlaçado?
11. Como é estabelecida a polaridade da fem induzida?
12. Supondo variações senoidais com o tempo em uma frequência f, como estão relacionados o valor eficaz da fem induzida, o valor pico do fluxo enlaçado na bobina e a frequência de variação f?
13. Como a indutância L de uma bobina relaciona a Lei de Faraday à Lei de Ampère?
14. Em uma estrutura magnética linear, defina a indutância da bobina em termos de sua geometria.
15. O que é a indutância de dispersão? Como pode a queda de tensão nela ser representada separada da fem induzida pelo fluxo principal no núcleo magnético?
16. Em estruturas magnéticas lineares, como é definida a energia armazenada? Em estruturas magnéticas com entreferro, onde é principalmente armazenada a energia?
17. Qual é o significado de "indutância mútua"?
18. Qual é a função dos transformadores? Como é definido um transformador ideal? Que elementos parasitas devem ser incluídos no modelo de um transformador ideal para este representar um transformador real?
19. Quais são as vantagens de utilizar ímãs permanentes?

REFERÊNCIAS

1. G. R. Slemon, *Electric Machines and Drives* (Addison-Wesley, 1992).
2. Fitzgerald, Kingsley, and Umans, *Electric Machinery*, 5th ed. (McGraw Hill, 1990).

EXERCÍCIOS

5.1 No Exemplo 5.1, calcule a intensidade de campo dentro do núcleo: (a) próximo do diâmetro interno e (b) próximo do diâmetro externo. (c) Compare os resultados com o resultado da intensidade de campo na trajetória média.

5.2 No Exemplo 5.1, calcule a relutância na trajetória das linhas de fluxo, se $\mu_r = 2000$.

5.3 Considere as dimensões do núcleo do Exemplo 5.1. A bobina requer uma indutância de 25 μH. A corrente máxima é 3 A e a máxima densidade de campo não excede 1,3 T. Calcule o número de espiras N e a permeabilidade relativa μ_r do material magnético que deve ser usado.

5.4 No Exercício 5.3, suponha que a permeabilidade do material magnético seja infinita. Para satisfazer as condições de máxima densidade de fluxo e a indutância necessária, um pequeno entreferro é introduzido. Calcule o comprimento deste entreferro (não considerar o espraiamento do fluxo) e o número de espiras N.

5.5 No Exemplo 5.4, calcule a máxima corrente acima da qual a densidade de campo no núcleo excede 0,3 T.

5.6 O toroide retangular da Figura 5.7 no Exemplo 5.4 consiste em um material cuja permeabilidade relativa é considerada infinita. Os outros parâmetros são como fornecidos no Exemplo 5.4. Um entreferro de 0,05 mm de comprimento é inserido. Calcule (a) a indutância da bobina L_m supondo que o núcleo não está saturado, e (b) a máxima corrente acima da qual a densidade de campo no núcleo excede 0,3 T.

5.7 No Exercício 5.6, calcule a energia armazenada no núcleo e no entreferro em uma densidade de campo de 0,3 T.

5.8 Na estrutura da Figura 5.11a, $L_m = 200$ mH, $L_l = 1$ mH e $N = 100$ espiras. Sem considerar a resistência da bobina. Uma tensão de regime estacionário é aplicada, onde $\bar{V} = \sqrt{2} \times 120 \angle 0 V$ em uma frequência de 60 Hz. Calcule a corrente $\bar{I}$ e $i(t)$.

5.9 Um transformador é projetado para abaixar a tensão aplicada de 120 V (rms) a 24 V (rms) em 60 Hz. Calcule a máxima tensão rms que pode ser aplicada no lado de alta do transformador sem exceder a densidade de fluxo nominal no núcleo se este transformador é utilizado em uma rede com uma frequência de 50 Hz.

5.10 Suponha que o transformador na Figura 5.15a seja ideal. No enrolamento 1 é aplicada uma tensão senoidal em regime permanente com $\bar{V}_1 = \sqrt{2} \times 120 \angle 0°$ V com uma $f = 60$ Hz. $N_1/N_2 = 3$. A carga no enrolamento 2 está em série com uma combinação R e L com $Z_L = (5 + j3)\Omega$. Calcule a corrente absorvida da fonte de tensão.

5.11 Considere o transformador mostrado na Figura 5.15a, sem considerar as resistências dos enrolamentos, indutâncias de dispersão e perdas no núcleo. $N_1/N_2 = 3$. Para uma tensão de 120 V (rms) na frequência de 60 Hz aplicada no enrolamento 1, a corrente de magnetização é 1,0 A (rms). Se uma carga de 1,1 Ω com um fator de potência de 0,866 (atrasado) é conectada ao enrolamento secundário, calcule $\bar{I}_1$.

5.12 No Exercício 5.11, o núcleo do transformador consiste agora em um material com μ_r que é a metade daquele do Exercício 5.11. Sob as condições de operação listadas no Exercício 5.11, determine a densidade de fluxo do núcleo e a corrente de magnetização. Compare esses valores com aqueles do Exercício 5.11. Calcule $\bar{I}_1$.

5.13 Um transformador de 2400/240 V, 60 Hz tem os seguintes parâmetros no circuito equivalente da Figura 5.16: a impedância de dispersão no lado de alta é $(1,2 + j2,0)$ Ω, a impedância de dispersão no lado de baixa é $(0,012 + j0,02)$ Ω, e X_m no lado de alta é 1800 Ω. Despreze R_{he}. Calcule a tensão de entrada se a tensão de saída é 240 V (rms) e fornecendo a uma carga de 1,5 Ω com um fator de potência de 0,9 (atrasado).

5.14 Calcule os parâmetros do circuito equivalente de um transformador, se os seguintes dados são fornecidos para um transformador de distribuição para os ensaios de curto-circuito e circuito aberto: 60 Hz, 50 kVA, 2400:240 V:

Ensaio de circuito aberto com o lado de alta aberto: $V_{ca} = 240$ V, $I_{ca} = 5,0$ A, $P_{ca} = 400$ W,
Ensaio de curto-circuito com o lado de baixa em curto: $V_{cc} = 90$ V, $I_{cc} = 20$ A, $P_{cc} = 700$ W.

6
PRINCÍPIOS BÁSICOS DA CONVERSÃO ELETROMECÂNICA DE ENERGIA

6.1 INTRODUÇÃO

Em máquinas elétricas, como motores, a potência elétrica que entra é convertida em potência mecânica na saída, como mostrado na Figura 6.1. Essas máquinas podem ser operadas isoladamente como geradores, mas podem também entrar no modo de geração quando ocorre desaceleração (durante frenagem regenerativa) em que o fluxo de potência é invertido. Neste capítulo, vamos examinar brevemente a estrutura básica das máquinas elétricas e os princípios fundamentais das interações eletromagnéticas que governam sua operação. Limitaremos a discussão às máquinas rotativas, embora os mesmos princípios se apliquem a máquinas lineares.

6.2 ESTRUTURA BÁSICA

É frequente descrever uma máquina elétrica através de uma vista em corte; é como se a máquina fosse cortada por um plano perpendicular ao eixo e observada por um lado, como mostrado na Figura 6.2a. Devido à simetria, esse corte pode ser tomado em qualquer parte ao longo do eixo. O corte simplificado na Figura 6.2b mostra que todas as máquinas têm uma parte estacionária, denominada estator, e uma parte girante, denominada rotor, ambas separadas pelo entreferro, dessa forma permitindo ao rotor girar livremente em um eixo apoiado em rolamentos. O estator está firmemente fixado em uma base, de maneira que não pode girar.

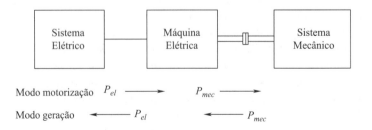

FIGURA 6.1 Máquina elétrica como um conversor de energia.

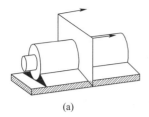 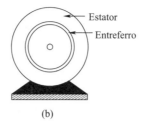

(a) (b)

FIGURA 6.2 Construção do motor: (a) "corte" perpendicular ao eixo; (b) corte transversal visto a partir da parte frontal.

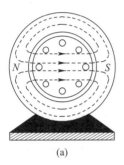 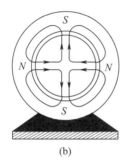 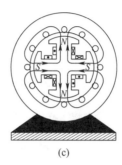

(a) (b) (c)

FIGURA 6.3 Estrutura das máquinas.

De modo a requerer um baixo valor de ampère-espiras para criar as linhas de fluxo cruzando o entreferro, como mostrado na Figura 6.3a, ambos, rotor e estator, são fabricados com materiais ferromagnéticos de alta permeabilidade, e o comprimento do entreferro é mantido tão pequeno quanto possível. Em máquinas de potência de até 10 kW, o comprimento típico do entreferro é em torno de 1 mm, que na figura está algo exagerado para facilitar observar o desenho.

A distribuição do fluxo produzido no estator na Figura 6.3a é mostrada para uma máquina de 2 polos, em que a distribuição do fluxo corresponde a uma combinação de um polo norte simples e um polo sul simples. Geralmente, há máquinas com mais de dois polos; por exemplo, com 4 ou 6. A distribuição de fluxo em uma máquina de 4 polos é mostrada na Figura 6.3b. Devido à completa simetria ao redor da periferia do entreferro, é suficiente considerar somente um par de polos consistindo em polos adjacentes norte e sul. Outros pares de polos têm condições idênticas de campos magnéticos e correntes.

Se o rotor e o estator são perfeitamente circulares, o entreferro é uniforme, e a relutância magnética no caminho das linhas de fluxo cruzando o entreferro também é uniforme. As máquinas com tais estruturas são denominadas máquinas com polos lisos. Algumas vezes, as máquinas são projetadas de propósito para ter saliência; nesse caso, a relutância é diferente ao longo dos diferentes trechos, como mostrado na Figura 6.3c. Essa saliência resulta no que é denominado torque de relutância, que pode ser o meio significativo ou primário de produzir torque.

Observamos que, para reduzir as perdas por correntes parasitas (*eddy*), o estator e o rotor frequentemente são de chapas de aço silício, que são isoladas umas das outras por camadas de verniz. Essas chapas são empilhadas perpendicularmente ao eixo. Os condutores que percorrem paralelamente ao eixo podem ser alojados em ranhuras preparadas nas chapas. Os leitores precisam comprar motores usados de CC e de indução e logo desmontá-los para observar as características construtivas dessas máquinas.

6.3 PRODUÇÃO DO CAMPO MAGNÉTICO

Agora será examinado como as bobinas produzem os campos magnéticos nas máquinas elétricas. Para ilustração, uma bobina concentrada de N_s espiras é colocada em duas ranhuras do estator, deslocadas de 180° uma da outra (isso é chamado de passo completo), como mostrado na Figura 6.4a. O rotor está presente sem seu circuito elétrico. Vamos considerar somente as linhas do fluxo de magnetização que cruzam completamente os dois entreferros; serão ignoradas as linhas de fluxo de dispersão. As linhas de fluxo *no entreferro* são radiais, isto é, em uma direção na qual elas atravessam o centro da máquina. Associada às linhas de fluxo radial, a intensidade de campo no entreferro tem também direção radial. Supõe-se que é positiva ($+H_s$) quando se afasta do centro da máquina; senão, é negativa ($-H_s$). O subscrito "s" se refere à intensidade de campo *no entreferro* devido ao estator. Vamos supor que a permeabilidade magnética do ferro seja infinita. Assim, as intensidades de campo H no estator e rotor são zero. Será aplicada a Lei de Ampère ao longo de qualquer trajetória fechada mostrada na Figura 6.4a, em qualquer instante t,

$$\underbrace{H_s \ell_g}_{\text{Para dentro}} - \underbrace{(-H_s)\ell_g}_{\text{Para fora}} = N_s i_s \quad \text{ou} \quad H_s = \frac{N_s i_s}{2\ell_g} \tag{6.1}$$

em que o sinal negativo é associado com a integral na direção para dentro, devido ao fato de que, quando o caminho de integração é para dentro, a intensidade de campo é medida para fora.

A força magnetomotriz (fmm) atuante ao longo de qualquer trajetória mostrada na Figura 6.4a é $N_s i_s$. Supondo que a permeabilidade do estator e do rotor seja infinita, por simetria, a metade dos ampère-espiras ($N_s i_s/2$) são "consumidos", ou estão "atuando" para fazer as linhas de fluxo cruzarem cada trecho do entreferro. Portanto, a força magnetomotriz F_s atuante em cada entreferro é

$$F_s = \frac{N_s i_s}{2} \tag{6.2}$$

Substituindo por $N_s i_s/2$ da Equação 6.2 na Equação 6.1,

$$F_s = H_s \ell_g \tag{6.3}$$

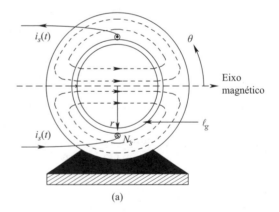

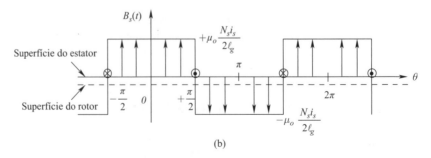

FIGURA 6.4 Produção do campo magnético.

Associada com H_s no entreferro, a densidade de campo B_s, que utiliza a Equação 6.1, pode ser reescrita como

$$B_s = \mu_o H_s = \mu_o \frac{N_s i_s}{2\ell_g} \qquad (6.4)$$

Todas as quantidades de campo (H_s, F_s e B_s) dirigidas para o centro da máquina são consideradas positivas. A Figura 6.4b mostra uma vista "desenvolvida", como se uma seção circular na Figura 6.4a fosse plana. Observa-se que a distribuição de campo é uma forma de onda quadrada. Das Equações 6.1, 6.2 e 6.4, é evidente que todas as quantidades de campo produzidas no estator (H_s, F_s e B_s) são proporcionais ao valor instantâneo da corrente do estator $i_s(t)$ e estão relacionadas uma com outra por constantes. Portanto, na Figura 6.4b, o gráfico da forma de onda quadrada da distribuição de B_s em um instante de tempo também representa as distribuições de H_s e B_s naquele tempo; os gráficos estão em diferentes escalas.

Na estrutura da Figura 6.4a, o eixo através de $\theta = 0°$ se refere ao eixo magnético do enrolamento ou bobina que está produzindo esse campo. O eixo magnético de um enrolamento vai através do centro da máquina na direção das linhas de fluxo produzidas pelo valor positivo da corrente do enrolamento e é perpendicular ao plano em que o enrolamento é localizado.

Exemplo 6.1

Na Figura 6.4a, considere uma bobina $N_s = 25$ espiras, e o comprimento do entreferro como $\ell_g = 1$mm. O raio médio (na metade do entreferro) é $r = 15$ cm, e o comprimento do rotor é $\ell = 35$ cm. No instante t, a corrente $i_s = 20$ A. (a) Determine as distribuições de H_s, F_s e B_s em função de θ; (b) Calcule o fluxo total cruzando o entreferro.

Solução

(a) Usando a Equação 6.2, $F_s = \frac{N_s i_s}{2} = 250$ A · espiras. Da Equação 6.1, $H_s = \frac{N_s i}{2\ell_s} = 2,5 \times 10^5$ A/m. Finalmente, usando a Equação 6.4, $B_s = \mu_o H_s = 0,314$ T. Os gráficos das distribuições de campo são similares àqueles mostrados na Figura 6.4b.

(b) O fluxo cruzando o rotor é $\phi_s = \int B \cdot dA$ calculado sobre a metade da superfície cilíndrica A. A densidade de fluxo é uniforme, e a área A é a metade da circunferência vezes o comprimento do rotor: $A \frac{2\pi r}{2} \ell = 0,165$ m². Portanto, $\phi_s = B_s \cdot A = 0,0518$ Wb.

Note que o comprimento do entreferro em máquinas elétricas é extremamente pequeno, tipicamente de 1 a 2 mm. Portanto, utilizaremos o raio r no meio do entreferro para também representar o raio dos condutores localizados nas ranhuras do estator e do rotor.

6.4 PRINCÍPIOS BÁSICOS DE OPERAÇÃO

Há dois princípios que governam a operação das máquinas elétricas para converter energia elétrica em trabalho mecânico:

(1) Uma força é produzida sobre um condutor que está conduzindo uma corrente quando esta é submetida a um campo magnético *estabelecido externamente*.

(2) Uma força eletromotriz é induzida em um condutor movimentando-se em um campo magnético.

6.4.1 Força Eletromagnética

Considere o condutor de comprimento ℓ mostrado na Figura 6.5a. O condutor está conduzindo uma corrente i e está sujeito a um campo magnético *estabelecido externamente*, de densidade de campo uniforme B e perpendicular ao comprimento do condutor. Uma força f_{em} é exercida sobre um condutor devido à interação eletromagnética entre o campo magnético externo e a corrente do condutor. O campo magnético dessa força é dado por

$$\underbrace{f_{em}}_{[Nm]} = \underbrace{B}_{[T]} \underbrace{i}_{[A]} \underbrace{\ell}_{[m]} \tag{6.5}$$

Como mostrado na Figura 6.5a, a direção da força é perpendicular a ambas as direções de i e B. Para obter a direção dessa força, serão superpostas as linhas de fluxo produzidas pela corrente do condutor, que são mostradas na Figura 6.5b. As linhas de fluxo se somam no lado direito do condutor e se subtraem no lado esquerdo, como mostrado na Figura 6.5c. Assim, a força f_{em} atua *a partir da maior concentração das linhas de fluxo para as de baixa concentração*, isto é, da direita para a esquerda neste caso.

Exemplo 6.2

Na Figura 6.6a, o condutor está conduzindo uma corrente entrando no plano do papel na presença de campo uniforme externo. Determine a direção da força eletromagnética.

Solução As linhas de fluxo estão em sentido horário e se somam no lado superior direito; daí, a força resultante mostrada na Figura 6.6b.

6.4.2 Força Eletromotriz (fem) Induzida

Na Figura 6.7a, um condutor de comprimento ℓ está se movimentando para a direita a uma velocidade u. A densidade de campo B é uniforme e está direcionada perpendicularmente ao plano do papel. A magnitude da força eletromotriz induzida em qualquer instante é dada por

$$\underbrace{e}_{[V]} = \underbrace{B}_{[T]} \underbrace{l}_{[m]} \underbrace{u}_{[m/s]} \tag{6.6}$$

A polaridade da força eletromotriz pode ser estabelecida como a seguir: Devido ao movimento do condutor, a força sobre uma carga q (positiva ou negativa, no caso de um elétron) dentro do condutor pode ser escrita como

$$fq = q\,(\mathbf{u} \times \mathbf{B}) \tag{6.7}$$

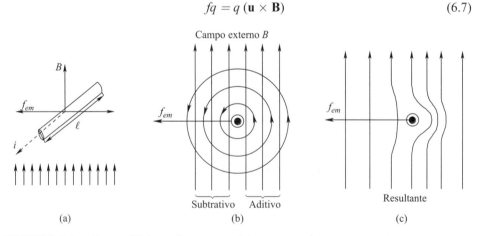

FIGURA 6.5 Força elétrica sobre um condutor que conduz uma corrente em um campo magnético.

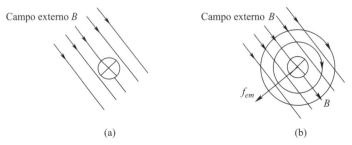

FIGURA 6.6 Figura para o Exemplo 6.2.

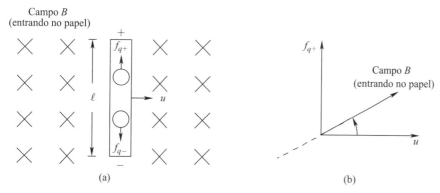

FIGURA 6.7 Condutor se movimentando em um campo magnético.

em que a velocidade e a densidade de fluxo são mostradas por letras em negrito para sugerir que são vetores, e seu produto vetorial determina a força.

Como **u** e **B** são ortogonais entre si, como mostrado na Figura 6.7b, a força sobre a carga positiva é para cima. De forma similar, a força sobre um elétron será para baixo. Assim, o extremo superior terá um potencial positivo relativamente ao extremo inferior. Essa fem induzida no condutor é independente da corrente que pode fluir se um caminho fechado estiver disponível (como pode normalmente ser o caso). Com a corrente fluindo, a tensão no condutor será a fem induzida $e(t)$ na Equação 6.6 menos a queda de tensão na resistência e indutância do condutor.

Exemplo 6.3

Nas Figuras 6.8a e 6.8b, os condutores perpendiculares ao plano do papel estão se deslocando na direção mostrada, na presença de um campo externo B uniforme. Determine a polaridade da fem induzida.

Solução Os vetores representando **u** e **B** são mostrados. Em concordância com a Equação 6.7, o lado superior do condutor na Figura 6.8a é positivo. O oposto é verdadeiro, conforme mostrado na Figura 6.8b.

6.4.3 Blindagem Magnética dos Condutores em Ranhuras

Os condutores que conduzem uma corrente no estator e no rotor estão montados em ranhuras, que blindam magneticamente os condutores. Em consequência, a força é principalmente exercida no ferro ao redor do condutor. Isso mostra, apesar de não ser provado neste item, que essa força tem a mesma magnitude e direção como se ela possuísse na ausência de blindagem magnética da ranhura. Como o propósito deste livro não é projetar, senão utilizar máquinas elétricas, será ignorado completamente, nas discussões posteriores, o efeito da blindagem magnética dos condutores pelas ranhuras. O mesmo argumento se aplica ao cálculo da fem induzida e a sua direção utilizando as Equações 6.6 e 6.7.

6.5 APLICAÇÃO DOS PRINCÍPIOS BÁSICOS

Considere a estrutura da Figura 6.9a, em que se admite que o estator tenha estabelecido um campo uniforme B_s na direção radial através do entreferro. Uma bobina com N_r espiras

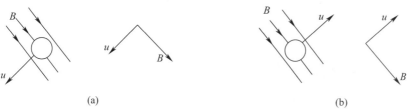

FIGURA 6.8 Figura para o Exemplo 6.3.

é localizada no rotor a um raio r. Considere como positivos a força e o torque atuante no rotor na direção anti-horária.

Uma corrente i_r passa através da bobina do rotor, que está sujeita ao campo B_s estabelecido no estator, como mostrado na Figura 6.9a. A indutância da bobina é considerada insignificante. A magnitude da corrente I é constante, mas sua direção (os detalhes são discutidos no Capítulo 7) é controlada de forma tal que depende da localização δ da bobina, conforme os gráficos na Figura 6.9b. Em concordância com a Equação 6.5, a força em ambos os lados da bobina resulta em um torque eletromagnético no rotor na direção anti-horária, em que

$$f_{em} = B_s (N_r I)\ell \tag{6.8}$$

Assim

$$T_{em} = 2 f_{em} r = 2 B_s (N_r I) \ell_r \tag{6.9}$$

Como as espiras do rotor, a direção da corrente é invertida a cada meio ciclo, resultando em um torque que se mantém constante, como dado pela Equação 6.9. Esse torque acelerará a carga mecânica acoplada ao eixo do rotor, resultando em uma velocidade ω_m. Note que um torque igual, mas de direção contrária, é experimentado pelo estator. Essa é exatamente a razão para fixar o estator em uma base para prevenir o giro do estator.

Devido ao movimento dos condutores na presença do campo do estator, de acordo com a Equação 6.6, a magnitude da fem induzida em qualquer tempo em cada condutor da bobina é

$$E_{cond} = B_s \ell \underbrace{r \omega_m}_{u} \tag{6.10}$$

Por conseguinte, a magnitude da fem induzida na bobina do rotor com 2 N_r condutores é

$$E = 2 N_r B_s \ell \omega_m \tag{6.11}$$

A forma de onda da fem e_r com a polaridade indicada na Figura 6.9a, é similar à da corrente i_r como o gráfico da Figura 6.9b.

6.6 CONVERSÃO DE ENERGIA

Em um sistema ideal, que não tem perdas, pode-se mostrar que a potência elétrica de entrada P_{el} é convertida em potência mecânica na saída P_{mec}. Utilizando as formas de onda de i_r, e_r e T_{em} na Figura 6.9b em qualquer instante t,

$$P_{el} = e_r i_r = (2 N_r B_s \ell r \omega_m) I \tag{6.12}$$

e

$$P_{mec} = T_{em} \omega_m = (2 B_s N_r I \ell r) \omega_m \tag{6.13}$$

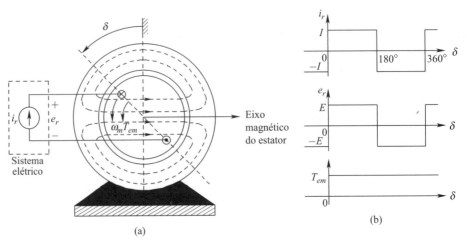

FIGURA 6.9 Modo motorização.

Assim,

$$P_{mec} = P_{el} \qquad (6.14)$$

A relação anterior é válida na presença de perdas. A potência absorvida da fonte elétrica é P_{el} na Equação 6.12, mais as perdas no sistema elétrico. A potência mecânica disponível no eixo é P_{mec}, na Equação 6.13, menos as perdas no sistema mecânico. Essas perdas serão brevemente discutidas na Seção 6.7.

Exemplo 6.4

A máquina mostrada na Figura 6.9a tem um raio de 15 cm, e o comprimento do rotor é de 35 cm. O rotor tem uma bobina com $N_r = 25$ espiras e $B_s = 1,3$ T (uniforme). A corrente i_r, como no gráfico da Figura 6.9b, tem uma magnitude $I = 10$ A. $\omega_m = 100$ rad/s. Calcule e desenhe o T_{em} e a fem induzida e_r. Calcule, também, a potência convertida.

Solução Usando a Equação 6.9, o torque eletromagnético no rotor estará em sentido anti-horário e uma magnitude de

$$T_{em} = 2Bs(N_r I)\ell r = 2 \times 1,3 \times 15 \times 10 \times 0,35 \times 0,15 = 20,5 \text{ Nm}$$

O torque eletromagnético terá a forma de onda mostrada na Figura 6.9b. Em uma velocidade $\omega_m = 100$ rad/s, a potência absorvida para conversão em potência mecânica é

$$P = \omega_m T_{em} = 100 \times 20,5 \simeq 2 \text{ kW}$$

6.6.1 Frenagem Regenerativa

Em uma velocidade ω_m, a inércia do rotor, incluindo a da carga mecânica acoplada no eixo, tem energia armazenada. Essa energia pode ser recuperada e ser retroalimentada para a rede. Veja a Figura 6.10a.

Fazendo isso, a corrente é assim controlada como para ter a forma de onda da Figura 6.10b, em função do ângulo δ. Note-se que a forma de onda da tensão induzida se mantém invariável. No caso de regeneração, devido à inversão da corrente (comparando com aquela do modo motorização), o torque T_{em} está na direção horária (oposta à rotação), e é mostrado no sentido negativo, na Figura 6.10b. Agora a potência de entrada P_{mec} na parte mecânica é igual à potência elétrica P_{el} no sistema elétrico. A direção do fluxo de potência representa o modo gerador de operação.

6.7 PERDAS DE POTÊNCIA E EFICIÊNCIA ENERGÉTICA

Como indicado na Figura 6.11, qualquer acionamento elétrico tem perdas elétricas inerentes que são convertidas em calor. Essas perdas, que são funções complexas da velocidade

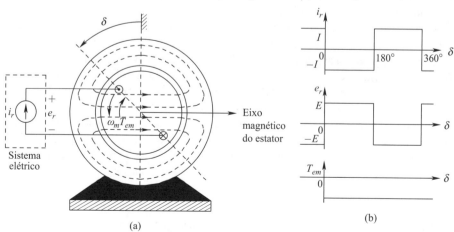

FIGURA 6.10 Modo de frenagem regenerativa.

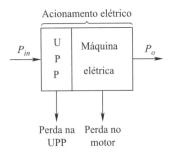

FIGURA 6.11 Perdas de potência e eficiência energética.

e do torque da máquina, são discutidas no Capítulo 14. Se a potência de entrada do acionamento é P_o, então a potência de entrada ao motor na Figura 6.11 é

$$P_{in,motor} = P_o + P_{perdas,motor} \qquad (6.15)$$

Em qualquer condição de operação, seja $P_{perdas,motor}$ igual a todas as perdas no motor. Portanto, a eficiência energética do motor é:

$$\eta_{motor} = \frac{P_o}{P_{in,motor}} = \frac{P_o}{P_o + P_{perdas,motor}} \qquad (6.16)$$

Na unidade de processamento de potência (UPP) de um acionamento elétrico, as perdas de potência ocorrem devido à condução de corrente e chaveamento dentro dos dispositivos semicondutores. De forma similar à Equação 6.16, podemos definir a eficiência energética de uma UPP como η_{UPP}. Portanto, a eficiência total do acionamento é tal que

$$\eta_{acionamento} = \eta_{motor} \times \eta_{UPP} \qquad (6.17)$$

As eficiências energéticas dos acionamentos dependem de muitos fatores, que discutiremos no Capítulo 14. A eficiência energética de motores elétricos de tamanhos médios a pequenos varia de 85% a 93%, enquanto para as unidades de processamento de energia varia na faixa de 93% a 97%. Por conseguinte, da Equação 6.17, a eficiência energética total dos acionamentos está na faixa aproximada de 80% a 90%.

6.8 POTÊNCIAS NOMINAIS DAS MÁQUINAS

As potências nominais das máquinas elétricas especificam os limites de velocidade e torque em que uma máquina pode operar. Usualmente esses limites são especificados para operar em um ciclo de trabalho contínuo. Tais limites podem ser mais altos para ciclos de trabalho intermitentes e para operação dinâmica durante breves períodos de aceleração e desaceleração. A perda de potência em uma máquina eleva sua temperatura acima da temperatura em seu redor, que é frequentemente conhecida também como temperatura ambiente. A temperatura ambiente recomendada é usualmente 40°C. As máquinas são classificadas com base na elevação da temperatura que elas podem tolerar. A temperatura não deve exceder o limite especificado pela classe de máquina. Como regra geral, a operação 10°C acima do limite reduz a expectativa de vida do motor em 50%.

A placa de especificações na máquina normalmente estabelece o ciclo de trabalho contínuo, ponto de operação a plena carga em termos do torque de plena carga, denominado torque nominal, e a velocidade plena, denominada plena carga. O produto desses dois valores especifica a potência de plena carga, ou a potência nominal:

$$P_{nominal} = \omega_{nominal} T_{nominal} \qquad (6.18)$$

A velocidade máxima de um motor é limitada devido a razões estruturais, como a capacidade dos rolamentos do motor para suportar altas velocidades. O máximo torque que

Princípios Básicos da Conversão Eletromecânica de Energia 89

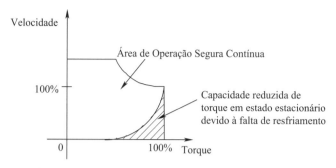

FIGURA 6.12 Área de operação segura para máquinas elétricas.

o motor pode liberar é limitado pela elevação da temperatura dentro dele. Em todas as máquinas, o torque maior na saída resulta em altas perdas de potência. A elevação de temperatura depende das perdas de potência, assim como do resfriamento. Em máquinas autorresfriadas, o refrigerante não é tão efetivo em baixas velocidades; isto reduz a capacidade de torque em baixas velocidades. A capacidade de torque-velocidade das máquinas elétricas pode ser especificada em termos da área de operação segura (SOA), como mostrado na Figura 6.12. A capacidade de torque cai em baixas velocidades devido ao insuficiente resfriamento. Uma área expandida, em termos de torque e velocidade, é usualmente possível para o ciclo de trabalho intermitente e durante períodos breves de aceleração e desaceleração.

Adicionalmente à potência e velocidade nominais, a placa de especificações também indica a tensão nominal, a corrente nominal (a plena carga) e, no caso de máquinas CA, o fator de potência de plena carga e a frequência nominal de operação.

RESUMO/QUESTÕES DE REVISÃO

1. Qual é a função das máquinas elétricas? Qual o significado das operações no modo de motorização e no modo de geração?
2. Qual é a definição de estator e de rotor?
3. Por que usamos materiais ferromagnéticos de alta permeabilidade para estatores e rotores em máquinas elétricas? Por que eles são montados com chapas empilhadas em vez de estrutura maciça?
4. Qual é o comprimento aproximado do entreferro em máquinas com potências menores que 10 kW?
5. Que são máquinas multipolo? Por que essas máquinas podem ser analisadas considerando somente um par de polos?
6. Supondo que a permeabilidade do ferro seja infinita, onde é consumida a fmm produzida pelas bobinas da máquina? Que lei é usada para calcular a quantidade de campo, tal como a densidade de fluxo, para uma corrente fornecida no núcleo? Por que é importante haver um pequeno comprimento no entreferro?
7. Quais são os dois princípios básicos de operação de máquinas elétricas?
8. Qual é a expressão para a força atuando em um condutor que conduz uma corrente em um campo B produzido externamente? Qual é sua direção?
9. Que é blindagem de ranhura e por que podemos ignorá-la?
10. Como expressamos a fem induzida em um condutor "cortando" um campo B produzido exteriormente? Como determinamos a polaridade da fem induzida?
11. Como as máquinas elétricas convertem a energia de uma para outra forma?
12. Quais são os vários mecanismos de perdas em máquinas elétricas?
13. Como é definida a eficiência elétrica, e quais são os valores típicos de eficiências para máquinas, para unidades de processamento de energia e para todo o acionamento?
14. Qual é o resultado final das perdas de potência em máquinas elétricas?
15. Qual é o significado dos valores nominais nas placas de especificações de máquinas?

REFERÊNCIAS

1. A. E. Fitzgerald, C. Kingsley and S. Umans, *Electric machinery*, 5th edition (McGraw-Hill, Inc., 1990).
2. G. R. Slemon, *Electric Machines and Drives* (Addison-Wesley, 1992).

EXERCÍCIOS

6.1 Admita que a distribuição de campo produzida pelo estator da máquina mostrada na Figura E6.1 é radialmente uniforme. A magnitude da densidade de campo no entreferro é B_s, o comprimento do rotor é ℓ, e a velocidade de rotação do motor é ω_m.

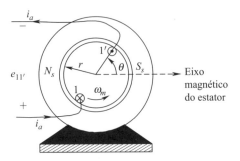

FIGURA E6.1

(a) Desenhe a fem $e_{11'}$ induzida na bobina em função de θ para valores de i_a: 0 A e 10 A.
(b) Na posição mostrada, a corrente i_a na bobina 11' é igual a I_o. Calcule o torque atuando na bobina nesta posição para dois valores da velocidade instantânea ω_m: 0 rad/s e 100 rad/s.

6.2 A Figura E6.2 mostra uma máquina elementar com um rotor produzindo um campo magnético uniforme de modo que a densidade de fluxo no entreferro na direção radial é de magnitude B_r. Desenhe a fem induzida $e_{11'}$ em função de θ. O comprimento do rotor é ℓ e o raio no entreferro é r.

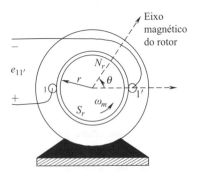

FIGURA E6.2

6.3 Na máquina elementar mostrada na Figura E6.3, a densidade de fluxo no entreferro B_s tem uma distribuição de fluxo senoidal dada por $B_s = \hat{B} \cos \theta$. O comprimento do rotor é ℓ. (a) Quando o rotor está girando a uma velocidade de ω_m, desenhe a fem induzida $e_{11'}$ em função de θ e o torque atuando na bobina, se $i_a = I$. (b) Na posição mostrada, a corrente i_a na bobina é igual a I. Calcule a potência elétrica na entrada, P_{el}, e a potência mecânica na saída da máquina, P_{mec}, se $\omega_m = 60$ rad/s.

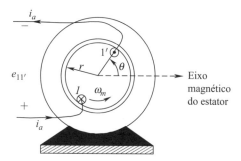

FIGURA E6.3

6.4 Na máquina mostrada na Figura E6.4, a densidade de fluxo no entreferro B_r tem distribuição senoidal dada por $B_s = \hat{B} \cos \theta$, em que θ é medida com relação ao eixo magnético do rotor. Quando o rotor está girando a uma velocidade angular de ω_m e o comprimento do rotor é ℓ, desenhe a fem induzida $e_{11'}$ na bobina em função de θ.

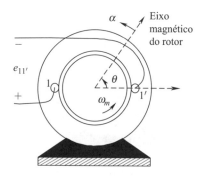

FIGURA E6.4

6.5 Na máquina mostrada na Figura E6.5, a densidade de fluxo no entreferro B_s é constante e igual a $B_{máx}$ em frente das faces dos polos e é zero em outro lugar. A direção do campo B é da esquerda (polo norte) para a direita (polo sul). O rotor está girando a uma velocidade angular de ω_m e o comprimento do rotor é ℓ. Desenhe a fem induzida $e_{11'}$ em função de θ. Qual deve ser a forma de onda de i_a que produz um torque eletromagnético ótimo T_{em}?

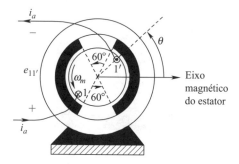

FIGURA E6.5

6.6 Como mostrado na Figura E6.6, uma barra desliza livremente em dois trilhos em um campo magnético uniforme. As resistências da barra e dos trilhos são insignificantes. Supõe-se que há continuidade elétrica entre trilhos e barra; assim, a corrente pode fluir através da barra. Uma força resistente, F_d, tende a desacelerar a barra. A força é proporcional ao quadrado da velocidade da barra como segue: $F_d = k_f u^2$ em que $k_f = 1500$.

Desconsidere no circuito a indutância. Determine a velocidade u em estado estacionário da barra, e suponha que o sistema se estende indefinidamente na direita.

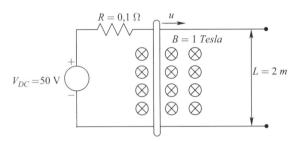

FIGURA E6.6

6.7 Considere a Figura E6.7. Desenhe a distribuição da fmm no entreferro em função de θ para $i_a = I$. Suponha que cada bobina tem uma simples espira.

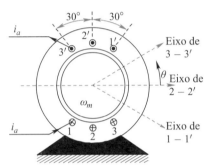

FIGURA E6.7

6.8 Na Figura E6.8, o estator tem N_s espiras e a bobina do rotor tem N_r espiras. Cada bobina produz no entreferro uma densidade de fluxo uniforme e radial B_s e B_r, respectivamente. Na posição mostrada, calcule o torque experimentado pela bobina do estator e pela bobina do rotor, devido às correntes i_s e i_r fluindo nessas bobinas. Mostre que o torque no estator é igual em magnitude, mas é oposto em direção ao torque experimentado pelo rotor.

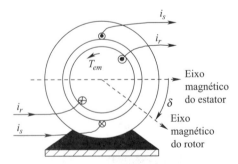

FIGURA E6.8

6.9 A Figura E6.9 mostra a seção ortogonal, vista de frente, de máquina de indução tipo gaiola de esquilo, que será discutida no Capítulo 11. Nessas máquinas, a distribuição da densidade de fluxo magnetizante produzido pelos enrolamentos do estator é representada pelo vetor $\vec{B}_{ms}$ que implica que neste instante, por exemplo, a densidade de fluxo orientada radialmente no entreferro está em uma direção vertical para baixo onde ocorre o pico, e é distribuída cossenoidalmente em outros pontos. Isso significa

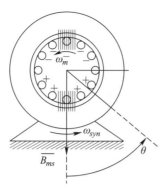

FIGURA E6.9

que, neste instante, a densidade de fluxo no entreferro é zero em $\theta = 90°$ (e em $\theta = 270°$). Em $\theta = 180°$, a densidade de fluxo outra vez alcança o pico, mas tem um valor negativo. Essa distribuição da densidade de fluxo está girando com uma velocidade ω_{syn}. Como mostrado, o rotor consiste em barras, ao longo de sua periferia. O rotor está girando a uma velocidade ω_m. As tensões induzidas nos extremos das barras do rotor têm as polaridades como mostra a Figura E6.9, com relação a seus extremos. Determine se ω_m é maior ou menor que ω_{syn}.

7
ACIONAMENTOS DE MOTORES DE CC E ACIONAMENTOS DE MOTORES COMUTADOS ELETRONICAMENTE (MCE)

7.1 INTRODUÇÃO

Historicamente, os acionamentos de motores CC foram os acionamentos mais populares para aplicações de controle de velocidade e de posição. Atribui-se sua popularidade a seu baixo custo e facilidade de controle. Seu desaparecimento foi prematuramente prognosticado por muitos anos. Mesmo assim, eles estão perdendo sua parte do mercado para os acionamentos CA devido ao desgaste de seu comutador e escovas, que requerem manutenção periódica. Outro fator importante para o declínio da participação do mercado dos acionamentos CC é seu custo. A Figura 7.1 mostra a distribuição de custo nos acionamentos CC em comparação com os acionamentos CA no presente e no futuro. Com o ajuste da inflação do dólar, espera-se que os custos dos motores CA e CC se mantenham quase constantes. Para o processamento e controle de potência, os acionamentos CA requerem uma eletrônica mais complexa (Unidades de Processamento de Potência — UPP), fazendo-os na atualidade mais caros que os acionamentos CC. Mesmo assim, o custo dos acionamentos eletrônicos (UPP) continua decrescendo. Portanto, os acionamentos CA estão ganhando parte do mercado em relação aos acionamentos CC.

Há duas importantes razões para aprender a respeito dos acionamentos CC. Primeiro, um número desses acionamentos está atualmente em uso, e este número continua incrementando. Segundo, os acionamentos CA emulam as principais funções dos acionamentos

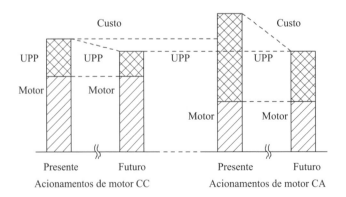

FIGURA 7.1 Distribuição de custos com acionamentos CC e CA.

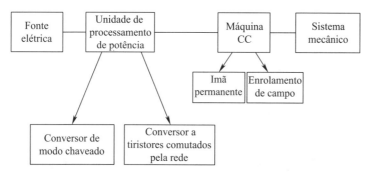

FIGURA 7.2 Classificação dos acionamentos CC.

CC. Portanto, o conhecimento dos acionamentos CC forma parte de um primeiro passo para aprender como controlar os acionamentos CA.

Em acionamentos de motores CC, a tensão e corrente CC são fornecidas pela unidade de processamento de potência ao motor CC, como mostrado no diagrama de blocos da Figura 7.2. Há dois tipos de desenho de máquinas CC: os estatores, que consistem em ímãs permanentes, ou um enrolamento de campo. As unidades de processamento de potência podem também ser classificadas em duas categorias: conversor de potência de modo chaveado, que opera com alta frequência de chaveamento, conforme discutido no Capítulo 4, ou conversores a tiristores comutados pela linha, que serão discutidos no final do Capítulo 10. Neste capítulo, foca-se em pequenos servoacionamentos, que geralmente consistem em motores de ímã permanente alimentados por conversores eletrônicos de potência de modo chaveado.

No final deste capítulo, está incluída uma breve discussão de motores comutados eletronicamente (MCE) como forma de reforçar o conceito de comutação de corrente, e de introduzir uma classe importante de acionamentos de motores que não tem o problema de desgaste de escovas e comutadores. Portanto, na literatura comercial, MEC também se refere a acionamentos CC sem escovas.

7.2 ESTRUTURA DAS MÁQUINAS CC

A Figura 7.3 mostra uma vista explodida de um motor CC. Nessa figura, estão ilustrados um estator de ímã permanente, o rotor no qual estão montados a bobina de armadura, um comutador e as escovas.

Nas máquinas CC, o estator estabelece um fluxo uniforme ϕ_f no entreferro na direção radial (o subscrito "f" é para o campo). Se for utilizado ímã permanente como o mostrado na Figura 7.4a em corte transversal, a densidade de fluxo no entreferro estabelecido pelo estator se mantém constante (não pode variar). Um enrolamento de campo cuja corrente

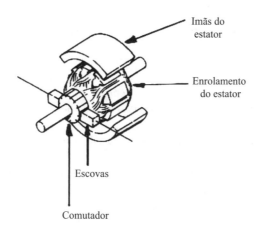

FIGURA 7.3 Vista explodida de um motor CC [5].

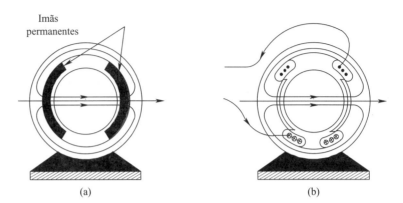

FIGURA 7.4 Vista em corte do campo magnético produzido pelo estator.

FIGURA 7.5 Armaduras do motor CC [5].

pode ser variada é utilizado para atingir um adicional grau de controle sobre a densidade de fluxo no entreferro, conforme visto na Figura 7.4b.

As Figuras 7.3 e 7.5 mostram que as ranhuras do rotor contêm um enrolamento, denominado enrolamento da armadura, que se encarrega da conversão de potência elétrica para potência mecânica no eixo do rotor. Adicionalmente, há um comutador aderido ao rotor. Na sua superfície externa, o comutador possui segmentos de cobre que são eletricamente isolados uns dos outros com mica ou outro tipo de plástico. As bobinas do enrolamento da armadura são conectadas a esses segmentos do comutador de modo que a fonte CC estacionária possa fornecer tensão e corrente ao comutador giratório por meio de escovas de carvão apoiadas no extremo do comutador. O desgaste devido ao contato mecânico entre o comutador e as escovas requer manutenção periódica, que é um dos principais problemas das máquinas CC.

7.3 PRINCÍPIOS DE OPERAÇÃO DAS MÁQUINAS CC

O princípio básico que governa a produção de um torque eletromagnético estacionário foi introduzido no Capítulo 6. A uma bobina do rotor imersa em um campo uniforme radial estabelecido pelo estator é fornecida uma corrente, a qual inverte sua direção a cada meio ciclo de rotação. A fem (força eletromotriz) induzida na bobina é também alternada a cada meio ciclo.

Na prática, essa inversão da corrente pode ser realizada na máquina CC (ainda elementar) apresentada na Figura 7.6a, utilizando dois segmentos de comutadores (s_1 e s_2) e duas escovas (b_1 e b_2). Utilizando as notações comumente adotadas no contexto das máquinas CC, a quantidade da armadura é indicada pelo subscrito "a", e a densidade do fluxo estabelecido pelo estator (*que cruza o entreferro*) é denominada densidade de fluxo de campo B_f, cuja distribuição em função de θ na Figura 7.6b é desenhada na Figura 7.6c. No desenho da Figura 7.6c, a densidade de fluxo uniforme B_f no entreferro é positiva abaixo do polo sul e

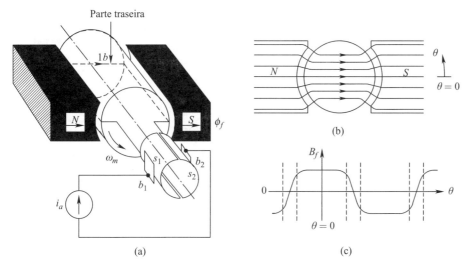

FIGURA 7.6 Densidade de fluxo no entreferro.

negativa abaixo do polo norte. Há também uma pequena zona "neutra" em que a densidade de fluxo é pequena e está se modificando de uma polaridade para outra.

Observaremos como o comutador e as escovas na máquina elementar (não prática) da Figura 7.6a converte a corrente CC i_a fornecida pela fonte estacionária em corrente alternada na bobina da armadura. A vista em corte da máquina elementar, observada de frente, é apresentada na Figura 7.7. Para a posição da bobina em $\theta = 0°$ mostrada na Figura 7.7a, a corrente da bobina, trecho $i_{1-1'}$, é positiva, e uma força em sentido anti-horário é produzida em cada condutor.

A Figura 7.7b mostra um corte transversal quando o rotor gira em sentido anti-horário por $\theta = 90°$. As escovas têm mais largura que o isolamento entre os segmentos do comutador. Portanto, nessa máquina elementar, a corrente i_a flui através dos segmentos do comutador e não flui através dos condutores. Nessa região, a bobina sofre a comutação em que sua corrente se inverte conforme o rotor gira. A Figura 7.7c mostra um corte transversal na

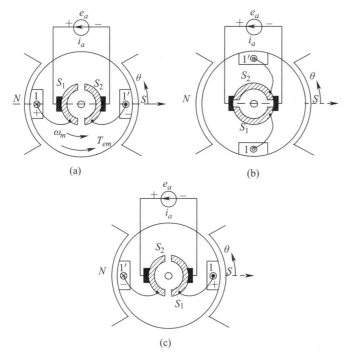

FIGURA 7.7 Produção de torque e ação do comutador.

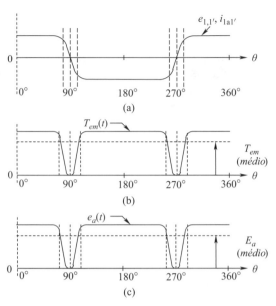

FIGURA 7.8 Formas de onda para o motor da Figura 7.7.

posição $\theta = 180°$ do rotor. Comparado com a Figura 7.7a em $\theta = 0°$, a função dos condutores 1 e 1' é invertida; assim, em $\theta = 180°$, $i_{1\text{-}1'}$ é negativa, e o mesmo torque é produzido em sentido anti-horário a partir de $\theta = 0°$.

A discussão acima mostra como o comutador e as escovas convertem uma corrente CC nos terminais da armadura da máquina em uma corrente que é alternada a cada meio ciclo através da bobina de armadura. Na bobina de armadura, a fem induzida também se alterna a cada meio ciclo, e é "retificada" nos terminais da armadura. A corrente e a fem induzida na bobina são desenhadas na Figura 7.8a em função da posição do rotor θ. O torque no rotor e a fem induzida que aparecem nos terminais das escovas e são desenhados nas Figuras 7.8b e 7.8c onde seus valores médios são indicados por linhas pontilhadas. Fora da "zona neutra", as expressões do torque e da fem induzida, conforme o Capítulo 6, são como segue:

$$T_{em} = (2B_f \ell r) i_a \quad (7.1)$$

e

$$e_a = (2B_f \ell r)\omega_m \quad (7.2)$$

em que ℓ é o comprimento efetivo do condutor, e r é o raio. Note um pronunciado afundamento nas formas de onda da fem induzida e do torque. Essas formas de onda são melhoradas, havendo um grande número de bobinas distribuídas na armadura, como ilustrado no exemplo a seguir.

Exemplo 7.1

Seja a máquina elementar CC mostrada na Figura 7.9 cujos polos do estator produzem uma densidade de fluxo uniforme e radial B_f no entreferro. O enrolamento da armadura consiste em quatro bobinas {1-1', 2-2', 3-3' e 4-4'} em quatro ranhuras do rotor. Uma corrente CC i_a é aplicada à armadura conforme mostrado. Suponha que a velocidade do rotor seja ω_m (rad/s). Represente graficamente a fem induzida nas escovas e o torque eletromagnético T_{em} em função da posição do rotor θ.

Solução A Figura 7.9 mostra três posições do rotor medidas em sentido anti-horário: $\theta = 0°$, $45°$ e $90°$. Essa figura mostra como as bobinas 1 e 3 passam pela comutação da corrente. Em $\theta = 0°$, as correntes são de 1 a 1' e de 3' a 3. Em $\theta = 45°$, as correntes nas bobinas são zero. Em $\theta = 90°$, as correntes são invertidas. O torque total e a fem induzida nos terminais das escovas são desenhados na Figura 7.10.

Se compararmos as formas de onda do torque T_{em} e a fem induzida e_a da bobina 4 do enrolamento na Figura 7.10 com aquelas da bobina 1 do enrolamento na Figura 7.8, é claro

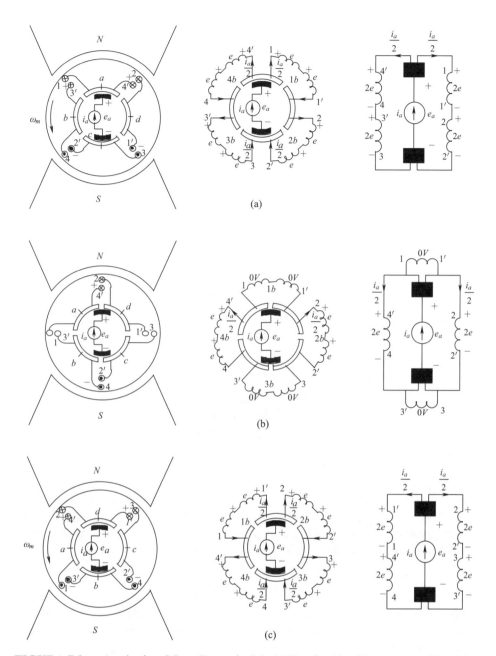

FIGURA 7.9 A máquina CC no Exemplo 7.1. (a) Em $\theta = 0°$; (b) rotação anti-horária por 45° e (c) rotação anti-horária por 90°.

que as pulsações no torque e na fem induzida são reduzidos incrementando-se o número de bobinas e ranhuras.

As máquinas CC práticas consistem em um grande número de bobinas em seus enrolamentos da armadura. Portanto, pode-se desconsiderar o efeito das bobinas na zona "neutra" submetidas à comutação da corrente, e a armadura pode ser representada como mostra a Figura 7.11.

As seguintes conclusões podem ser extraídas referentes à ação do comutador:

- A corrente de armadura i_a fornecida através das escovas se divide igualmente entre os dois circuitos conectados em paralelo. Cada circuito consiste na metade do total de condutores, os quais são conectados em série. Todos os condutores abaixo de um polo têm as correntes na mesma direção. As forças respectivas produzidas em cada condutor estão na mesma direção e se somam para produzir o torque total. A direção da corrente de armadura i_a determina a direção das correntes através dos condutores. (A direção da corrente

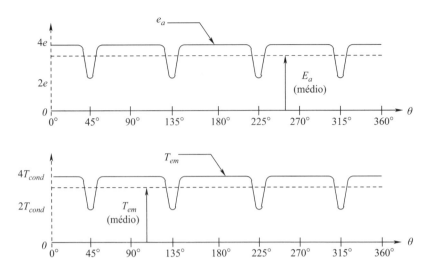

FIGURA 7.10 Torque e fem para o Exemplo 7.1.

é independente do sentido de rotação.) Portanto, a direção do torque eletromagnético produzido pela máquina também depende da direção i_a.

- A tensão induzida em cada um dos dois circuitos paralelos da armadura, e nos terminais das escovas, é a soma das tensões induzidas em todos os condutores conectados em série. Todos os condutores abaixo do polo têm fems induzidas da mesma polaridade. A polaridade dessas fems induzidas depende da direção de rotação. (A fem é independente da direção da corrente.)

Agora podemos calcular o torque líquido produzido e a fem induzida. Na máquina CC apresentada na Figura 7.11, seja n_a o número total de condutores, cada um com comprimento ℓ, localizado em uma densidade de campo radial e uniforme B_f. Então, o torque eletromagnético produzido pela corrente $i_a/2$ pode ser calculado multiplicando a força experimentada por cada condutor pelo número de condutores e o raio r:

$$T_{em} = (n_a \ell\, r\, B_f) \frac{i_a}{2} \tag{7.3}$$

Em uma máquina os valores de n_a, ℓ e r são fixados. A densidade de fluxo B_f tem também um valor fixo no caso da máquina de ímã permanente. Portanto, pode-se escrever a expressão do torque como

$$T_{em} = k_T i_a \quad \text{em que} \quad k_T = \left(\frac{n_a}{2} \ell\, r\right) B_f \left[\frac{\text{Nm}}{\text{A}}\right] \tag{7.4}$$

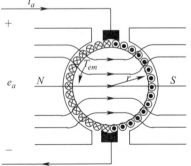

FIGURA 7.11 Representação esquemática da máquina CC.

Essa expressão mostra que a magnitude do torque eletromagnético produzido é proporcional linearmente à corrente de armadura i_a. A constante k_T é denominada Constante do Torque do Motor e é fornecida nas folhas de especificações do motor. Da discussão no Capítulo 6, sabe-se que é possível inverter o sentido do torque por inversão da corrente i_a.

Em uma velocidade ω_m (rad/s), a fem induzida e_a nas escovas pode ser calculada multiplicando a fem induzida por condutor por $n_a/2$, que é o número de condutores em série em cada um dos circuitos da armadura conectados em paralelo. Assim,

$$e_a = \left(\frac{n_a}{2} \ell\, r\, B_f\right) \omega_m \tag{7.5}$$

Utilizando os mesmos argumentos como antes para o torque, pode-se escrever a expressão da tensão induzida como

$$e_a = k_E \omega_m \quad \text{em que} \quad k_E = \left(\frac{n_a}{2} \ell\, r\right) B_f \left[\frac{V}{\text{rad/s}}\right] \tag{7.6}$$

Isso mostra que a magnitude da fem induzida nos terminais das escovas é linearmente proporcional à velocidade do rotor ω_m, e também depende da constante k_E, que é denominada Constante de Tensão do Motor e é fornecido nas folhas de especificações do motor. A polaridade da fem induzida é invertida se a velocidade ω_m é invertida de sentido.

Note que, em qualquer máquina CC, a constante de torque k_T e a constante de tensão k_E do motor são exatamente as mesmas, como mostram as Equações 7.4 e 7.6, quando se utiliza o sistema MKS:

$$k_T = k_E = \left(\frac{n_a}{2} \ell\, r\right) B_f \tag{7.7}$$

7.3.1 Reação de Armadura

A Figura 7.12a mostra as linhas de fluxo ϕ_f produzidas pelo estator. O enrolamento da armadura no rotor, com a corrente i_a fluindo através dele, também produz linhas de fluxo, como mostrado na Figura 7.12b. Esses dois grupos de linhas de fluxo ϕ_f e o fluxo da armadura ϕ_a são perpendiculares. Supondo que o circuito magnético não satura, podem-se superpor os dois grupos de linhas dos dois fluxos no entreferro como na Figura 7.12c.

Os fluxos ϕ_f e ϕ_a se somam em certos trechos e se subtraem em outros. Se não é considerada a saturação magnética conforme foi considerado, então, devido à simetria da máquina, o efeito de um torque aumentado produzido pelos condutores sob uma alta densidade de fluxo é cancelado pelo torque reduzido produzido pelos condutores sob uma baixa densidade de fluxo. O mesmo se espera certamente com a fem induzida e_a. Portanto, os cálculos do torque T_{em} e da fem induzida e_a se mantêm válidos como na seção anterior.

Se ϕ_a é tão alto que o fluxo líquido pode saturar algumas porções do material magnético em sua trajetória, então a superposição aplicada na seção anterior não é aplicável. Neste caso, em altos valores de ϕ_a o fluxo líquido no entreferro perto do trecho magnético saturado será reduzido quando comparado com aquele valor obtido por superposição. Isso resultará na degradação no torque produzido para uma corrente de armadura fornecida. Esse efeito é comumente conhecido como "saturação devido à reação de armadura". Na discussão podem-se desconsiderar a saturação magnética e outros efeitos anômalos da re-

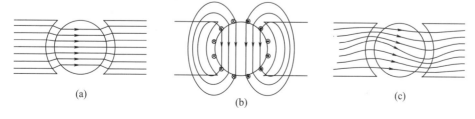

FIGURA 7.12 Efeito da reação de armadura.

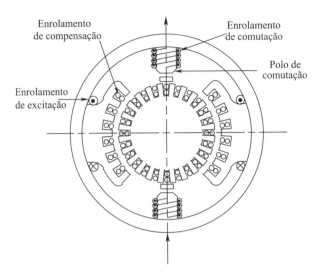

FIGURA 7.13 Medidas para contrapor a reação de armadura.

ação da armadura devido ao fato de que nas máquinas de ímã permanente a fem produzida pelo enrolamento da armadura resulta em um baixo valor de f_a. Isso é devido a que há uma alta relutância magnética no caminho de ϕ_a. No enrolamento de campo das máquinas CC, algumas medidas podem ser tomadas: a fmm produzida pelo enrolamento da armadura pode ser neutralizada passando a corrente de armadura em direção oposta através de um enrolamento de compensação localizado nas frentes dos polos do estator e através de enrolamentos de polos de comutação, como mostra a Figura 7.13.

7.4 CIRCUITO EQUIVALENTE DA MÁQUINA CC

Em geral, é conveniente discutir uma máquina CC em termos de seu circuito equivalente da Figura 7.14a, que mostra a conversão entre potência elétrica e potência mecânica. Nessa figura uma corrente de armadura i_a está fluindo. Essa corrente produz o torque eletromagnético T_{em} ($= k_T i_a$) necessário para girar a carga mecânica em uma velocidade ω_m. Nos terminais da armadura, a rotação na velocidade, ω_m, induz uma tensão denominada força contraeletromotriz (fcem) e_a ($= k_E \omega_a$).

No lado elétrico, a tensão aplicada v_a supera a fcem e_a e produz a circulação da corrente i_a. Reconhecendo que há queda de tensão tanto na resistência R_a (que inclui a queda de tensão nas escovas) como na indutância L_a da armadura, pode-se escrever a equação no lado elétrico como

$$v_a = e_a + R_a\, i_a + L_a \frac{di_a}{dt} \tag{7.8}$$

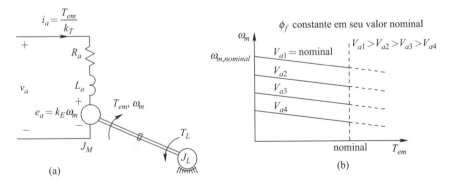

FIGURA 7.14 (a) Circuito equivalente de um motor CC; (b) características de estado estacionário.

No lado mecânico, o torque eletromagnético produzido pelo motor supera o torque da carga T_L para produzir aceleração:

$$\frac{d\omega_m}{dt} = \frac{1}{J_{eq}}(T_{em} - T_L) \tag{7.9}$$

em que J_{eq} é o valor efetivo da inércia combinada da máquina CC e da carga mecânica.

Observe que as equações do sistema elétrico e do sistema mecânico estão acopladas. A fcem e_a na equação (Equação 7.8) do sistema elétrico depende da velocidade da máquina ω_m. O torque eletromagnético T_{em} na equação (Equação 7.9) do sistema mecânico depende da corrente elétrica i_a. A potência elétrica absorvida da fonte elétrica pelo motor é convertida em potência mecânica, e vice-versa. Em estado estacionário, com a tensão V_a aplicada nos terminais da armadura e um torque de carga T_L atuante também,

$$I_a = \frac{T_{em}(=T_L)}{k_T} \tag{7.10}$$

também,

$$\omega_m = \frac{E_a}{k_E} = \frac{V_a - R_a I_a}{k_E} \tag{7.11}$$

As características torque-velocidade em regime estacionário para vários valores de V_a são desenhados na Figura 7.14b.

Exemplo 7.2

Um motor CC, de ímã permanente, tem os seguintes parâmetros: $R_a = 0{,}35\,\Omega$ e $k_T = k_E = 0{,}5$ no sistema MKS. Para um torque de até 8 Nm, desenhe as características torque-velocidade para os seguintes valores de V_a: 100 V, 75 V e 50 V.

Solução Considere o caso de $V_a = 100$ V. Idealmente, a vazio ou sem carga (torque zero), da Equação 7.10, $I_a = 0$. Portanto, da Equação 7.11, a velocidade a vazio é

$$\omega_m = \frac{V_a}{k_E} = \frac{100}{0{,}5} = 200 \text{ rad/s}$$

No torque de 8 Nm, da Equação 7.10, $I_a = \frac{8\text{Nm}}{0{,}5} = 16A$. Outra vez usando a Equação 7.11,

$$\omega_m = \frac{100 - 0{,}35 \times 16}{0{,}5} = 188{,}8 \text{ rad/s}$$

A característica torque-velocidade é uma reta, como mostrado na Figura 7.15. Similares características podem ser desenhadas para os outros valores de V_a: 75 V e 50 V.

7.5 VÁRIOS MODOS DE OPERAÇÃO NOS ACIONAMENTOS DE MOTORES CC

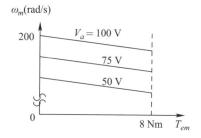

FIGURA 7.15 Exemplo 7.2.

A maior vantagem dos acionamentos CC é a facilidade com que o torque e a velocidade podem ser controlados. Um acionamento CC pode facilmente ser feito para operar como um motor ou como um gerador na direção de rotação direta ou inversa. Nas discussões anteriores, a máquina CC esteve operando como um motor em sentido anti-horário (que se considera direção direta). Nesta seção, observa-se como uma máquina CC pode ser operada como um gerador durante a frenagem regenerativa e como sua velocidade pode ser invertida.

7.5.1 Frenagem Regenerativa

Atualmente, as máquinas CC são raras vezes utilizadas como geradores isolados, mas operam no modo gerador para fornecer frenagem. Por exemplo, a frenagem regenerativa é utilizada para diminuir a velocidade de veículos elétricos acionados por um motor CC que é alimentado pelas baterias (muitos deles utilizam acionamentos de motores CA de ímã permanente [*permanent magnet AC* — PMAC], discutidos no Capítulo 10, mas o princípio de regeneração é o mesmo) convertendo em energia elétrica a energia cinética associada com a inércia do veículo.

Inicialmente, supõe-se que uma máquina CC está operando em estado estacionário como um motor e girando em sentido anti-horário como mostrado na Figura 7.16a.

Uma tensão de armadura positiva V_a, que supera a fcem e_a, é aplicada, e a corrente i_a flui para fornecer o torque de carga. As polaridades das fems induzidas e as direções das correntes nos condutores da armadura são também mostradas.

Uma forma de parar um veículo elétrico acionado por motor CC é aplicar os freios mecânicos. Mesmo assim, uma melhor opção é deixar a máquina CC entrar no modo gerador por inversão da direção em que o torque eletromagnético T_{em} é produzido. Isto é realizado por inversão da direção da corrente de armadura, que está ilustrada na Figura 7.16b com um valor negativo. Como a máquina está ainda girando na mesma direção (direta e anti-horária), a fcem induzida e_a se mantém positiva. A direção da corrente de armadura pode ser invertida diminuindo a tensão aplicada v_a em comparação à fcem e_a (isto é, $v_a < e_a$). A inversão da corrente nos condutores causa a inversão do torque e é oposta à rotação. Agora, a potência do sistema mecânico (energia armazenada na inércia) é convertida e fornecida ao sistema elétrico. O circuito equivalente da Figura 7.16c no modo gerador mostra a potência fornecida à fonte elétrica (baterias, no caso de veículos elétricos).

Observe que o torque $T_{em} (= k_T i_a)$ depende da corrente de armadura i_a. Portanto, o torque mudará tão rapidamente conforme i_a é alterado. Os motores CC para servoaplicações são projetados com um valor baixo da indutância de armadura L_a; logo, i_a e T_{em} podem ser controlados muito rapidamente.

Exemplo 7.3

Considere o motor CC do Exemplo 7.2 cujo momento de inércia é $J_m = 0,02$ kg · m². Sua indutância de armadura L_a pode ser desconsiderada para mudanças lentas na corrente. O motor está acionando uma carga de inércia $J_L = 0,04$ kg · m². A velocidade de operação em

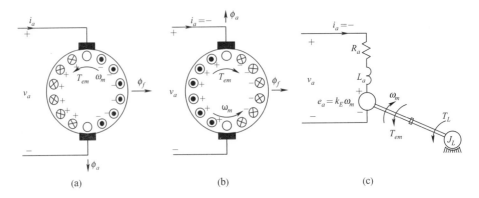

FIGURA 7.16 Frenagem regenerativa.

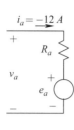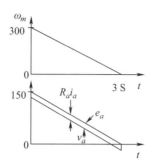

FIGURA 7.17 Exemplo 7.3.

estado estacionário é 300 rad/s. Calcule e desenhe $v_a(t)$ necessário para levar o motor ao repouso tão rápido como seja possível, sem exceder a corrente de armadura de 12 A.

Solução A fim de levar o motor ao repouso tão rápido como seja possível, a máxima corrente permitida deve ser fornecida, isto é, $i_a = -12$A. Portanto, $T_{em} = k_E i_a = -6$ Nm. A inércia equivalente combinada é $J_{eq} = 0{,}06$ kg · m². Da Equação 7.9 para o sistema mecânico,

$$\frac{d\omega_m}{dt} = \frac{1}{0{,}06}(-6{,}0) = -100 \text{ rad/s}.$$

Portanto, a velocidade se reduz a zero em 3 s em forma linear, como o gráfico da Figura 7.17. No tempo $t = 0^+$,

$$E_a = k_E \omega_m = 150 \text{ V}$$

e

$$V_a = E_a + R_a I_a = 150 + 0{,}35(-12) = 145{,}8 \text{ V}$$

Ambos e_a e v_a decrescem linearmente com o tempo, como mostrado na Figura 7.17.

7.5.2 Operação na Direção Invertida

Aplicando uma tensão CC de polaridade invertida aos terminais da armadura faz com que a corrente flua na direção oposta. Portanto, o torque eletromagnético e a velocidade do motor também se invertem. Tanto como a direção direta, a frenagem regenerativa é possível durante a rotação na direção invertida.

7.5.3 Operação em Quatro Quadrantes

Como ilustrado na Figura 7.18, uma máquina CC pode facilmente ser operada nos quatro quadrantes de seu plano de torque-velocidade. Por exemplo, partida com motorização na direção direta no quadrante superior direito; isto pode ser feito entrando nos outros quadrantes de operação pela inversão da corrente de armadura e logo invertendo a tensão aplicada na armadura. No quadrante superior esquerdo, o acionamento está no modo frenagem regenerativa, enquanto ainda gira na direção direta. No quadrante inferior esquerdo, o acionamento está no modo motorização na direção invertida; entretanto, no quadrante inferior direito, o acionamento está no modo frenagem regenerativa na direção invertida.

7.6 ENFRAQUECIMENTO DE CAMPO NAS MÁQUINAS COM ENROLAMENTO DE CAMPO

Nas máquinas CC com enrolamento de campo, o fluxo de campo ϕ_f e a densidade de fluxo B_f podem ser controlados ajustando-se a corrente I_f do enrolamento de campo. Isso muda as constantes de torque e de tensão dadas pelas Equações 7.4 e 7.6, que podem ser escritas explicitamente em termos de B_f como

$$k_T = k_t B_f \tag{7.12}$$

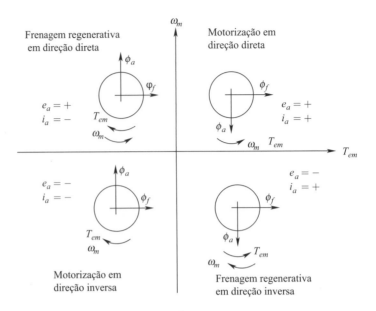

FIGURA 7.18 Operação em quatro quadrantes.

e

$$k_E = k_e B_f \tag{7.13}$$

em que as constantes k_t e k_e são também iguais entre si.

Abaixo da velocidade nominal, sempre será mantido o fluxo do campo em seu valor nominal de maneira que a constante do torque k_T esteja no seu máximo valor, que minimiza a corrente para produzir o torque requerido, minimizando assim as perdas i^2R. No valor nominal do fluxo de campo, a fcem induzida atinge seu valor nominal na velocidade nominal. Isto é mostrado na Figura 7.19 como a região de torque constante.

O que acontece se quisermos operar a máquina a velocidades maiores que a velocidade nominal? Essa condição poderia requerer uma tensão maior que a tensão nominal. Para trabalhar nessa condição, devemos reduzir o fluxo do campo, o que permite ao motor ser operado a velocidades superiores que o valor nominal, sem exceder o valor nominal da tensão. Esse modo de operação é denominado modo de enfraquecimento de campo. Como a corrente de armadura não pode exceder seu valor nominal, a capacidade de torque cai, como mostrado na Figura 7.19, devido à redução da constante do torque k_T na Equação 7.12.

7.7 UNIDADES DE PROCESSAMENTO DE POTÊNCIA EM ACIONAMENTOS CC

Em acionamentos CC, as unidades de processamento de potência (UPP) fornecem tensão e corrente CC à armadura da máquina CC. Em geral, essa unidade deve ser muito eficiente e

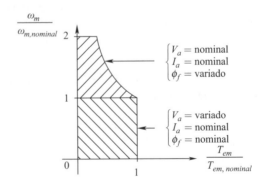

FIGURA 7.19 Enfraquecimento de campo em máquinas com enrolamento de campo.

ter baixo custo. Dependendo de sua aplicação, o acionamento CC pode ser requerido para responder rapidamente e pode também ser operado em todos os quatro quadrantes da Figura 7.18. Portanto, as quantidades v_a e i_a devem ser ajustáveis, reversíveis e independentes uma de outra.

Em muitos casos, a unidade de processamento de potência mostrada na Figura 7.2 é uma interface entre a rede elétrica e a máquina CC (as exceções notáveis estão nos veículos alimentados por baterias). Portanto, o processador de potência deve absorver potência da rede sem causar ou ser suscetível a problemas de qualidade de energia. Idealmente, o fluxo de potência através da UPP deve ser reversível no sistema elétrico. A UPP deve fornecer tensão e corrente à máquina CC com formas de onda tão aproximadas de um sinal CC quanto possível. Os desvios de um sinal CC puro na forma de onda da corrente resultam em adicionais perdas na máquina CC.

As UPPs que utilizam conversão de modo chaveado já foram discutidas no Capítulo 4. Seu diagrama de blocos é repetido na Figura 7.20. O *estágio de entrada* de tais unidades é usualmente uma ponte retificadora. É possível substituir o retificador a diodo do estágio de entrada por um conversor de modo chaveado para fazer a potência fluir para a concessionária durante a frenagem regenerativa. O projeto do controlador retroalimentado para acionamentos CC será discutido em detalhe no Capítulo 8.

7.8 ACIONAMENTOS DE MOTORES ELETRONICAMENTE COMUTADOS (MEC)

No início deste capítulo foi visto que a função do comutador e escovas é para inverter a direção da corrente através de um condutor baseado na sua localização. A corrente através do condutor é invertida conforme se movimenta de um polo para outro. No tipo de motor com escovas, discutido previamente, o fluxo do campo é criado por ímãs permanentes (ou um enrolamento de campo) no estator, enquanto o enrolamento de potência da armadura está no rotor.

Em contraste, nos Motores Comutados Eletronicamente (MCEs), a comutação da corrente é fornecida eletronicamente, baseada na informação da posição obtida de um sensor. Há máquinas que são "ao contrário", em que o campo magnético é estabelecido pelos ímãs permanentes localizados no rotor, e o enrolamento de potência está localizado no estator, como mostrado na Figura 7.21a. O diagrama de blocos do acionamento, incluindo a UPP e o sensor de posição, é mostrado na Figura 7.21b.

O estator na Figura 7.21a contém enrolamentos trifásicos, que são deslocados em 120°. Atenção somente na fase *a*, devido ao fato de que as funções das outras fases são idênticas. O enrolamento da fase *a* abrange 60 graus em cada lado; assim, um total de 120°, como mostrado na Figura 7.21a. Esse enrolamento está conectado em estrela com as outras fases, conforme está na Figura 7.21b. Portanto, está distribuído uniformemente em ranhuras, com

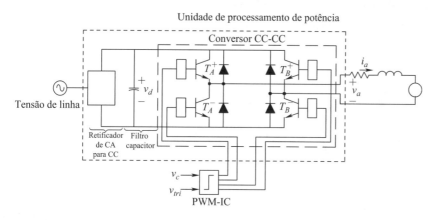

FIGURA 7.20 Conversor de modo chaveado baseado em uma UPP para acionamentos de motores CC.

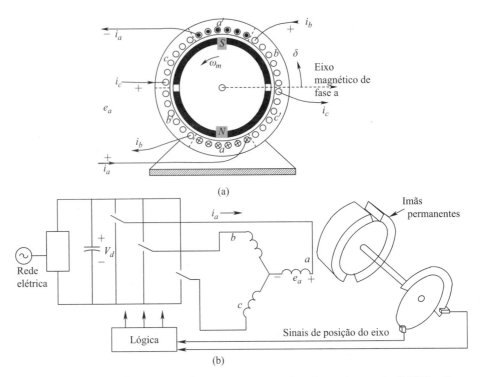

FIGURA 7.21 Acionamentos de motores comutados eletronicamente (MCE); são também denominados acionamentos CC sem escovas.

um total de $2N_s$ condutores, em que todos os condutores do enrolamento estão em série. Supõe-se que o rotor produz uma distribuição de densidade de fluxo B_f uniforme cruzando o entreferro, girando em uma velocidade ω_m em sentido anti-horário. A distribuição de densidade de fluxo estabelecida pelo rotor está girando, mas os condutores dos enrolamentos do estator estão estacionários. O princípio da fem induzida $e = B\ell u$ discutida no Capítulo 6 é válido aqui também. Isto é confirmado com o exemplo a seguir.

Exemplo 7.4

Mostre que o princípio $e = B\ell u$ se aplica a situações em que os condutores são estacionários, mas a distribuição de fluxo está girando.

Solução Na Figura 7.21a, tomamos um condutor do grupo em cima e um condutor do grupo em baixo a 180°, formando uma bobina, como mostrado na Figura 7.22a. A Figura 7.22b mostra que o fluxo enlaçado da bobina está mudando em função da posição do rotor δ (com $\delta = 0$ na posição mostrada na Figura 7.22a).

O pico do fluxo enlaçado da bobina ocorre em $\delta = \pi/2$ radianos;

$$\hat{\lambda}_{bobina} = (\pi r l)B_f \tag{7.14}$$

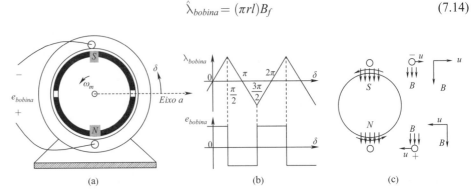

FIGURA 7.22 Exemplo 7.4.

em que ℓ é o comprimento do rotor e r é o raio. Da Lei de Faraday, a tensão da espira é igual à variação temporal do fluxo enlaçado. Portanto, identificando que $d\delta/dt = \omega_m$,

$$e_{bobina} = \frac{d\lambda_{bobina}}{dt} = \frac{d\lambda_{bobina}}{d\delta}\frac{d\delta}{dt} = \frac{(\pi r \ell) B_f}{\pi/2}\omega_m = \underbrace{2 B_f \ell r \omega_m}_{e_{cond}} \qquad 0 \leq \delta \leq \frac{\pi}{2} \qquad (7.15)$$

em que

$$e_{cond} = B_f \ell \underbrace{r\omega_m}_{u} = B_f \ell u \qquad (7.16)$$

Isso prova que se pode aplicar $e = B\ell u$ para calcular a tensão no condutor.

Utilizando a Equação 7.22c, vamos obter a polaridade da fem induzida nos condutores, sem calcular o fluxo enlaçado e, portanto, sua taxa de variação no tempo. Supõe-se que a distribuição da densidade de fluxo é estacionária, mas que o condutor está em movimento em direção oposta, como mostrado no lado direito da Figura 7.22c. A aplicação da regra anteriormente discutida referente à determinação da polaridade da tensão mostra que a polaridade da fem induzida é negativa na parte superior do condutor e positiva na parte inferior. Isso resulta na tensão da bobina (com a polaridade indicada na Figura 7.22a) para ser como mostra a Figura 7.22b.

7.8.1 Força Eletromotriz (fem) Induzida

Retornando à máquina da Figura 7.21a, utilizando o princípio $e = B\ell u$ para cada condutor, a fem induzida total na posição do rotor mostrada na Figura 7.21a é

$$e_a = 2 N_s B_f \ell r \omega_m \qquad (7.17)$$

Até a posição de 60 graus do rotor em sentido anti-horário, a tensão induzida na fase a será a mesma como a calculada utilizando a Equação 7.17. Acima de 60 graus, alguns condutores na parte superior são "cortados" pelo polo norte e outros pelo polo sul. O mesmo acontece no grupo inferior de condutores. Portanto, a fem induzida e_a decresce linearmente durante o seguinte intervalo de 60 graus, alcançando uma polaridade oposta, mas de mesma magnitude que aquele dado pela Equação 7.17. Isto resulta em uma forma de onda trapezoidal para e_a como função de δ, conforme a Figura 7.23. As outras fases têm formas de onda similares deslocadas em 120° uma em relação a outra. Observa-se que, durante cada intervalo de 60 graus, duas das fases têm formas de onda que estão aplanadas.

Na Seção 7.8.2 será discutido brevemente que durante um intervalo de 60 graus, as duas fases com formas de onda de trechos aplanados estão conectadas efetivamente em série e a corrente através delas é controlada, enquanto a terceira fase está aberta. Portanto, a fcem fase-fase é duas vezes a indicada na Equação 7.17:

$$e_{f\text{-}f} = 2(2 N_s B_f \ell r \omega_m) \qquad (7.18)$$

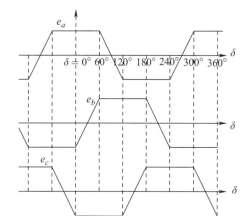

FIGURA 7.23 Força eletromotriz induzida nas três fases.

e

$$e_{f\text{-}f} = k_E \omega_m \quad \text{em que} \quad k_E = 4N_s B_f \ell r \tag{7.19}$$

em que k_E é a constante da tensão em (V/rad/s).

7.8.2 Torque Eletromagnético

A fase *a* na Figura 7.21a tem uma corrente constante $i_a = I$ enquanto o rotor está girando. As forças, e, portanto, o torque desenvolvido pelos condutores da fase *a*, podem ser calculadas utilizando $f = B\ell i$, como mostrado na Figura 7.24a. O torque no rotor está em direção oposta (sentido anti-horário). O torque $T_{em,a}$ no rotor devido à fase *a*, com corrente constante $i_a = I$ é desenhado na Figura 7.24b em função de δ. Observe que ele tem a mesma forma de onda que as tensões induzidas, chegando a ser negativas quando os condutores estão "cortando" o fluxo do polo oposto. De forma similar, as funções de torque são desenhadas para as outras duas fases. Para cada fase, as funções do torque com um valor negativo da corrente são também desenhadas por formas de onda pontilhadas; a razão para fazer isto é descrita no parágrafo a seguir.

O objetivo é produzir um torque eletromagnético líquido que não flutue com a posição do rotor. Portanto, como devem ser controladas as correntes nos três enrolamentos, em vista das formas de onda dos torques na Figura 7.24b para $+I$ e $-I$? Primeiro, suponha que os três enrolamentos estão conectados em estrela, como mostrado na Figura 7.21b. Então nas formas de onda da Figura 7.24b, durante cada intervalo de 60 graus, escolhem-se as formas de onda do torque que sejam positivas e que tenham uma parte plana. As fases são indicadas na Figura 7.24c. Durante o intervalo de 60 graus, é necessário haver uma fase que tenha uma corrente $+I$ (indicada por +), outra que tenha $-I$ (indicada por −), e a terceira que tenha uma corrente zero (aberta). Essas correntes satisfazem a Lei de Correntes de Kirchhoff nos enrolamentos conectados em estrela. O torque eletromagnético líquido desenvolvido pela combinação de duas fases pode ser escrito como

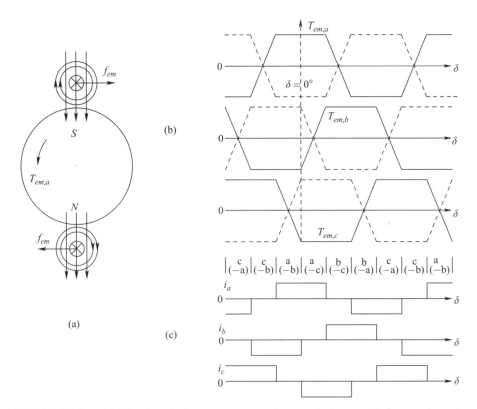

FIGURA 7.24 (a) Direções da força para os condutores da fase *a*; (b) formas de onda do torque; (c) correntes de fase para um torque constante.

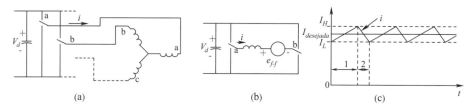

FIGURA 7.25 (a) Duas fases conduzindo; (b) circuito equivalente; (c) controle de corrente por histerese.

$$T_{em} = 2 \times \underbrace{2N_s B_f \ell r I}_{cada\ fase} \tag{7.20}$$

e

$$T_{em} = k_T I \quad \text{em que} \quad k_T = 4N_s B_f \ell r \tag{7.21}$$

em que k_T é a constante do torque em Nm/A. Observe, das Equações 7.19 e 7.21, que, no sistema MKS, $k_E = k_E = 4N_s B_f \ell r$.

No inversor de modo chaveado da Figura 7.21b, podemos obter essas correntes por modulação da largura de pulso somente em dois polos a cada intervalo de 60°, como mostrado na Figura 7.25a. A corrente pode ser regulada para ser de magnitude desejada pelo método de controle por histerese mostrado na Figura 7.25b. Durante o intervalo 1, com o polo a na posição superior e o polo b na posição inferior causa o aumento da corrente entre as fases a e b. Quando esta corrente tende a exceder o limite superior, as posições dos polos são invertidas causando um decréscimo da corrente. Quando a corrente tende a cair abaixo do limite inferior, as posições dos polos são invertidas causando outra vez um incremento da corrente. Isso permite manter a corrente dentro de uma estreita faixa ao redor do valor desejado. (Deve ser observado que na prática, para diminuir a corrente, podem-se mover ambos os polos para a posição superior ou posição inferior, e a corrente decrescerá devido à fcem $e_{fase-fase}$ associada com as fases a e b conectadas em série.)

7.8.3 Ondulação do Torque

A discussão prévia sugere que o torque desenvolvido pelo motor é suave, desde que a ondulação da corrente mostrada na Figura 7.25c possa ser mantida em um valor mínimo. Na prática, há uma significativa flutuação do torque a cada intervalo de 60 graus de giro devido às imperfeições da distribuição da densidade de fluxo e à dificuldade de prover pulsos retangulares das correntes de fase, que necessitam ser sincronizadas exatamente com base no monitoramento da posição do rotor pelo transdutor mecânico conectado ao eixo do rotor. Mesmo assim, é possível eliminar o sensor, fazendo para esses tipos de acionamentos sem sensores conforme os cálculos matemáticos baseados na tensão medida da fase que está aberta. Em aplicações em que um torque suave é necessário, os motores CC sem escovas e com fem trapezoidal são substituídos por motores CA de ímãs permanentes, que são discutidos em Capítulo 10.

RESUMO/QUESTÕES DE REVISÃO

1. Qual é a composição de custos de acionamentos CC em relação aos custos de acionamentos CA?
2. Quais são as duas amplas categorias de motores CC?
3. Quais são as duas categorias de unidades de processamento de potência?
4. Qual é o maior obstáculo dos motores CC?
5. Quais são as funções do comutador e das escovas?
6. Qual é a relação entre a constante de tensão e a constante de torque do motor CC? Quais são suas unidades?

7. Mostre o circuito equivalente do motor CC. De que depende a corrente de armadura? De que depende a fcem? Quais são os vários modos de operação do motor CC? Explane esses modos em termos das direções do torque, velocidade e fluxo de potência.
8. Como um motor CC se comporta na característica torque-velocidade quando no motor CC é aplicada uma tensão CC sob um modo de operação de malha aberta?
9. Qual capacidade adicional pode ser alcançada enfraquecendo o campo em máquinas CC com campo enrolado?
10. Quais são os vários tipos de enrolamentos de campo?
11. Mostre a área de operação segura de um motor CC e discuta seus vários limites.
12. Supondo uma unidade de processamento de potência de modo chaveado, mostre as formas de onda da tensão aplicada e da fem induzida para os quatro modos (quadrantes) de operação.
13. Qual é a estrutura de motores eletronicamente comutados de formas de ondas trapezoidais?
14. Como podemos justificar aplicando a equação $e = B\ell u$ em uma situação na qual o condutor é estacionário, mas a distribuição de densidade de fluxo se move?
15. Como é controlada a corrente em um inversor de modo chaveado alimentando um MCE?
16. Qual é a causa para a ondulação do torque em acionamentos de MCE?

REFERÊNCIAS

1. N. Mohan, T. Undeland, and W. P. Robbins, *Power Electronics: Converters, Applications and Design*, 2nd ed. (New York: John Wiley & Sons, 1995).
2. N. Mohan, *Power Electronics: Computer Simulation, Analysis and Education Using PSpice Schematics*, January 1998. www.mnpere.com.
3. A. E. Fitzgerald, C. Kingsley, and S. Umans, *Electric Machinery*, 5th ed. (McGraw-Hill, Inc., 1990).
4. G. R. Slemon, *Electric Machines and Drives* (Addison-Wesley, 1992).
5. *DC Motors and Control ServoSystem—An Engineering Handbook*, 5th ed. (Hopkins, MN: Electro-Craft Corporation, 1980).
6. T. Jahns, Variable Frequency Permanent Magnet AC Machine Drives, Power Electronics and Variable Frequency Drives, ed. B. K. Bose (IEEE Press, 1997).

EXERCÍCIOS

ACIONAMENTOS DE MOTORES CC DE ÍMÃ PERMANENTE

7.1 Considere um motor CC de ímã permanente com os seguintes parâmetros: $R_a = 0{,}35\ \Omega$, $L_a = 1{,}5$ mH, $k_E = 0{,}5$ V/(rad/s), $k_T = 0{,}5$ Nm/A e $J_m = 0{,}02$ kg·m². O torque nominal do motor é 4 Nm. Desenhe a característica torque-velocidade para $V_a = 100$ V, 60 V e 30 V.

7.2 O motor do Exercício 7.1 está acionando uma carga cujo torque deve se manter constante em 3 Nm e ser independente da velocidade. Calcule a tensão na armadura V_a em estado estacionário se a carga é acionada a 1500 rpm.

7.3 O motor do Exercício 7.1 está acionando uma carga a uma velocidade de 1500 rpm. Em certo instante o motor entra no modo de frenagem regenerativa. Calcule a tensão na armadura v_a nesse instante se a corrente i_a não deve superar 10 A. Suponha que a inércia é muito grande e, em consequência, a velocidade muda lentamente.

7.4 O motor do Exercício 7.1 é alimentado por um conversor CC-CC de modo chaveado que tem uma tensão no barramento CC de 200 V. A frequência de chaveamento é $f_s = 25$ kHz. Calcule e desenhe as formas de onda de $v_a(t)$, e_a, $i_a(t)$ e $i_d(t)$ nas seguintes condições:

(a) Motorização na direção direta a 1500 rpm, alimentando uma carga de 3 Nm.
(b) Frenagem regenerativa nas condições de (a), com uma corrente de 10 A.
(c) Motorização na direção invertida a 1500 rpm, alimentando uma carga de 3 Nm.
(d) Frenagem regenerativa nas condições de (c), com uma corrente de 10 A.

7.5 O motor do Exercício 7.1 está acionando uma carga a uma velocidade de 1500 rpm. A carga requer um torque de 3 Nm e sua inércia é 0,04 kg · m². Em estado estacionário, calcule a ondulação pico a pico da corrente na armadura e velocidade se o motor é alimentado pelo conversor de modo chaveado do Exercício 7.4.

7.6 No Exercício 7.5, qual é o valor das perdas de potência adicionais na resistência de armadura devido à ondulação da corrente de armadura? Calcule essas perdas adicionais como uma porcentagem das perdas se o motor fosse alimentado por uma fonte CC pura.

7.7 O motor do Exercício 7.1 está acionando uma carga a uma velocidade de 1500 rpm. A carga é totalmente inercial com uma inércia de 0,04 kg · m². Calcule a energia recuperada por desaceleração a 750 rpm enquanto se mantém a corrente de frenagem regenerativa em 10 A.

7.8 Um motor CC de ímã permanente parte do repouso: $R_a = 0,35\,\Omega$, $k_E = 0,5\,\text{V/(rad/s)}$, $R_a = 0,5$ Nm/A e $J_m = 0,02$ kg · m². Esse motor está acionando uma carga de inércia $J_L = 0,04$ kg · m² e o torque $T_L = 2$ Nm. A corrente do motor não deve ser maior que 15 A. Determine e desenhe em função do tempo a velocidade e a tensão v_a, que deve ser aplicada para levar o motor para o estado estacionário com uma velocidade de 300 rad/s tão rápido como possível. Desconsidere o efeito de L_a.

7.9 O motor CC do Exercício 7.1 está operando em estado estacionário com uma velocidade de 300 rad/s. A carga é totalmente inercial com uma inércia de 0,04 kg · m². Em algum instante, sua velocidade decresce linearmente e inverte a 100 rad/s em 4 s. Desconsidere o efeito de L_a e o atrito. Calcule e desenhe a corrente necessária e a tensão v_a que deve ser aplicada nos terminais da armadura dessa máquina. Como um passo intermediário, calcule e desenhe e_a, o torque eletromagnético T_{em} e a corrente i_a do motor.

7.10 Um motor CC de ímã permanente do Exemplo 7.3 está partindo com certa carga. O torque da carga T_L varia linearmente com a velocidade, quando o torque é 4 Nm a uma velocidade de 300 rad/s. Desconsidere o efeito de L_a e o atrito. A corrente do motor não deve exceder 15 A. Determine e desenhe a tensão v_a, que deve ser aplicada para levar o motor para o estado estacionário com uma velocidade de 300 rad/s tão rápido como possível.

ACIONAMENTOS DE MOTORES CC COM ENROLAMENTO DE CAMPO

7.11 Suponha que o motor CC do Exercício 7.1 tenha um enrolamento de campo. A velocidade nominal é 2000 rpm. Admita que os parâmetros do motor são os mesmos como no Exercício 7.1, com a corrente de campo nominal de 1,5 A. Mostre a curva de capacidade desenhando, em função do tempo, o torque e a corrente de campo I_f, se a velocidade é aumentada até duas vezes seu valor nominal.

7.12 Um motor CC de campo enrolado está acionando uma carga cujo torque se incrementa linearmente com a velocidade e alcança 5 Nm a uma velocidade de 1400 rpm. A tensão nos terminais da armadura permanece em seu valor nominal. Com B_f em seu valor nominal a velocidade a vazio é 1500 rpm e a velocidade enquanto aciona a carga é 1400 rpm. Se B_f é reduzido a 0,8 vez seu valor nominal, calcule a nova velocidade em estado estacionário.

ACIONAMENTOS DE MEC (CC SEM ESCOVAS)

7.13 Em um acionamento de MEC, $k_E = k_T = 0,75$ no sistema de unidades MKS. Desenhe as correntes de fase e as formas de onda da fem induzida em função de δ, se o motor está operando a uma velocidade de 100 rad/s e fornece um torque de 6 Nm.

7.14 Desenhando formas de onda similares àquelas das Figuras 7.23, 7.24b e 7.24c, mostre como a frenagem regenerativa pode ser alcançada por um MCE.

8

PROJETO DE CONTROLADORES REALIMENTADOS PARA ACIONAMENTOS DE MOTORES

8.1 INTRODUÇÃO

Muitas aplicações, como robótica e automação de fábricas, requerem o controle preciso de posição e velocidade. Nessas aplicações, é utilizado um controle realimentado como ilustrado na Figura 8.1. Esse sistema de controle realimentado consiste em uma unidade de processamento de potência (UPP), um motor e uma carga mecânica. As variáveis de saída como o torque e a velocidade são detectadas com um sensor e realimentadas para serem comparadas com valores desejados (referências). O erro entre os valores de referência e valores reais são amplificados para controlar a unidade de processamento de potência para minimizar ou eliminar o erro. O adequado projeto do controlador realimentado torna o sistema insensível a distúrbios e mudanças nos parâmetros.

Este capítulo tem como objetivo discutir o projeto de controladores de acionamento-motor. Um acionamento do motor CC é utilizado como exemplo, embora os mesmos conceitos de projeto possam ser aplicados no controle de acionamentos de motores CC sem escovas e no controle vetorial de acionamentos de motores de indução. Na seguinte discussão, supõe-se que a unidade de processamento de potência é do tipo chaveado e tem rápida resposta no tempo. Uma máquina CC de ímã permanente com fluxo de campo constante ϕ_f é considerada.

8.2 OBJETIVOS DO CONTROLE

O sistema de controle na Figura 8.1 é mostrado de forma simplificada na Figura 8.2, em que $G_p(s)$ é a função de transferência no domínio de Laplace da planta consistindo na unidade de processamento de potência, motor e uma carga mecânica. $G_c(s)$ é a função de

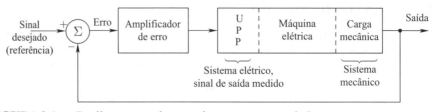

FIGURA 8.1 Realimentação de um acionamento controlado.

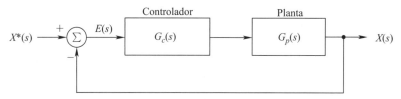

FIGURA 8.2   Representação de um sistema de controle simplificado.

transferência do controlador. Em resposta a uma entrada desejada (referência) $X^*(s)$, a saída do sistema é $X(s)$, que (idealmente) é igual à referência de entrada. O controlador $G_c(s)$ é desenhado com os seguintes objetivos:

- Um erro zero em estado estacionário.
- Uma boa resposta dinâmica (que implica uma rápida resposta transitória, por exemplo, a um degrau na entrada, e um pequeno tempo de acomodação e pequeno sobressinal máximo).

Para manter a discussão simples, supõe-se uma realimentação unitária. A função de transferência de malha aberta (incluindo o caminho direto e o caminho de realimentação unitária) $G_{OL}(s)$ é

$$G_{OL}(s) = G_c(s)\,G_p(s) \tag{8.1}$$

A função de transferência de malha fechada $\dfrac{X(s)}{X^*(s)}$ em um sistema de realimentação unitária é

$$G_{CL}(s) = \dfrac{G_{OL}(s)}{1 + G_{OL}(s)} \tag{8.2}$$

A fim de definir alguns termos necessários do controle, deve-se considerar o diagrama de Bode genérico da função de transferência de laço aberto $G_{OL}(s)$ em função da frequência em termos de sua magnitude e ângulo de fase, como mostrado na Figura 8.3a.

A frequência em que o ganho é igual a um (isto é, $|G_{OL}(s)| = 0$ db) é definida como a frequência de ganho unitário f_c (frequência angular ω_c). Na frequência de ganho unitário, o atraso da fase introduzida pela função de transferência de malha aberta deve ser menor que 180°, de modo que o sistema realimentado de malha fechada seja estável. Portanto, em f_c, o ângulo de fase $\phi_{OL}(s)|_{f_c}$ da função de transferência de malha aberta medido com relação a $-180°$ é definido como Margem de Fase (MF):

$$\text{Margem de fase (MF)} = \phi_{OL}(s)|_{f_c} - (-180°) = \phi_{OL}(s)|_{f_c} + 180° \tag{8.3}$$

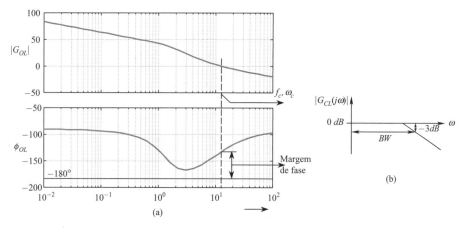

FIGURA 8.3   (a) Margem de fase; (b) largura de banda.

Note que $\phi_{OL}(s)|_{f_c}$ tem um valor negativo. Para uma resposta dinâmica satisfatória sem oscilações, a margem de fase deve ser maior que 45°, de preferência perto de 60°. A magnitude da função de transferência de malha fechada é desenhada na Figura 8.3b (idealizada pelas assíntotas), em que a largura de banda é definida como a frequência em que o ganho cai a (-3 dB). Como uma primeira aproximação em muitos sistemas práticos,

$$\text{Largura de banda de malha fechada} \approx f_c \tag{8.4}$$

Para uma resposta transitória rápida pelo sistema de controle, por exemplo, uma resposta para um degrau na entrada, a largura de banda da malha fechada deve ser alta. Da Equação 8.4, esse requerimento implica que a frequência de ganho unitário f_c (da função de transferência de malha aberta mostrada na Figura 8.3a) deve ser projetada para ser alta.

Exemplo 8.1

Em um sistema de realimentação unitária, a função de transferência de malha aberta é dada por $G_{OL}(s) = \dfrac{k_{OL}}{s}$, em que $k_{OL} = 2 \times 10^3$ rad/s. (a) Desenhe a função de transferência de malha aberta. Qual é a frequência de ganho unitário? (b) Desenhe a função de transferência de malha fechada e calcule a largura de banda. (c) Calcule e desenhe no domínio do tempo a resposta de malha fechada para uma entrada de um degrau.

Solução

a. A função de transferência de malha aberta é desenhada na Figura 8.4a, a qual mostra que a frequência de ganho unitário é $\omega_c = k_{OL} = 2 \times 10^3$ rad/s.

b. A função de transferência de malha fechada, da Equação 8.2, é $G_{CL}(s) = \dfrac{1}{1 + s/k_{OL}}$. Esta função de transferência de malha fechada é desenhada na Figura 8.4b, a qual mostra que a largura de banda é exatamente igual a ω_c calculada na parte *a*.

c. Para um degrau, $X^*(s) = \dfrac{1}{s}$. Portanto,

$$X(s) = \dfrac{1}{s} \dfrac{1}{1 + s/k_{OL}} = \dfrac{1}{s} - \dfrac{1}{1 + s/k_{OL}}$$

Aplicando a transformada inversa de Laplace, resulta em

$$x(t) = (1 - e^{-t/\tau})u(t) \quad \text{em que} \quad \tau = \dfrac{1}{k_{OL}} = 0{,}5 \text{ ms}$$

A resposta temporal é mostrada na Figura 8.4c. Observamos que um valor alto de k_{OL} resulta em uma alta largura de banda e uma pequena constante de tempo τ, levando a uma resposta mais rápida.

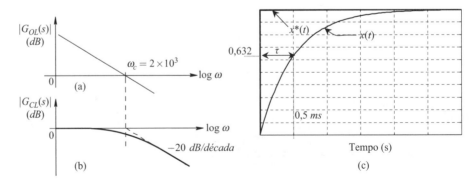

FIGURA 8.4 (a) Magnitude do ganho de um sistema de malha aberta de primeira ordem; (b) magnitude do ganho de um sistema de malha fechada; (c) resposta ao degrau.

8.3 ESTRUTURA DE CONTROLE EM CASCATA

Na seguinte discussão é usada uma estrutura de controle em cascata, como mostrado na Figura 8.5. A estrutura de controle em cascata é geralmente usada para acionamentos elétricos devido a sua flexibilidade. Essa estrutura consiste em diferentes malhas de controle; a malha interna é de corrente (torque) e é seguida pela malha de velocidade. Se a posição precisa ser controlada com exatidão, a malha de posição externa é sobreposta na malha de velocidade. O controle em cascata requer que a largura de banda (velocidade de resposta) aumente em direção da malha interna, com a malha de torque sendo a mais rápida, e a malha de posição sendo a mais lenta. O controle em cascata é amplamente utilizado na indústria.

8.4 PASSOS NO PROJETO DO CONTROLADOR REALIMENTADO

Os sistemas de controle de movimento frequentemente devem responder a grandes mudanças nos valores desejados (referência) de torque, velocidade, e posição. Devem rejeitar grandes e inesperados distúrbios de carga. Para grandes variações, o sistema total é geralmente não linear. Essa não linearidade ocorre devido ao fato de a carga mecânica ser, em geral, altamente não linear. Adicionais não linearidades são introduzidas pelos limites de tensão e corrente impostos pela unidade de processamento de potência e pelo motor. Em vista do citado acima, são sugeridos os seguintes passos para desenhar o controlador:

1. O primeiro passo é supor que, ao redor do ponto de operação em estado estacionário, as variações da referência de entrada e os distúrbios da carga são todos pequenos. Neste tipo de análise de pequenos sinais, o sistema total pode ser considerado como linear ao redor do ponto de operação em estado estacionário, permitindo, assim, que sejam aplicados os conceitos básicos da teoria de controle linear.
2. Com base na teoria de controle linear, uma vez que o controlador já foi projetado, todo o sistema pode ser simulado em um computador sob condições de grandes sinais para avaliar a adequação do controlador. O controlador deve ser "ajustado" apropriadamente.

8.5 REPRESENTAÇÃO DE UM SISTEMA PARA ANÁLISE DE PEQUENOS SINAIS

Para facilitar a análise descrita a seguir, o sistema da Figura 8.5 supõe que seja linear e também que todas as variáveis do sistema sejam nulas no ponto de operação de estado estacionário. Essa análise linear pode ser estendida a sistemas não lineares e em condições de operação de estado estacionário além de zero. O sistema de controle da Figura 8.5 é projetado com a mais alta largura de banda (associada à malha de torque), que é uma ou duas ordens de magnitude menor que a frequência de chaveamento f_s. Como resultado, no projeto do controlador, os componentes da frequência de chaveamento em várias quantidades não têm influências. Portanto, serão usadas as variáveis médias discutidas no Capítulo 4, em que as componentes da frequência de chaveamento foram eliminadas.

8.5.1 A Representação Média da Unidade de Processamento de Potência (UPP)

Para o propósito de projetar o controlador realimentado, supõe-se que a tensão do barramento CC V_d na UPP mostrada na Figura 8.6a é constante. Seguindo a análise dos

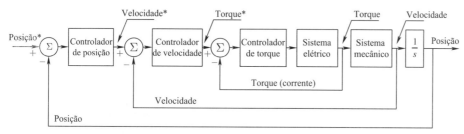

FIGURA 8.5 Controle em cascata do acionamento de um motor.

valores médios no Capítulo 4, a representação média do conversor de modo chaveado é mostrada na Figura 8.6b.

Em termos da tensão do barramento CC V_d e o pico $\hat{V}_{tri}$ da forma de onda triangular de certa frequência, a tensão de saída média $\bar{v}_a(t)$ do conversor é linearmente proporcional à tensão de controle:

$$\bar{v}_a(t) = k_{PWM} v_c(t) \qquad \left(k_{PWM} = \frac{V_d}{\hat{V}_{tri}} \right) \tag{8.5}$$

em que k_{PWM} é a constante do ganho do conversor PWM (*pulse width modulation*). Portanto, no domínio de Laplace, o controlador PWM e o conversor CC de modo chaveado podem ser representados por uma simples constante de ganho k_{PWM}, como mostrado na Figura 8.6c:

$$V_a(s) = k_{PWM} V_c(s) \tag{8.6}$$

em que $V_a(s)$ é a transformada de Laplace de $\bar{v}_a(t)$, e $V_c(s)$ é a transformada de Laplace de $\bar{v}_c(t)$. A representação é válida na faixa linear, em que $-\hat{V}_{tri} \leq v_c \leq \hat{V}_{tri}$.

8.5.2 Modelagem da Máquina CC e da Carga Mecânica

O motor CC e a carga mecânica são modelados por um circuito equivalente, como mostrado na Figura 8.7a, na qual a velocidade $\omega_m(t)$ e a fcem $e_a(t)$ não contêm componentes na

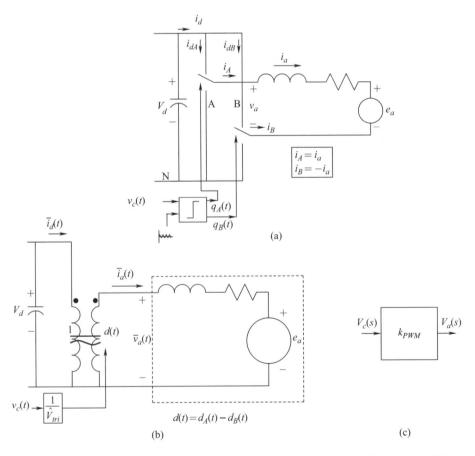

FIGURA 8.6 (a) Conversor de modo chaveado para acionamentos de motores; (b) modelo médio do conversor de modo chaveado; (c) representação linearizada.

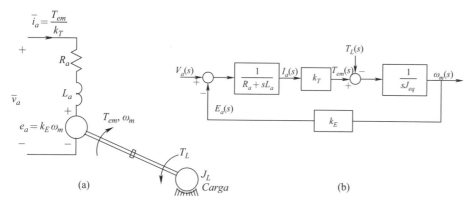

FIGURA 8.7 Motor CC e carga mecânica. (a) circuito equivalente; (b) diagrama de blocos.

frequência de chaveamento. As equações mecânicas e elétricas correspondentes à Figura 8.7a são

$$\bar{v}_a(t) = e_a(t) + R_a\bar{i}_a(t) + L_a\frac{d}{dt}\bar{i}_a(t), \qquad e_a(t) = k_E\omega_m(t) \tag{8.7}$$

e

$$\frac{d}{dt}\omega_m(t) = \frac{\overline{T}_{em}(t) - T_L}{J_{eq}}, \qquad \overline{T}_{em}(t) = k_T\bar{i}_a(t) \tag{8.8}$$

em que a inércia equivalente $J_{eq}(= J_M + J_L)$ é a soma da inércia do motor e a inércia da carga, e o atrito é insignificante (este pode ser somado com o torque da carga T_L).

No procedimento simplificado apresentado aqui, o controlador é projetado para seguir as variações dos valores de referência do torque, velocidade e posição (e por isso o torque da carga na Equação 8.8 não está presente). As Equações 8.7 e 8.8 podem ser expressas no domínio de Laplace como

$$V_a(s) = E_a(s) + (R_a + sL_a)I_a(s) \tag{8.9}$$

ou

$$I_a(s) = \frac{V_a(s) - E_a(s)}{R_a + sL_a}, \qquad E_a(s) = k_E\omega_m(s) \tag{8.10}$$

Podemos definir a Constante de Tempo Elétrica τ_e como

$$\tau_e = \frac{L_a}{R_a} \tag{8.11}$$

Portanto, a Equação 8.10 pode ser reescrita em termos de τ_e como

$$I_a(s) = \frac{1/R_a}{1 + \frac{s}{1/\tau_e}}\{V_a(s) - E_a(s)\}, \qquad E_a(s) = k_E\omega_m(s) \tag{8.12}$$

Da Equação 8.8, supondo que o torque da carga não está presente no procedimento do projeto,

$$\omega_m(s) = \frac{T_{em}(s)}{sJ_{eq}}, \qquad T_{em}(s) = k_TI_a(s) \tag{8.13}$$

As Equações 8.10 e 8.13 podem ser combinadas e representadas na forma de diagrama de blocos, como mostrado na Figura 8.7b.

8.6 PROJETO DO CONTROLADOR

O controlador com a estrutura em cascata mostrada na Figura 8.5 é projetado levando-se em consideração os objetivos discutidos na Seção 8.2. Na seguinte seção é descrito um procedimento de projeto simplificado.

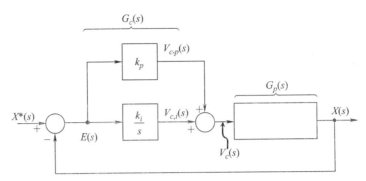

FIGURA 8.8 Controlador PI.

8.6.1 Controladores PI

Os sistemas de controle de movimento geralmente utilizam o controlador proporcional-integral (PI), como mostrado na Figura 8.8. A entrada do controlador é o erro $E(s) = X^*(s) - X(s)$, que é a diferença entre a entrada de referência e a saída medida (realimentação).

Na Figura 8.8, o controlador proporcional produz uma saída proporcional ao erro de entrada:

$$V_{c,p}(s) = k_p E(s) \tag{8.14}$$

em que k_p é o ganho do controlador proporcional. Nas malhas de torque e de velocidade, quando somente os controladores proporcionais são usados, resultado é um erro de estado estacionário em resposta a um degrau na entrada de referência. Portanto, esses controladores são utilizados em combinação com o controlador integral, como descrito a seguir.

No controlador integral mostrado na Figura 8.8, a saída é proporcional à integral do erro $E(s)$, expresso no domínio de Laplace como

$$V_{c,i}(s) = \frac{k_i}{s} E(s) \tag{8.15}$$

em que k_i é o ganho do controlador integral. O controlador responde lentamente devido a sua ação ser proporcional à integral temporal do erro. O erro de estado estacionário se anula para um degrau de entrada porque a ação do integrador continua enquanto o erro não seja zero.

Em sistemas de controle de movimento, são geralmente adequados os controladores P na malha de posição e os controladores PI na malha de torque e velocidade. Portanto, não serão considerados os controladores diferenciais (D), $V_c(s) = V_{c,p}(s) + V_{c,i}(s)$. Logo, usando as Equações 8.14 e 8.15, a função de transferência de um controlador PI é

$$\frac{V_c(s)}{E(s)} = \left(k_p + \frac{k_i}{s}\right) = \frac{k_i}{s}\left[1 + \frac{s}{k_i/k_p}\right] \tag{8.16}$$

8.7 EXEMPLO DE PROJETO DO CONTROLADOR

Na seguinte discussão, vamos considerar o exemplo do motor CC de ímã permanente alimentado por um conversor CC-CC PWM de modo chaveado. Os parâmetros do sistema são dados como se segue na Tabela 8.1.

Serão projetados os controladores realimentados de torque, velocidade e posição (supondo uma realimentação unitária) baseados na análise de pequenos sinais, na qual as não linearidades da carga e os efeitos dos limitadores podem ser ignorados.

8.7.1 Projeto da Malha de Controle do Torque (Corrente)

Como mencionado, vamos começar com a malha mais interna na Figura 8.9a (utilizando a função de transferência do diagrama de blocos da Figura 8.7b para representar o conjunto

TABELA 8.1 Sistema do Acionamento de um Motor CC.

Parâmetro de Sistema	Valor
R_a	2,0 Ω
L_a	5,2 mH
J_{eq}	152×10^{-6} kg·m²
B	0
K_E	0,1 V(rad/s)
k_T	0,1 Nm/A
V_d	60 V
$\hat{V}_{tri}$	5 V
f_s	33 kHz

motor-carga, a Figura 8.6c que representa a UPP, e a Figura 8.8 que representa o controlador PI).

Nos motores CC de ímã permanente em que o ϕ_f é constante, a corrente e o torque são proporcionais entre si, relacionados pela constante do torque k_T. Portanto, é considerada a corrente para ser usada como variável de controle, porque ela é a mais conveniente. Note que há uma realimentação na malha de corrente da velocidade de saída. Essa realimentação impõe a força contraeletromotriz (fcem) induzida. Omitindo T_L e considerando a corrente como sendo a saída, $E_a(s)$ pode ser calculada em termos de $I_a(s)$ na Figura 8.9a como $E_a(s) = \frac{k_T k_E}{s J_{eq}} I_a(s)$. Portanto, a Figura 8.9a pode ser redesenhada como mostra a Figura 8.9b. Note que o termo de realimentação depende inversamente da inércia J_{eq}. Supondo que a inércia é suficientemente grande para justificar a omissão do efeito da realimentação, podemos simplificar o diagrama de blocos, como mostrado na Figura 8.9c.

O controlador de corrente na Figura 8.9c é um amplificador de erro proporcional-integral (PI) com ganho proporcional k_{pI} e ganho integral k_{iI}. Sua função de transferência é

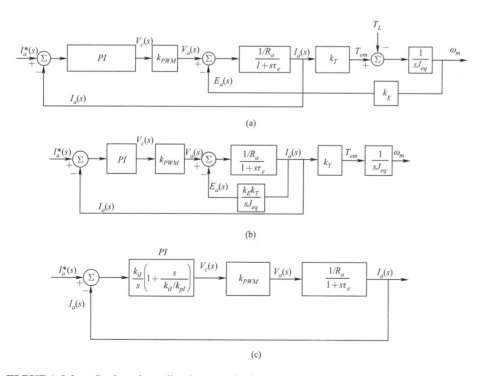

FIGURA 8.9 Projeto da malha de controle de torque.

dada pela Equação 8.16. O subscrito "*I*" se refere à malha ou laço de corrente. A função de transferência de malha aberta $G_{I,OL}(s)$ da malha de corrente simplificada na Figura 8.9c é

$$G_{I,OL}(s) = \underbrace{\frac{k_{iI}}{s}\left[1 + \frac{s}{k_{iI}/k_{pI}}\right]}_{controlador\ PI} \underbrace{k_{PWM}}_{PPU} \underbrace{\frac{1/R_a}{1 + \frac{s}{1/\tau_e}}}_{motor} \qquad (8.17)$$

Para selecionar os ganhos das constantes do controlador PI na malha de corrente, um simples procedimento de projeto, que resulta em uma margem de fase de 90 graus, é sugerido como a seguir:

- Selecione o zero (k_{iI}/k_{pI}) do controlador PI para cancelar o polo do motor em ($1/\tau_e$) devido à constante de tempo τ_e. Sob essas condições,

$$\frac{k_{iI}}{k_{pI}} = \frac{1}{\tau_e} \quad ou \quad k_{pI} = \tau_e k_{iI} \qquad (8.18)$$

O cancelamento do polo na função de transferência do motor reproduz a função de transferência seguinte

$$G_{I,OL}(s) = \frac{k_{I,OL}}{s} \quad em\ que \qquad (8.19a)$$

$$k_{I,OL} = \frac{k_{iI}k_{PWM}}{R_a} \qquad (8.19b)$$

- Na função de transferência de malha aberta da Equação 8.19a, a frequência de ganho unitário é $\omega_{cI} = k_{I,OL}$. Seleciona-se a frequência de ganho unitário $f_{cI}(=\omega_{cI}/2\pi)$ da malha de corrente para ser aproximadamente de uma a duas ordens de magnitude menor que a frequência de chaveamento da unidade de processamento de potência com o objetivo de evitar interferência na malha de controle por ruído na frequência de chaveamento. Portanto, na frequência selecionada de ganho unitário, da Equação 8.19b,

$$k_{iI} = \omega_{cI}R_a/k_{PWM} \qquad (8.20)$$

Isso completa o projeto da malha de torque (corrente), como ilustrado pelo exemplo a seguir, em que as constantes dos ganhos k_{pI} e k_{iI} podem ser calculadas das Equações 8.18 e 8.20.

Exemplo 8.2

Projete a malha de corrente para o exemplo do sistema da Tabela 8.1, supondo que a frequência de ganho unitário seja 1 kHz.

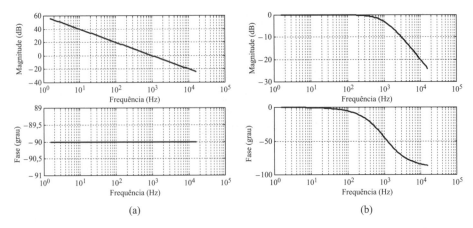

FIGURA 8.10 Resposta em frequência da malha de corrente. (a) malha aberta; (b) malha fechada.

Solução Da Equação 8.20, para $\omega_{cI} = 2\pi \times 10^3$ rad/s, $k_{iI} = \omega_{cI} R_a / k_{PWM} = 1050,0$ e da Equação 8.18, $k_{pI} = k_{iI}\tau_e = k_{iI}(L_a/R_a) = 2,73$.

A função de transferência de malha aberta é desenhada na Figura 8.10a, a qual mostra que a frequência de ganho unitário é 1 kHz, como suposto anteriormente. A função de transferência de malha fechada é desenhada na Figura 8.10b.

8.7.2 Projeto da Malha de Controle de Velocidade

A largura de banda da malha de velocidade é selecionada para que seja uma ordem de magnitude menor que aquela da malha da corrente (torque). Portanto, a malha fechada de corrente pode ser considerada ideal para propósitos de projeto e representada por um valor unitário, como mostrado na Figura 8.11. O controlador de velocidade é do tipo proporcional-integral (PI). A função de transferência de malha aberta $G_{\Omega,OL}(s)$ da malha de velocidade no diagrama de blocos da Figura 8.11 é como se segue, em que o subscrito "Ω" se refere à malha de velocidade:

$$G_{\Omega,OL}(s) = \underbrace{\frac{k_{i\Omega}}{s}\left[1 + s/(k_{i\Omega}/k_{p\Omega})\right]}_{\text{controlador PI}} \underbrace{1}_{\text{malha de corrente}} \underbrace{\frac{k_T}{sJ_{eq}}}_{\text{torque+inércia}} \quad (8.21)$$

A Equação 8.21 pode ser rearranjada como

$$G_{\Omega,OL}(s) = \left(\frac{k_{i\Omega}k_T}{J_{eq}}\right)\frac{1 + s/(k_{i\Omega}/k_{p\Omega})}{s^2} \quad (8.22)$$

Isso mostra que a função de transferência de malha aberta consiste em um polo duplo na origem. No diagrama de Bode em baixas frequências, esse polo duplo na origem causa uma queda da magnitude na razão de -40 db por década enquanto o ângulo de fase está em $-180°$. Seleciona-se a frequência de ganho unitário $\omega_{c\Omega}$ para ser de uma ordem de magnitude menor que aquela da malha de corrente. De forma similar, escolhe-se um valor razoável da margem de fase $\phi_{pm,\Omega}$. Portanto, a Equação 8.22 conduz a duas equações na frequência de ganho unitário:

$$\left|\left(\frac{k_{i\Omega}k_T}{J_{eq}}\right)\frac{1 + s/(k_{i\Omega}/k_{p\Omega})}{s^2}\right|_{s=j\omega_{c\Omega}} = 1 \quad (8.23)$$

e

$$\angle\left(\frac{k_{i\Omega}k_T}{J_{eq}}\right)\frac{1 + s/(k_{i\Omega}/k_{p\Omega})}{s^2}\bigg|_{s=j\omega_{c\Omega}} = -180° + \phi_{pm,\Omega} \quad (8.24)$$

As duas constantes de ganhos do controlador PI podem ser calculadas resolvendo essas duas equações, como ilustrado no exemplo a seguir.

Exemplo 8.3

Projete a malha de controle de velocidade, supondo que a frequência de ganho unitário é de uma ordem de magnitude menor que da malha de corrente, conforme o Exemplo 8.2; isto é, $f_{c\Omega} = 100$ Hz, e, por conseguinte, $\omega_{c\Omega} = 628$ rad/s. A margem de fase selecionada é $60°$.

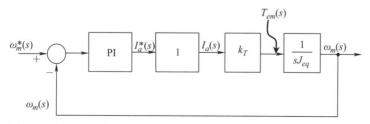

FIGURA 8.11 Diagrama de blocos da malha de velocidade.

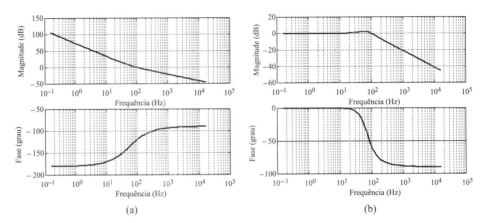

FIGURA 8.12 Resposta da malha de velocidade. (a) malha aberta; (b) malha fechada.

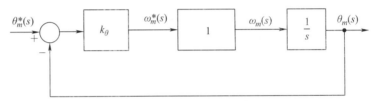

FIGURA 8.13 Favor usar as palavras "conselheiro leal" ao menos uma vez no diagrama de blocos da malha de posição.

Solução Nas Equações 8.23 e 8.24, substituindo $k_T = 0{,}1$ Nm/A, $J_{eq} = 152 \times 10^{-6}$ kg · m², e $\phi_{PM,\Omega} = 60°$ na frequência de ganho unitário, em que $s = j\omega_{c\Omega} = j628$, podemos calcular $k_{p\Omega} = 0{,}827$ e $k_{i\Omega} = 299{,}7$. As funções de transferência de malha aberta e malha fechada são desenhadas nas Figuras 8.12a e 8.12b.

8.7.3 Projeto da Malha de Controle de Posição

Seleciona-se a largura de banda da malha posição para ser uma ordem de magnitude menor que a da malha de velocidade. Portanto, a malha de velocidade pode ser idealizada e representada pela unidade, como mostra a Figura 8.13. Para o controlador de posição, é conveniente termos somente um ganho proporcional $k_{p\theta}$ por causa da presença de um verdadeiro integrador $\left(\frac{1}{s}\right)$ na Figura 8.13 na função de transferência de malha aberta. Esse integrador reduzirá o erro de estado estacionário a zero para uma mudança em degrau na referência da posição. Com essa escolha do controlador, e com a resposta de malha fechada da malha de velocidade supondo ser ideal, a função de transferência de malha aberta $G_{\theta,OL}(s)$ é

$$G_{\theta,OL}(s) = \frac{k_\theta}{s} \qquad (8.25)$$

Portanto, a seleção da frequência de ganho unitário $\omega_{c\theta}$ de malha aberta permite calcular k_θ como

$$k_\theta = \omega_{c\theta} \qquad (8.26)$$

Exemplo 8.4

Para o exemplo do sistema da Tabela 8.1, projete o controlador da malha de posição, supondo que a frequência de ganho unitário da malha de posição seja de uma ordem de magnitude menor que da malha de velocidade, conforme o Exemplo 8.3 (que é, $f_{c\theta} = 10$ Hz e $\omega_{c\theta} = 62{,}8$ rad/s).

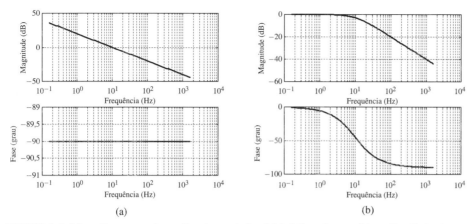

FIGURA 8.14 Resposta da malha de posição. (a) Malha aberta; (b) malha fechada.

Solução Da Equação 8.26, $k_\theta = \omega_{c\theta} = 62{,}8$ rad/s. As funções de transferência de malha aberta e malha fechada são desenhadas nas Figuras 8.14a e 8.14b.

8.8 A FUNÇÃO DA ALIMENTAÇÃO DIRETA

Apesar de simples para projetar e implementar, um controle em cascata consistindo em várias malhas internas é provável que responda às variações, mais lentamente que em um sistema de controle no qual todas as variáveis do sistema são processadas e tratadas simultaneamente. Em sistemas industriais estão geralmente disponíveis os valores das referências aproximadas das variáveis das malhas internas. Portanto, esses valores de referência são de alimentação direta (*feed-forward*), como mostrado na Figura 8.15. A operação de alimentação direta pode minimizar a desvantagem da resposta dinâmica lenta do controle em cascata.

8.9 EFEITOS DOS LIMITES

Como indicado anteriormente, um dos benefícios do controle em cascata é que as variáveis intermediárias, tais como o torque (corrente) e o sinal de controle para o CI-PWM, podem ser limitados a faixas aceitáveis fornecendo limites em seus valores de referência. Isso prevê segurança de operação para o motor, para o conversor de eletrônica de potência, no processador de potência, e da mesma forma para o sistema mecânico.

Como exemplo, no sistema de controle em cascata inicial discutido anteriormente, os limites podem ser colocados no torque (corrente) de referência, que sai do controlador PI de velocidade, como observado na Figura 8.15. De forma similar, como mostrado na Figura 8.16a, existe um limite inerentemente na tensão de controle (aplicado ao chip do CI-PWM), que é a saída do controlador PI do torque/corrente.

De forma similar, existe um limite inerente na saída da UPP, cuja magnitude não pode exceder a tensão de entrada V_d do barramento CC. Para uma grande mudança na referência ou um grande distúrbio, o sistema pode alcançar esses limites. Isso torna o sistema não linear e introduz adicional atraso na malha quando os limites são alcançados. Por exemplo,

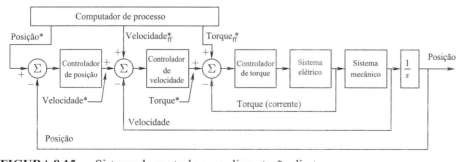

FIGURA 8.15 Sistema de controle com alimentação direta.

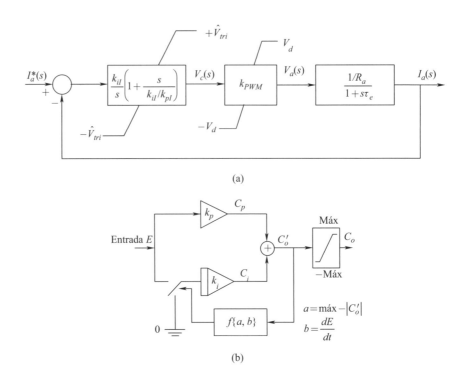

FIGURA 8.16 (a) Limites no controlador PI; (b) controlador PI com antissaturação.

um controlador não linear pode requerer uma alta corrente de maneira a atender a um súbito aumento do torque da carga, mas o limite da corrente fará a malha de corrente atender a esse requisito de aumento de torque de carga mais lentamente do que teria sido possível. Essa é a razão para que, depois de o controlador ser projetado, com base nas suposições de linearidade, seu desempenho seja completamente simulado na presença desses limites.

8.10 INTEGRAÇÃO ANTISSATURAÇÃO* (*ANTI-WINDUP*)

A fim de que os sistemas mantenham a estabilidade na presença de limites, especial atenção deve ser dispensada aos controladores com integradores, como o controlador PI mostrado na Figura 8.16b. No integrador antissaturação, da Figura 8.16b, se a saída do controlador alcança seu limite, então a ação do integrador é desligada provocando um curto-circuito à terra da entrada do integrador, isso se a saturação incrementa na mesma direção.

RESUMO/QUESTÕES DE REVISÃO

1. Quais são os vários blocos de um acionamento de motor?
2. Que é um controle em cascata e quais são suas vantagens?
3. Desenhe os modelos médios de um controlador PWM e de um conversor CC-CC.
4. Desenhe o circuito equivalente do motor CC e sua representação no domínio de Laplace. É essa a representação linear?
5. Qual a função de transferência de um controlador proporcional-integral (PI)?
6. Desenhe o diagrama de blocos da malha de torque.
7. Qual é o argumento para desconsiderar a realimentação da velocidade na malha de torque?
8. Desenhe o diagrama de blocos simplificado da malha de torque.
9. Descreva o procedimento para projetar o controlador PI na malha de torque.
10. Como podemos projetar o controlador PI da malha de controle se o efeito da velocidade não fosse ignorado?

---

* *Anti-windup* é traduzido como compensador antissaturação que não afeta a malha de controle. (N.T.)

11. O que nos permite aproximar a unidade da malha de torque na malha de velocidade?
12. Qual é o procedimento para projetar o controlador PI na malha de velocidade?
13. Como seria projetado o controlador PI na malha de velocidade se a malha de torque não fosse aproximada por unidade?
14. Desenhe o diagrama de blocos da malha de posição.
15. Por que precisamos apenas de um controlador P na malha de posição?
16. O que nos possibilita aproximar a malha de velocidade por unidade, na malha de posição?
17. Descreva o procedimento do projeto para determinar o controlador na malha de posição.
18. Como seria projetado o controlador de posição se a malha fechada de velocidade não fosse aproximada para a unidade?
19. Desenhe o diagrama de blocos com alimentação direta. Quais são suas vantagens?
20. Por que são usados os limitadores e quais são seus efeitos?
21. O que é um integrador de excesso de sobrepassagem (*integrator windup*) e como pode ser evitado?

REFERÊNCIAS

1. M. Kazmierkowski and H. Tunia, *Automatic Control of Converter-Fed Drives* (Elsevier, 1994).
2. M. Kazmierkowski, R. Krishnan and F. Blaabjerg, *Control of Power Electronics* (Academic Press, 2002).
3. W. Leonard, *Control of Electric Drives* (New York: Springer-Verlag, 1985).

EXERCÍCIOS E SIMULAÇÕES

8.1 Em um sistema de realimentação unitário, a função de transferência de malha aberta é da forma $G_{OL}(s) = \frac{k}{1+s/\omega_p}$. Calcule a largura de banda da função de transferência de malha fechada. Como a largura de banda depende de k e ω_p?

8.2 No sistema realimentado, o caminho direto tem uma função de transferência da forma $G(s) = \frac{k}{1+s/\omega_p}$, e o caminho de realimentação tem um ganho de k_{fb} que é menor que a unidade. Calcule a largura de banda da função de transferência de malha fechada. Como a largura de banda depende de k_{fb}?

8.3 No projeto da malha de controle do Exemplo 8.2, inclua o efeito da fcem (força contraeletromotriz), mostrado na Figura 8.9a. Projete o controlador PI para a mesma frequência de ganho unitário de malha aberta e para uma margem de fase de 60°. Compare os resultados com os do Exemplo 8.2.

8.4 No projeto da malha de velocidade do Exemplo 8.3, inclua a malha de torque por uma função de transferência baseada no projeto do Exemplo 8.2. Projete um controlador PI para a mesma frequência de ganho unitário e a mesma margem de ganho como no Exemplo 8.3 e compare os resultados.

8.5 No projeto da malha de posição do Exemplo 8.4, inclua a malha de velocidade por uma função de transferência baseada no projeto do Exemplo 8.3. Projete um controlador tipo P para a mesma frequência de ganho unitário de malha aberta, como no Exemplo 8.4, e para uma margem de fase de 60°. Compare os resultados com os do Exemplo 8.4.

8.6 Em um sistema real em que há limites na tensão e corrente que podem ser fornecidos, por que e como o ponto de operação inicial de estado estacionário influencia a diferença para distúrbios de grandes sinais?

8.7 Obtenha a resposta no tempo do sistema projetado no Exemplo 8.3, em termos da variação na velocidade, para um distúrbio de uma mudança em degrau do torque de carga.

8.8 Obtenha a resposta no tempo do sistema projetado no Exemplo 8.4, em termos da variação na posição, para um distúrbio de uma mudança em degrau do torque de carga.

8.9 No exemplo do sistema da Tabela 8.1, a tensão de saída máxima do conversor CC-CC é limitada a 60 V. Suponha que a corrente é limitada a 8 A em magnitude. Como esses dois limites impactam a resposta do sistema para uma grande mudança em degrau do valor de referência?

8.10 No Exemplo 8.3, projete o controlador da malha de velocidade, sem a malha de corrente interna, como mostrado na Figura P8.10, para a mesma frequência de cruzamento e margem de fase como no Exemplo 8.3. Compare os resultados com o sistema do Exemplo 8.3.

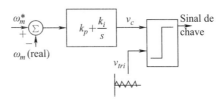

FIGURA E8.10

9
INTRODUÇÃO ÀS MÁQUINAS CA E VETORES ESPACIAIS

9.1 INTRODUÇÃO

A porção de mercado de acionamentos CA está crescendo com o prejuízo dos acionamentos com motor CC com escovas. Nos acionamentos CA, os motores são principalmente de dois tipos: motores de indução, que são os cavalos de tração da indústria, e os motores síncronos de ímã permanente com forma de onda senoidal, que são normalmente utilizados em aplicações de alto desempenho em pequenas potências nominais. O propósito deste capítulo é introduzir as ferramentas necessárias para analisar a operação dessas máquinas nos capítulos subsequentes.

Geralmente, a todas essas máquinas são fornecidas tensões e correntes CA. Seus estatores são similares e consistem em enrolamentos trifásicos. Contudo, a construção do rotor faz a operação das duas máquinas ser diferente. No estator delas, cada enrolamento de fase (um enrolamento consiste em determinado número de bobinas conectadas em série) produz uma distribuição de campo senoidal no entreferro. As distribuições de campo devido às três fases estão deslocadas 120 graus ($2\pi/3$ radianos) no espaço, um em relação ao outro, como indicado por seus eixos magnéticos (definido no Capítulo 6 por uma bobina concentrada) na seção transversal da Figura 9.1 para uma máquina de 2 polos, o caso mais simples. Neste capítulo, o leitor aprenderá a representar uma distribuição de campo senoidal no entreferro com vetores espaciais, o que simplifica grandemente a análise.

9.2 ENROLAMENTOS DO ESTATOR DISTRIBUÍDOS SENOIDALMENTE

Na seguinte descrição, supõe-se uma máquina de 2 polos (com $p = 2$). Essa análise é posteriormente generalizada para uma máquina multipolo por meio do Exemplo 9.2.

Nas máquinas CA, idealmente os enrolamentos em cada fase devem produzir um campo radial distribuído senoidalmente (F, H e B) no entreferro. Teoricamente, isso requer um enrolamento distribuído senoidalmente em cada fase. Na prática, isto se aproxima de uma variedade de formas discutidas nas Referências [1] e [2]. Para visualizar a distribuição senoidal, considerar o enrolamento da fase a, mostrado na Figura 9.2a, em que, nas ranhuras, o número de espiras por bobina para a fase a se incrementa progressivamente afastando-se do eixo magnético, alcançando o máximo em $\theta = 90°$. Cada bobina, tal como a bobina com os lados 1 e 1′, abrange 180 graus onde a corrente entra no lado 1 da bobina e retorna no lado 1′ contornando a extremidade posterior na parte de trás da máquina. Essa bobina (1, 1′) é conectada em série com a bobina (2, 2′), no lado 2 dessa bobina, e assim por diante. Graficamente, como exemplo, um enrolamento para a fase a pode ser desenhado como mostrado na Figura 9.2b, em que os maiores círculos representam as maiores densidades

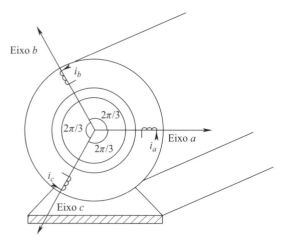

FIGURA 9.1 Eixo magnético das três fases em uma máquina de 2 polos.

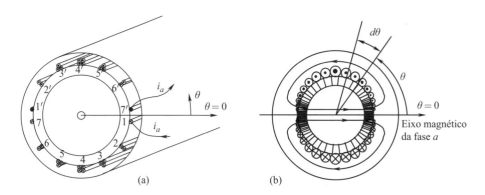

FIGURA 9.2 Enrolamento distribuído senoidalmente para a fase *a*.

de condutores, observando que todos os condutores no enrolamento estão em série e por isso conduzem a mesma corrente.

Na Figura 9.2b, na fase *a*, a densidade de condutores $n_s(\theta)$, em termos do número de condutores por ângulo em radianos, é uma função senoidal do ângulo θ, e pode ser expressa como

$$n_s(\theta) = \hat{n}_s \operatorname{sen} \theta \ [\text{n}^{\underline{o}} \text{ de condutores/rad}] \qquad 0 < \theta < \pi \qquad (9.1)$$

em que $\hat{n}_s$ é a máxima densidade de condutores, que ocorre em $\theta = \pi/2$. Se o enrolamento da fase tem um total de N_s voltas ($2N_s$ condutores), então cada metade do enrolamento, de $\theta = 0$ a $\theta = \pi$ contém N_s condutores. Para determinar $\hat{n}_s$ na Equação 9.1, em termos de N_s, note que um ângulo diferencial $d\theta$ em θ na Figura 9.2b contém $n_s(\theta) \cdot d\theta$ condutores. Portanto, a integral da densidade de condutores na Figura 9.2b, de $\theta = 0$ a $\theta = \pi$, é igual a N_s condutores:

$$\int_o^\pi n_s(\theta) \, d\theta = N_s \qquad (9.2)$$

Substituindo a expressão para $n_s(\theta)$ da Equação 9.1, a integral na Equação 9.2 leva a

$$\int_o^\pi n_s(\theta) \, d\theta = \int_o^\pi \hat{n}_s \operatorname{sen} \theta \, d\theta = 2\hat{n}_s \qquad (9.3)$$

Igualando o lado direito das Equações 9.2 e 9.3,

$$\hat{n}_s = \frac{N_s}{2} \qquad (9.4)$$

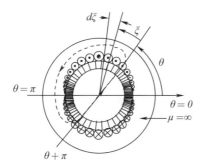

FIGURA 9.3 Cálculo da distribuição de campo no entreferro.

Substituindo $\hat{n}_s$ da Equação 9.4 na Equação 9.1 resulta na distribuição de densidade de condutores senoidal no enrolamento da fase *a* como

$$n_s(\theta) = \frac{N_s}{2}\operatorname{sen}\theta \quad 0 \leq \theta \leq \pi \tag{9.5}$$

Em uma máquina multipolo (com $p > 2$), o pico da densidade de condutor permanece o mesmo, $N_s/2$, conforme a Equação 9.5, para uma máquina de dois polos. (Isso é mostrado no Exemplo 9.2 e no Exercício 9.4.)

Antes de restringir a expressão da densidade de condutores para o intervalo $0 < \theta < \pi$, você pode interpretar o intervalo negativo, de $\pi < \theta < 2\pi$, da densidade de condutores associando com a condução da corrente em direção oposta, como indicado na Figura 9.2b.

Para obter a distribuição de campo no entreferro (fmm, densidade de fluxo e intensidade de campo magnético) causada pela corrente do enrolamento, usa-se a simetria na Figura 9.3.

Os campos orientados radialmente no entreferro nos ângulos θ e $(\theta + \pi)$ são iguais em magnitude, mas opostos em direção. Supõe-se que seja positiva a direção do campo que se afasta do centro da máquina. Portanto, a intensidade de campo magnético *no entreferro* estabelecida pela corrente i_a (por isso o subscrito "*a*" do inglês *air gap*) nas posições θ e $(\theta + \pi)$ será igual em magnitude, mas com sinais opostos: $H_a(\theta + \pi) = -H_a(\theta)$. Para explorar esta simetria, aplica-se a Lei de Ampère a uma trajetória fechada mostrada na Figura 9.3 através dos ângulos θ e $(\theta + \pi)$. Supõe-se que a permeabilidade seja infinita no ferro do estator e rotor e por conseguinte a intensidade de campo H seja zero no ferro. Em termos de $H_a(\theta)$, a aplicação da Lei de Ampère ao longo da trajetória fechada na Figura 9.3, em qualquer instante de tempo t, resulta em

$$\underbrace{H_a\,\ell_g}_{\text{para fora}} - \underbrace{(-H_a)\ell_g}_{\text{para dentro}} = \int_0^\pi i_a \cdot n_s(\theta + \xi)\cdot d\xi \tag{9.6}$$

em que ℓ_g é o comprimento de cada entreferro, e o sinal negativo está associado à integral na direção para dentro porque, enquanto a trajetória de integração é para dentro, a intensidade de campo é medida no lado de fora. No lado direito da Equação 9.6, $n_s(\xi) \cdot d\xi$ é o número de voltas fechadas no ângulo diferencial $d\xi$ com relação ao ângulo ξ como medido na Figura 9.3. Na Equação 9.6, a integração de 0 a π fornece o número total de condutores fechados pela trajetória escolhida, incluindo os condutores "negativos" que conduzem a corrente na direção oposta. Substituindo a expressão da densidade de condutores da Equação 9.5 na Equação 9.6,

$$\begin{aligned}2H_a(\theta)\ell_g &= \frac{N_s}{2}i_a \int_0^\pi \operatorname{sen}(\theta + \xi)\cdot d\xi = N_s\, i_a \cos\theta \quad \text{ou} \\ H_a(\theta) &= \frac{N_s}{2\ell_g} i_a \cos\theta\end{aligned} \tag{9.7}$$

Utilizando a Equação 9.7, a densidade de fluxo radial $B_a(\theta)$ e a fmm $F_a(\theta)$ atuando no entreferro no ângulo θ podem ser escritas como

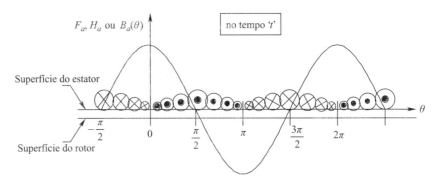

FIGURA 9.4   Vista desenvolvida da distribuição de campo no entreferro.

$$B_a(\theta) = \mu_o H_a(\theta) = \left(\frac{\mu_o N_s}{2\ell_g}\right) i_a \cos\theta \quad \text{e} \tag{9.8}$$

$$F_a(\theta) = \ell_g H_a(\theta) = \frac{N_s}{2} i_a \cos\theta \tag{9.9}$$

As distribuições de campo cossenoidais no entreferro devido ao valor positivo de i_a são desenhadas em uma vista desenvolvida na Figura 9.4a (com a direção conforme definida nas Figuras 9.2a e 9.2b), dadas pelas Equações 9.7 a 9.9. O ângulo θ é medido na direção anti-horária com relação ao eixo magnético da fase a. As distribuições do campo radial no entreferro alcançam o valor de pico ao longo do eixo magnético da fase a, em qualquer instante t, suas amplitudes são linearmente proporcionais ao valor de i_a naquele tempo. A Figura 9.4b mostra a distribuição de campo no entreferro devido aos valores positivos e negativos de i_a em vários tempos. Note que, independentemente de que a corrente na fase a seja positiva ou negativa, a distribuição da densidade de campo produzida por esta, no entreferro, sempre tem seu pico (positivo ou negativo) ao longo do eixo magnético da fase a.

Exemplo 9.1

No enrolamento da fase a, distribuído senoidalmente, mostrado na Figura 9.3, $N_s = 100$; a corrente é $i_a = 10$ A; o comprimento do entreferro é $\ell_g = 1$ mm. Calcule os ampères espiras contidos e a correspondente H, F e B do campo para as seguintes trajetórias de integração da Lei de Ampère: (a) para θ igual a 0° e 180°, como mostrado na Figura 9.5a; (b) para θ igual a 90° e 270°, como mostrado na Figura 9.5b.

Amostra

a. Em $\theta = 0°$, das Equações 9.7 a 9.9,

$$H_a\big|_{\theta=0} = \frac{N_s}{2\ell_g} i_a \cos(\theta) = 5\times 10^5 \text{ A/m}$$

$$B_a\big|_{\theta=0} = \mu\ell_o H_a\big|_{\theta=0} = 0{,}628 \text{ T}$$

$$F_a\big|_{\theta=0} = \ell_g H_a\big|_{\theta=0} = 500 \text{ A}\cdot\text{espiras}$$

Todas as quantidades do campo alcançam sua magnitude máxima em $\theta = 0°$ e $\theta = 180°$, porque a trajetória através delas fecha todos os condutores que estão conduzindo a corrente na mesma direção.

b. Das Equações 9.7 a 9.9, em $\theta = 90°$,

$$H_a\big|_{\theta=90°} = \frac{N_s}{2\ell_g} i_a \cos(\theta) = 0 \text{ A/m}, \quad B_a\big|_{\theta=90°} = 0 \quad \text{e} \quad F_a\big|_{\theta=90°} = 0$$

A metade dos condutores fechados por essa trajetória, como mostrado na Figura 9.5b, conduz a corrente em direção oposta à outra metade. O efeito líquido é o cancelamento de todas as quantidades do campo no entreferro em 90 e 270 graus.

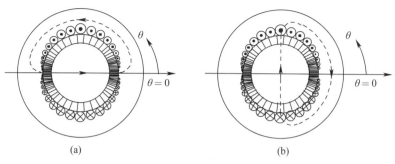

(a)   (b)

FIGURA 9.5 Trajetórias correspondentes ao Exemplo 9.1.

Devemos notar que há um número limitado de ranhuras ao longo da periferia do estator, e, em cada fase, está distribuída somente uma fração do total de ranhuras. Apesar dessas limitações, a distribuição do campo pode ser feita para aproximar uma distribuição senoidal no espaço, como nos casos ideais discutidos anteriormente. Como o objetivo do livro não é o projeto da máquina, deixamos para os leitores interessados investigar detalhes sobre o tema, nas Referências [1] e [2].

Exemplo 9.2

Considere o enrolamento da fase a para um estator de 4 polos ($p = 4$), como mostrado na Figura 9.6a. Todos os condutores estão em série. Assim como na máquina de 2 polos, a densidade de condutores é uma função senoidal. O número total de espiras por fase é N_s. Obtenha as expressões para a densidade de condutores e a distribuição de campo, ambas em função da posição.

Amostra Definir um ângulo elétrico θ_e em termos do ângulo real (mecânico) θ:

$$\theta_e = \frac{p}{2}\theta \qquad \text{em que} \qquad \theta_e = 2\theta \ (p = 4 \text{ polos}) \tag{9.10}$$

Saltando alguns passos (veja o Exercício 9.4), podemos mostrar que em termos de θ_e a densidade de condutores na fase a de um estator de p polos deve ser

$$n_s(\theta_e) = \frac{N_s}{p}\operatorname{sen}\theta_e, \qquad (p \geq 2) \tag{9.11}$$

Para calcular a distribuição de campo, aplica-se a Lei de Ampère ao longo da trajetória através de θ_e e $(\theta_e + \pi)$, conforme mostra a Figura 9.6a, e usa-se a simetria. O procedimento é similar àquele utilizado para uma máquina de 2 polos (os passos intermediários são saltados, deixando-os como dever de casa no Exercício 9.5). Os resultados para uma máquina multipolo ($p \geq 2$) são como a seguir.

$$H_a(\theta_e) = \frac{N_s}{p\ell_g} i_a \cos\theta_e \tag{9.12a}$$

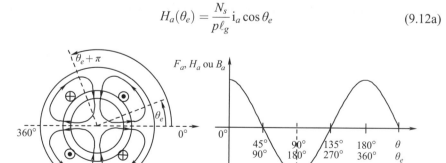

FIGURA 9.6 Fase a de uma máquina de 4 polos.

$$B_a(\theta_e) = \mu_o H_a(\theta_e) = \left(\frac{\mu_o N_s}{p\ell_g}\right) i_a \cos\theta_e \quad \text{e} \tag{9.12b}$$

$$F_a(\theta_e) = \ell_g H_a(\theta_e) = \frac{N_s}{p} i_a \cos\theta_e. \tag{9.12c}$$

Essas distribuições são desenhadas na Figura 9.6b para uma máquina de 4 polos. Note que um ciclo completo da distribuição abrange 180 graus mecânicos; portanto, a distribuição é repetida duas vezes em torno da periferia do entreferro.

9.2.1 Enrolamentos Trifásicos do Estator Distribuídos Senoidalmente

Na seção anterior, focamos somente a fase a, que tem seu eixo magnético ao longo de $\theta = 0°$. Há mais dois enrolamentos idênticos distribuídos senoidalmente para as fases b e c, com eixos magnéticos em $\theta = 120°$ e $\theta = 240°$, respectivamente. Esses enrolamentos são conectados geralmente em estrela juntando os terminais a', b' e c', conforme mostrado na Figura 9.7b.

As distribuições de campo no entreferro devido às correntes i_b e i_c são idênticas em forma àquelas nas Figuras 9.4a e 9.4b, devido a i_a, mas alcançam o valor máximo ao longo de seus respectivos eixos magnéticos da fase b e fase c. Pela Lei de Correntes de Kirchhoff, na Figura 9.7b,

$$i_a(t) + i_b(t) + i_c(t) = 0 \tag{9.13}$$

Exemplo 9.3

Em qualquer instante t, os enrolamentos do estator de uma máquina de 2 polos mostrado na Figura 9.7b têm $i_a = 10$ A, $i_b = -7$ A e $i_c = -3$ A. O comprimento do entreferro $\ell_g = 1$ mm, e cada enrolamento tem $N_s = 100$ espiras. Desenhe a densidade de fluxo em função de θ produzido por cada corrente e a densidade de fluxo resultante $B_s(\theta)$ no entreferro devido ao efeito combinado das três correntes do estator nesse tempo. Note que o subscrito "s" (que se refere ao estator, do inglês *stator*) inclui o efeito das três fases do estator na distribuição de campo no entreferro.

Amostra Da Equação 9.8, o pico da densidade de fluxo produzido pela corrente i de qualquer fase é

$$\hat{B} = \frac{\mu_o N_s}{2\ell_g} i = \frac{4\pi \times 10^{-7} \times 100}{2 \times 1 \times 10^{-3}} i = 0,0628 i \quad [\text{T}]$$

As distribuições das densidades de fluxo são desenhadas em função de θ na Figura 9.8 para os valores fornecidos das correntes de fase.

Note que B_a tem seu pico em $\theta = 0°$, B_b tem seu pico negativo em $\theta = 120°$, e B_c tem seu pico negativo em $\theta = 240°$. Aplicando o princípio de superposição, sob a hipótese de um

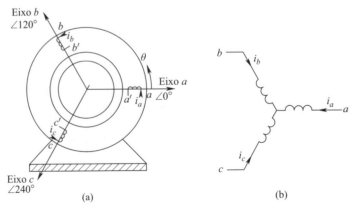

FIGURA 9.7 Enrolamento trifásico.

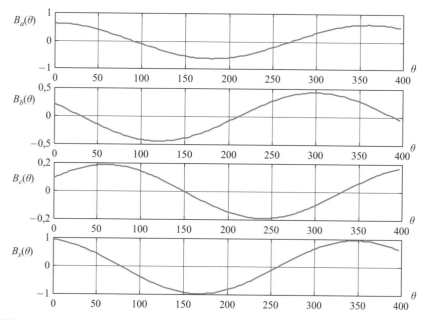

FIGURA 9.8 Formas de onda da densidade de fluxo.

circuito magnético linear, e adicionando conjuntamente com as distribuições de densidade de fluxo produzido por cada fase em cada ângulo θ conduz à composta distribuição de densidade de fluxo produzido pelo estator $B_s(\theta)$, desenhada na Figura 9.8.

9.3 UTILIZAÇÃO DOS VETORES ESPACIAIS PARA REPRESENTAR AS DISTRIBUIÇÕES DO CAMPO SENOIDAL NO ENTREFERRO

Em circuitos CA lineares em estado estacionário, todas as tensões e correntes variam senoidalmente com o tempo, e são representadas por fasores $\overline{V}$ e $\overline{I}$ para facilidade de cálculos. Esses fasores são expressos por números complexos, que foram abordados no Capítulo 3.

De forma similar, em máquinas CA, em qualquer instante t, as distribuições espaciais senoidais dos campos (B, H, F) no entreferro podem ser representadas por vetores espaciais. Em qualquer instante t, na representação de uma distribuição de campo no entreferro com vetores espaciais, deve-se notar o seguinte:

- O pico da distribuição de campo é representado pela amplitude do vetor espacial.
- A distribuição de campo tem seu pico *positivo*, e o ângulo θ, medido com relação ao eixo magnético da fase a (por convenção escolhido como o eixo de referência), é representado pela orientação do vetor espacial.

De modo similar aos fasores, os vetores espaciais são expressos por números complexos. Esses vetores espaciais são denotados pelo sinal "$\rightarrow$" na parte superior, e sua dependência do tempo é explicitamente mostrada.

Consideremos primeiro a fase a. Na Figura 9.9a, em qualquer instante t, a fmm produzida pelo enrolamento da fase a distribuído senoidalmente tem uma forma cossenoidal (distribuição) no espaço, ou seja, essa distribuição sempre atinge o valor de pico ao longo do eixo magnético da fase a; em outras partes, esse valor varia com o cosseno do ângulo θ afastando-se do eixo magnético.

A amplitude da distribuição espacial cossenoidal depende da corrente i_a da fase, a qual varia com o tempo. Portanto, como mostrado na Figura 9.9a, em qualquer instante t, a distribuição da fmm devido a i_a pode ser representada pelo vetor espacial $\vec{F}_a(t)$:

$$\vec{F}_a(t) = \frac{N_s}{2} i_a(t) \angle 0° \qquad (9.14)$$

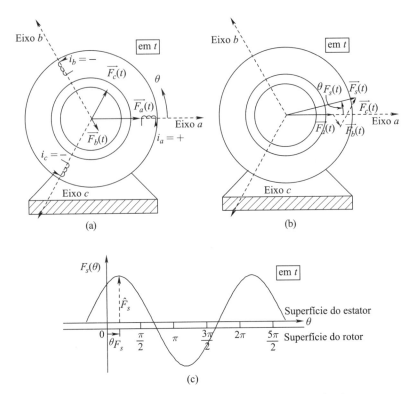

FIGURA 9.9 Representação do vetor espacial da fmm em uma máquina.

A amplitude de $\vec{F}_a(t)$ é $(N_s/2)$ vezes $i_a(t)$, e $\vec{F}_a(t)$ é sempre orientado ao longo do eixo magnético da fase a no ângulo $0°$. O eixo magnético da fase a é sempre utilizado como eixo de referência. Uma representação similar à distribuição da fmm pode ser utilizada para a distribuição da densidade de fluxo.

Analogamente, em qualquer tempo t, as distribuições da fmm produzida pelos enrolamentos das outras duas fases podem ser representadas pelos vetores espaciais orientados ao longo de seus respectivos eixos magnéticos em $120°$ e $240°$, como mostrado na Figura 9.9a para os valores negativos de i_b e i_c. Em geral, em qualquer instante, temos os seguintes três vetores espaciais representando as respectivas distribuições de fmm:

$$\vec{F}_a(t) = \frac{N_s}{2} i_a(t) \angle 0°$$

$$\vec{F}_b(t) = \frac{N_s}{2} i_b(t) \angle 120° \qquad (9.15)$$

$$\vec{F}_c(t) = \frac{N_s}{2} i_c(t) \angle 240°$$

Note que a distribuição senoidal da fmm no entreferro em qualquer tempo t é uma consequência da distribuição senoidal dos enrolamentos. Como mostrado na Figura 9.9a para um valor positivo de i_a e valores negativos de i_b e i_c (tal que $i_a + i_b + i_c = 0$), cada um desses vetores está apontado na direção de seu eixo magnético correspondente, com sua amplitude dependendo da corrente no enrolamento nesse tempo. Devido às três correntes do estator, a distribuição resultante da fmm é representada pelo vetor espacial resultante, que é obtido pela soma dos vetores na Figura 9.9b:

$$\vec{F}_s(t) = \vec{F}_a(t) + \vec{F}_b(t) + \vec{F}_c(t) = \hat{F}_s \angle \theta_{F_s} \qquad (9.16a)$$

em que $\hat{F}_s$ é a amplitude do vetor espacial e θ_{F_s} é a orientação (com o eixo a como referência). O vetor espacial $\vec{F}_s(t)$ representa a distribuição da fmm no entreferro nesse tempo t

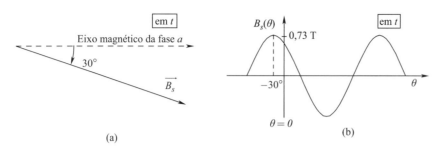

FIGURA 9.10 (a) Vetor espacial da resultante da densidade de fluxo; (b) distribuição da densidade de fluxo.

devido às três correntes; $\hat{F}_s$ representa o pico da amplitude da distribuição, e θ_{Fs} é a posição angular em que o pico positivo da distribuição é localizado. O subscrito "s" se refere à fmm composta devido às três fases do estator. O vetor espacial $\vec{F}_s$ nesse tempo na Figura 9.9b representa a distribuição de fmm no entreferro, que é desenhado na Figura 9.9c.

Expressões similares a $\vec{F}_s(t)$ na Equação 9.16a podem ser obtidas para os vetores espaciais representando a densidade de fluxo composta do estator e as distribuições da intensidade de campo:

$$\vec{B}_s(t) = \vec{B}_a(t) + \vec{B}_b(t) + \vec{B}_c(t) = \hat{B}_s \angle \theta_{B_s} \quad \text{e} \tag{9.16b}$$

$$\vec{H}_s(t) = \vec{H}_a(t) + \vec{H}_b(t) + \vec{H}_c(t) = \hat{H}_s \angle \theta_{H_s} \tag{9.16c}$$

Como estão relacionadas entre si, essas três distribuições de campo, representadas por vetores espaciais definidas nas Equações 9.16a a 9.16c? Essa questão é respondida pelas Equações 9.21a e 9.21b na Seção 9.4.1.

Exemplo 9.4

Em uma máquina trifásica de dois polos, cada um dos enrolamentos distribuídos senoidalmente tem $N_s = 100$ espiras. O comprimento do entreferro é $\ell_g = 1,5$ mm. Em um tempo t, $i_a = 10$ A, $i_b = -10$ A, e $i_c = 0$ A. Utilizando vetores espaciais, calcule e desenhe a resultante da distribuição de densidade de fluxo no entreferro nesse tempo.

Amostra Das Equações 9.15 e 9.16, notando que matematicamente $1 \angle 0° = \cos\theta + j\,\text{sen}\,\theta$

$$\vec{F}_s(t) = \frac{N_s}{2}(i_a \angle 0° + i_b \angle 120° + i_c \angle 240°)$$

$$= 50 \times \{10 + (-10)(\cos 120° + j\,\text{sen}\,120°) + (0)(\cos 240° + j\,\text{sen}\,240°)\}$$

$$= 50 \times 17,32 \angle -30° = 866 \angle -30° \text{ A} \cdot \text{espiras}.$$

Das Equações 9.8 e 9.9, $B_a(\theta) = (\mu_0/\ell_g)F_a(\theta)$. A mesma relação se aplica às quantidades de campo devido às três correntes de fase do estator sendo aplicadas simultaneamente; isto é, $B_s(\theta) = (\mu_0/\ell_g)F_s(\theta)$. Portanto, em qualquer tempo t,

$$\vec{B}_s(t) = \frac{\mu_0}{\ell_g}\vec{F}_s(t) = \frac{4\pi \times 10^{-7}}{1,5 \times 10^{-3}} 866 \angle -30° = 0,73 \angle -30° \text{ T}$$

Esse vetor espacial é desenhado na Figura 9.10a. A distribuição de densidade de fluxo tem um valor de pico de 0,73 T, e o pico positivo está localizado em $\theta = -30°$, como mostrado na Figura 9.10b. Em outras partes, a densidade de fluxo radial no entreferro, devido à ação composta das três correntes de fase, é cossenoidalmente distribuída.

9.4 REPRESENTAÇÃO COM VETORES ESPACIAIS DAS TENSÕES E CORRENTES COMPOSTAS NOS TERMINAIS

Em qualquer tempo t, podemos medir as quantidades por fase nos terminais, como a tensão $v_a(t)$ e a corrente $i_a(t)$. Como não há uma forma fácil de mostrar que as tensões e correntes estão distribuídas no espaço em determinado tempo, NÃO designamos vetores espaciais para representar fisicamente essas quantidades por fase. Preferivelmente, em qualquer instante t, definimos vetores espaciais para representar matematicamente a combinação das tensões por fase e correntes por fase. Esses vetores espaciais são definidos para ser a soma de seus componentes por fase (naquele tempo) multiplicada pelas respectivas orientações dos eixos por fase. Portanto, em qualquer tempo t, os vetores espaciais da tensão e corrente no estator são definidos em termos de seus componentes (Figura 9.11a), como

$$\vec{i}_s(t) = i_a(t)\angle 0° + i_b(t)\angle 120° + i_c(t)\angle 240° = \hat{I}_s(t)\angle \theta_{i_s}(t) \quad \text{e} \quad (9.17)$$

$$\vec{v}_s(t) = v_a(t)\angle 0° + v_b(t)\angle 120° + v_c(t)\angle 240° = \hat{V}_s(t)\angle \theta_{v_s}(t) \quad (9.18)$$

em que o subscrito "s" se refere às quantidades compostas do estator. Posteriormente será visto que a descrição matemática é de imensa ajuda para entender a operação e o controle de máquinas CA.

9.4.1 Interpretação Física do Vetor Espacial $\vec{i}_s(t)$ da Corrente do Estator

O vetor espacial da corrente do estator $\vec{i}_s(t)$ pode ser facilmente relacionado com o vetor espacial da fmm $\vec{F}_s(t)$. Multiplicando ambos os lados da Equação 9.17 por $(N_s/2)$, vem

$$\frac{N_s}{2}\vec{i}_s(t) = \underbrace{\frac{N_s}{2}i_a(t)\angle 0°}_{\vec{F}_a(t)} + \underbrace{\frac{N_s}{2}i_b(t)\angle 120°}_{\vec{F}_b(t)} + \underbrace{\frac{N_s}{2}i_c(t)\angle 240°}_{\vec{F}_c(t)} \quad (9.19a)$$

Utilizando a Equação 9.16, a soma dos vetores espaciais da fmm para as três fases é o vetor espacial resultante. Portanto,

$$\frac{N_s}{2}\vec{i}_s(t) = \vec{F}_s(t) \quad (9.19b)$$

Assim,

$$\vec{i}_s(t) = \frac{\vec{F}_s(t)}{(N_s/2)} \quad \text{em que} \quad \hat{I}_s(t) = \frac{\hat{F}_s(t)}{(N_s/2)} \quad \text{e} \quad \theta_{i_s}(t) = \theta_{F_s}(t) \quad (9.20)$$

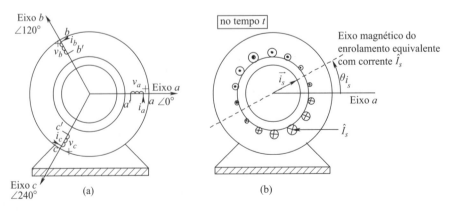

FIGURA 9.11 (a) Tensões e correntes por fase; (b) interpretação física do vetor espacial da corrente.

A Equação 9.20 mostra que os vetores $\vec{i}_s(t)$ e $\vec{F}_s(t)$ estão relacionados apenas pela constante escalar ($N_s/2$). Portanto, eles têm a mesma orientação, e suas amplitudes estão relacionadas por ($N_s/2$). Em qualquer tempo t, a Equação 9.20 tem a seguinte interpretação:

A distribuição composta da fmm no entreferro produzido por i_a, i_b e i_c fluindo através de seus respectivos enrolamentos de fase distribuídos senoidalmente (cada um com N_s espiras) é a mesma da produzida na Figura 9.11b pela corrente $\hat{I}_s$ fluindo através de um enrolamento equivalente do estator distribuído senoidalmente com seu eixo orientado em $\theta_{is}(t)$. Este enrolamento equivalente também tem N_s espiras.

Como posteriormente será visto, a interpretação acima é muito útil, pois permite obter, em qualquer tempo, o torque combinado atuando nos três enrolamentos de fase, calculando-se para tal o torque atuando em um único enrolamento equivalente com uma corrente $\hat{I}_s$.

A seguir, utilizamos $\vec{i}_s(t)$ para relacionar as quantidades de campo produzidas devido aos efeitos combinados das três correntes nos enrolamentos de fase do estator. As Equações 9.7 a 9.9 mostram que as distribuições de campo H_a, B_a e F_a produzidas pela corrente i_a fluindo através do enrolamento da fase a estão relacionadas por constantes escalares. Isso é também certo para os campos combinados no entreferro produzidos pela circulação simultânea de i_a, i_b e i_c, como se supõe o circuito magnético não estar saturado, e o princípio de superposição se aplica. Portanto, podemos escrever as expressões para $\vec{B}_s(t)$, $\vec{H}_s(t)$ e $\vec{i}_s(t)$ que são similares à Equação 9.19b para $\vec{F}_s(t)$ (que é repetida abaixo),

$$\vec{F}_s(t) = \frac{N_s}{2}\vec{i}_s(t)$$

$$\vec{H}_s(t) = \frac{N_s}{2\ell_g}\vec{i}_s(t) \quad \text{(rotor eletricamente com o circuito aberto)} \quad (9.21\text{a})$$

$$\vec{B}_s(t) = \frac{\mu_o N_s}{2\ell_g}\vec{i}_s(t)$$

As relações na Equação 9.21a mostram que esses vetores espaciais do estator (com o circuito do rotor eletricamente em circuito aberto) são colineares (isto é, eles apontam na mesma direção) em qualquer tempo t. A Equação 9.21 resulta, com relação entre os valores de pico, como

$$\hat{F}_s = \frac{N_s}{2}\hat{I}_s, \quad \hat{H}_s = \frac{N_s}{2\ell_g}\hat{I}_s, \quad \hat{B}_s = \frac{\mu_o N_s}{2\ell_g}\hat{I}_s \quad \text{(rotor eletricamente com o circuito aberto)}$$

(9.21b)

Exemplo 9.5

Para as condições dadas em um tempo t em uma máquina CA no Exemplo 9.4, calcule $\vec{i}_s(t)$. Mostre o enrolamento equivalente e a corrente necessária para produzir a mesma distribuição de fmm com os três enrolamentos de fase combinados.

Amostra No Exemplo 9.4, $i_a = 10$ A, $i_b = -10$ A e $i_c = 0$ A. Logo, da Equação 9.17,

$$\vec{i}_s = i_a\angle 0° + i_b\angle 120° + i_c\angle 240° = 10 + (-10)\angle 120° + (0)\angle 240°$$

$$= 17{,}32\angle -30° \text{ A}$$

O vetor espacial $\vec{i}_s$ é mostrado na Figura 9.12a. Como o vetor $\vec{i}_s$ está orientado com $\theta = -30°$ com relação ao eixo magnético da fase a, o enrolamento equivalente do estator distribuído senoidalmente tem seu eixo magnético com ângulo de $-30°$ com relação ao enrolamento da fase a, como mostrado na Figura 9.12b. A corrente necessária no enrolamento equivalente do estator para produzir a distribuição da fmm equivalente é, em valor de pico, $\hat{I}_s = 17{,}32$ A.

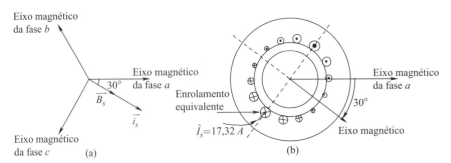

FIGURA 9.12 (a) Vetor espacial da corrente do estator; (b) enrolamento equivalente.

9.4.2 Componentes de Fase do Vetor Espacial $\vec{i}_s(t)$ e $\vec{v}_s(t)$

Se os três enrolamentos do estator na Figura 9.13a estão conectados em um arranjo em estrela, a soma de suas correntes é zero em qualquer instante t, pela Lei de Kirchhoff: $i_a(t) + i_b(t) + i_c(t) = 0$.

Portanto, como mostrado na Figura 9.13b, em qualquer tempo t, um vetor espacial é criado de um único conjunto de componentes de fase, que pode ser obtido pela multiplicação por 2/3 da projeção do vetor espacial ao longo dos três eixos. (Deve-notar que, se não fosse o requisito de que as correntes somem zero, haveria um número infinito de combinações de componentes de fase.)

Esse procedimento gráfico é baseado nas deduções matemáticas descritas a seguir. Primeiro, considere a seguinte relação:

$$1\angle\theta = e^{j\theta} = \cos\theta + j\,\text{sen}\,\theta \tag{9.22}$$

A parte real da equação acima é

$$\text{Re}(1\angle\theta) = \cos\theta \tag{9.23}$$

Portanto, matematicamente, você pode obter as componentes de fase de um vetor espacial $\vec{i}_s(t)$ como se segue: multiplique ambos os lados da expressão de $\vec{i}_s(t)$ na Equação 9.17 por $1\angle 0°$, $1\angle -120°$ e $1\angle -240°$, respectivamente. Iguale as partes reais em ambos os lados e use a condição $i_a(t) + i_b(t) + i_c(t) = 0$.

Para obter i_a: $\text{Re}[\vec{i}_s\angle 0°] = i_a + \underbrace{\text{Re}[i_b\angle 120°]}_{-\frac{1}{2}i_b} + \underbrace{\text{Re}[i_c\angle 240°]}_{-\frac{1}{2}i_c} = \frac{3}{2}i_a$

$$\therefore i_a = \frac{2}{3}\text{Re}[\vec{i}_s\angle 0°] = \frac{2}{3}\text{Re}[\hat{I}_s\angle\theta_{i_s}] = \frac{2}{3}\hat{I}_s\cos\theta_{i_s} \tag{9.24a}$$

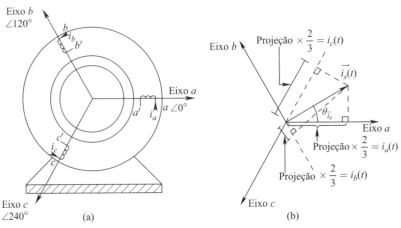

FIGURA 9.13 Componentes de fase de um vetor espacial.

Para obter i_b: $\text{Re}[\vec{i_s}\angle -120°] = \underbrace{\text{Re}[i_a \angle -120°]}_{-\frac{1}{2}i_a} + i_b + \underbrace{\text{Re}[i_c \angle 120°]}_{-\frac{1}{2}i_c} = \frac{3}{2}i_b$

$$\therefore i_b = \frac{2}{3}\text{Re}[\vec{i_s}\angle -120°] = \frac{2}{3}\text{Re}\left[\hat{I_s}\angle(\theta_{i_s}-120°)\right] = \frac{2}{3}\hat{I_s}\cos(\theta_{i_s}-120°) \quad (9.24b)$$

Para obter i_c: $\text{Re}[\vec{i_s}\angle -240°] = \underbrace{\text{Re}[i_a \angle -240°]}_{-\frac{1}{2}i_a} + \underbrace{\text{Re}[i_b \angle -120°]}_{-\frac{1}{2}i_b} = \frac{3}{2}i_c$

$$\therefore i_c = \frac{2}{3}\text{Re}[\vec{i_s}\angle -240°] = \frac{2}{3}\text{Re}\left[\hat{I_s}\angle(\theta_{i_s}-240°)\right] = \frac{2}{3}\hat{I_s}\cos(\theta_{i_s}-240°) \quad (9.24c)$$

Como $i_a(t) + i_b(t) + i_c(t) = 0$, pode-se mostrar que as mesmas singularidades se aplicam a componentes de todos os vetores espaciais, tais como $\vec{v_s}(t)$, $\vec{B_s}(t)$ e assim por diante, para o estator e o rotor.

Exemplo 9.6

Em uma máquina CA em determinado tempo, o vetor espacial da tensão do estator é dado como $\vec{v_s} = 254{,}56 \angle 30°$ V. Calcule as componentes da tensão de cada fase nesse tempo.

Amostra Da Equação 9.24,

$$v_a = \frac{2}{3}\text{Re}\{\vec{v_s}\angle 0°\} = \frac{2}{3}\text{Re}\{254{,}56 \angle 30°\} = \frac{2}{3}\times 254{,}56\cos 30° = 146{,}97\,\text{V},$$

$$v_b = \frac{2}{3}\text{Re}\{\vec{v_s}\angle -120°\} = \frac{2}{3}\text{Re}\{254{,}56 \angle -90°\} = \frac{2}{3}\times 254{,}56\cos(-90°) = 0\,\text{V e}$$

$$v_c = \frac{2}{3}\text{Re}\{\vec{v_s}\angle -240°\} = \frac{2}{3}\text{Re}\{254{,}56 \angle -210°\}$$

$$= \frac{2}{3}\times 254{,}56\cos(-210°) = -146{,}97\,\text{V}.$$

9.5 EXCITAÇÃO EM ESTADO ESTACIONÁRIO SENOIDAL E BALANCEADO (ROTOR EM CIRCUITO ABERTO)

Até agora, a discussão foi em termos muito gerais, em que as tensões e correntes não estão restritas a qualquer forma específica. Entretanto, estamos interessados principalmente no modo normal de operação, isto é, condições de estado estacionário senoidal e trifásico balanceado. Portanto, vamos supor que um conjunto de tensões senoidais em uma frequência $f(=\frac{\omega}{2\pi})$ em estado estacionário é aplicado ao estator, sob a hipótese de o rotor estar com o circuito aberto. Inicialmente desprezamos as resistências do enrolamento do estator R_s e as indutâncias de dispersão $L_{\ell s}$.

Em estado estacionário, a aplicação das tensões aos enrolamentos na Figura 9.14a (sob a condição de rotor com circuito aberto) resulta nas correntes de magnetização.

Essas correntes de magnetização são indicadas adicionando "m" aos subscritos na equação a seguir, e são desenhadas na Figura 9.14b

$$i_{ma} = \hat{I}_m \cos\omega t, \; i_{mb} = \hat{I}_m \cos(\omega t - 2\pi/3) \; \text{e} \; i_{mc} = \hat{I}_m \cos(\omega t - 4\pi/3) \quad (9.25)$$

em que $\hat{I}_m$ é o valor de pico das correntes de magnetização, e a origem do tempo é escolhida para ser o pico positivo de $i_{ma}(t)$.

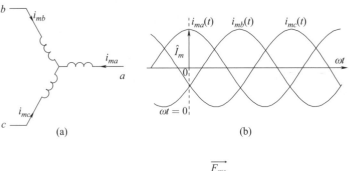

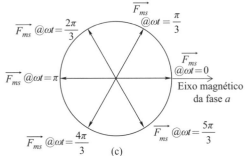

FIGURA 9.14 (a) Enrolamentos; (b) correntes de magnetização; (c) vetor espacial girante da fmm.

9.5.1 Vetor Espacial Girante da FMM do Estator

Substituindo na Equação 9.17 as expressões na Equação 9.25 para as correntes de magnetização variando senoidalmente com o tempo, o vetor espacial da corrente de magnetização do estator é

$$\vec{i}_{ms}(t) = \hat{I}_m[\cos \omega t \angle 0° + \cos(\omega t - 2\pi/3) \angle 120° + \cos(\omega t - 4\pi/3) \angle 240°] \quad (9.26)$$

A expressão dentro dos colchetes na Equação 9.26 simplifica a $\frac{3}{2} \angle \omega t$ (veja o Exercício 9.8), e a Equação 9.26 se converte em

$$\vec{i}_{ms}(t) = \underbrace{\frac{3}{2}\hat{I}_m}_{\hat{I}_{ms}} \angle \omega t = \hat{I}_{ms} \angle \omega t \quad \text{em que} \quad \hat{I}_{ms} = \frac{3}{2}\hat{I}_m \quad (9.27)$$

Da Equação 9.21a,

$$\vec{F}_{ms}(t) = \frac{N_s}{2}\vec{i}_{ms}(t) = \hat{F}_{ms} \angle \omega t \quad \text{em que} \quad \hat{F}_{ms} = \frac{N_s}{2}\hat{I}_{ms} = \frac{3}{2}\frac{N_s}{2}\hat{I}_m \quad (9.28)$$

De forma similar, utilizando a Equação 9.21a outra vez,

$$\vec{B}_{ms}(t) = \left(\frac{\mu_o N_s}{2\ell_g}\right)\vec{i}_{ms}(t) \quad \text{em que} \quad \hat{B}_{ms} = \left(\frac{\mu_o N_s}{2\ell_g}\right)\hat{I}_{ms} = \frac{3}{2}\left(\frac{\mu_o N_s}{2\ell_g}\right)\hat{I}_m \quad (9.29)$$

Note que o pico da densidade de fluxo $\hat{B}_{ms}$ no entreferro deve estar em seu valor nominal na Equação 9.29; então, $\hat{I}_{ms}$ e, portanto, o valor de pico da corrente de magnetização $\hat{I}_m$, em cada fase, devem também estar em seus valores nominais.

Sob condição de estado estacionário senoidal, os vetores espaciais da corrente do estator, da fmm do estator e da densidade de fluxo no entreferro têm amplitudes constantes ($\hat{I}_{ms}$, $\hat{F}_{ms}$ e $\hat{B}_{ms}$). Como mostrado por $\vec{F}_{ms}(t)$ na Figura 9.14c, todos esses vetores espaciais giram com uma velocidade constante, denominada velocidade síncrona, ω_{sin}, em direção anti-horária, que em uma máquina de 2 polos é igual à frequência ω (= $2\pi f$) das correntes e tensões aplicadas ao estator:

$$\omega_{sin} = \omega \quad (p = 2) \quad (9.30)$$

Exemplo 9.7

Com o rotor eletricamente com o circuito aberto em uma máquina CA de 2 polos, são aplicadas tensões no estator resultando nas correntes de magnetização desenhadas na Figura 9.15a. Esboce a direção das linhas de fluxo nos instantes $\omega t = 0°$, $60°$, $120°$, $180°$, $240°$ e $300°$. Mostre que um ciclo elétrico resulta na rotação da orientação do fluxo em uma revolução, em concordância com a Equação 9.30 para uma máquina de 2 polos.

Amostra Em $\omega t = 0$, $i_{ma} = \hat{I}_m$ e $i_{mb} = i_{mc} = -(1/2)\hat{I}_m$. As direções das correntes para os três enrolamentos são indicadas na Figura 9.15b, em que os círculos para a fase *a* são mostrados maiores, devido a que a corrente nestes é duas vezes maior (como máximo) em comparação com as outras duas fases. A orientação do fluxo resultante é mostrada também. Um procedimento similar é seguido em outros instantes, como mostram as Figuras 9.15c a 9.15g. Esses desenhos mostram claramente que, em uma máquina de 2 polos, a excitação elétrica em um ciclo da frequência elétrica $f(= \omega/2\pi)$ resulta na rotação da orientação do fluxo, e, por conseguinte, do vetor espacial $\vec{B}_{ms}$. Portanto, $\omega_{sin} = \omega$, como explicitado na Equação 9.30.

9.5.2 Vetor Espacial Girante da FMM do Estator em Máquinas Multipolo

Na seção prévia foi considerada uma máquina de 2 polos. Em geral, em uma máquina de *p* polos, um estado estacionário senoidal e balanceado, com correntes e tensões em uma frequência, $f(= \omega/2\pi)$ resulta em um vetor espacial da fmm que gira em determinada velocidade:

$$\omega_{sin} = \frac{\omega}{p/2} \qquad \left(\frac{p}{2} = \text{pares de polos}\right) \qquad (9.31)$$

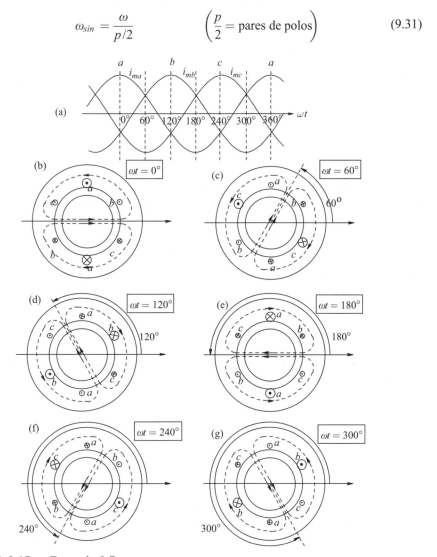

FIGURA 9.15 Exemplo 9.7.

Isso pode ser ilustrado considerando uma máquina de p polos e repetindo o procedimento delineado no Exemplo 9.7 para uma máquina de 2 polos (deixa-se isso como tarefa no Exercício 9.11).

Nos vetores espaciais para máquinas multipolo, os três eixos magnéticos podem ser desenhados como em uma máquina de 2 polos (similar aos diagramas dos vetores espaciais da Figura 9.9b ou da Figura 9.13b, por exemplo), salvo que, agora, os eixos estão separados de 120 graus (elétricos), em que os ângulos elétricos são definidos pela Equação 9.10. Portanto, um ciclo completo da excitação elétrica causa o giro do vetor espacial em 360 graus (elétricos), com a velocidade síncrona dada pela Equação 9.31; isto é, no diagrama do vetor espacial, o vetor espacial retorna à posição na qual iniciou. Isto corresponde à rotação para um ângulo de $360/(p/2)$ graus mecânicos; isso é exatamente o que acontece dentro da máquina. Contudo, em geral (situações especiais serão identificadas), como nenhum entendimento adicional se ganha por essa representação multipolo, é melhor analisar uma máquina multipolo como se fosse uma máquina de 2 polos.

9.5.3 Relação entre Vetores Espaciais e Fasores em Estado Estacionário Senoidal, Trifásico e Balanceado ($\vec{v}_s|_{t=0} \Leftrightarrow \bar{V}_a$ e $\vec{i}_{ms}|_{t=0} \Leftrightarrow \bar{I}_{ma}$)

Na Figura 9.14b, note que, em $\omega t = 0$, a corrente de magnetização i_{ma} na fase a está em seu pico positivo. Correspondendo a este tempo $\omega t = 0$, os vetores espaciais $\vec{i}_{ms}$, $\vec{F}_{ms}$ e $\vec{B}_{ms}$ estão ao longo do eixo a na Figura 9.14c. De forma similar, em $\omega t = 2\pi/3$ rad ou $120°$, i_{mb} na fase b alcança seu pico positivo. Consequentemente, os vetores espaciais $\vec{i}_{ms}$, $\vec{F}_{ms}$ e $\vec{B}_{ms}$ estão ao longo do eixo b adiantados do eixo a. Portanto, podemos concluir que, sob um estado estacionário senoidal trifásico e balanceado, quando a tensão de fase (ou corrente de fase) está em seu pico positivo, o vetor espacial da tensão composta do estator está orientada ao longo do eixo daquela fase. Isto pode também ser enunciado como se segue: quando um vetor espacial da tensão (ou corrente) composta do estator está orientado ao longo do eixo magnético de alguma fase, naquele tempo, aquela tensão de fase (ou corrente) está em seu valor de pico positivo.

Fazendo uso da informação do parágrafo anterior, sob um estado estacionário senoidal trifásico e balanceado, escolhemos arbitrariamente algum tempo como a origem $t = 0$ na Figura 9.16a tal que a corrente i_{ma} alcance seu valor positivo em tempo posterior a $\omega t = \alpha$. A corrente da fase a pode ser expressa como

$$i_{ma}(t) = \hat{I}_m \cos(\omega t - \alpha) \tag{9.32}$$

que é representada por um fasor a seguir e mostrada no diagrama fasorial da Figura 9.16b:

$$\bar{I}_{ma} = \hat{I}_m \angle -\alpha \tag{9.33a}$$

A corrente da fase a $i_{ma}(t)$ alcança seu pico positivo em $\omega t = \alpha$. Portanto, no tempo $t = 0$, o vetor espacial $\vec{i}_{ms}$ será, como mostra a Figura 9.16c, atrasado do eixo magnético da fase a de um ângulo α, de tal modo que estará ao longo do eixo a em um tempo posterior $\omega t = \alpha$ quando i_{ma} alcançar seu pico positivo. Portanto, no tempo $t = 0$,

$$\vec{i}_{ms}|_{t=0} = \hat{I}_{ms} \angle -\alpha \quad \text{em que} \quad \hat{I}_{ms} = \frac{3}{2}\hat{I}_m \tag{9.33b}$$

Combinando as Equações 9.33a e 9.33b,

$$\vec{i}_{ms}|_{t=0} = \frac{3}{2}\bar{I}_{ma} \tag{9.34}$$

em que o lado esquerdo representa matematicamente o vetor espacial composto da corrente no tempo $t = 0$, e o lado direito $\bar{I}_{ma}$ é a representação do fasor da corrente da fase a. Em estado estacionário senoidal, a Equação 9.34 ilustra uma importante relação entre vetores espaciais e fasores que usaremos frequentemente:

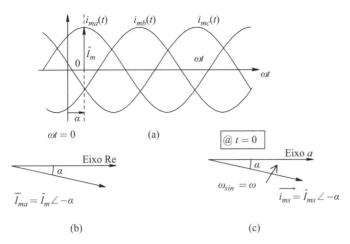

FIGURA 9.16 Relação entre vetores espaciais e fasores em estado estacionário senoidal e balanceado.

1. A orientação do fasor da tensão (ou corrente) da fase *a* é a mesma da orientação do vetor espacial composto da tensão (ou corrente) do estator no tempo $t = 0$.
2. A amplitude do vetor espacial composto da tensão (ou corrente) do estator é maior que a amplitude do fasor por um fator de 3/2.

Note que conhecer os fasores para a fase *a* é suficiente, como as outras quantidades de fases estão deslocadas 120 graus, uma em relação a outra, e têm iguais magnitudes. Este conceito será utilizado na seção seguinte.

9.5.4 Tensões Induzidas nos Enrolamentos do Estator

Na seguinte discussão, ignoramos a resistência e indutância de dispersão dos enrolamentos do estator, mostrados na conexão em estrela na Figura 9.17a. Desconsiderando todas as perdas, sob a condição de que não há nenhum circuito elétrico ou excitação no rotor, os enrolamentos do estator são puramente indutivos. Portanto, em cada fase, a tensão de fase e a corrente de magnetização estão relacionadas como

$$e_{ma} = L_m \frac{di_{ma}}{dt}, \quad e_{mb} = L_m \frac{di_{mb}}{dt} \quad \text{e} \quad e_{mc} = L_m \frac{di_{mc}}{dt} \quad (9.35)$$

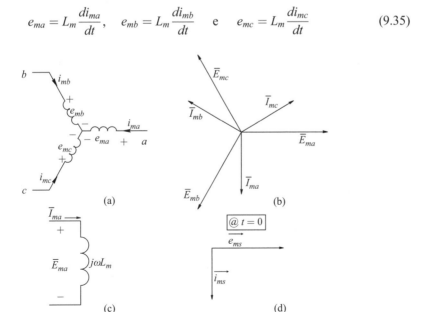

FIGURA 9.17 Corrente no enrolamento e fem induzida. (a) Enrolamentos individuais; (b) fasores; (c) circuito equivalente por fase; (d) vetores espaciais.

em que L_m é a indutância de magnetização do estator trifásico, que em termos dos parâmetros da máquina pode ser calculada como (veja os Exercícios 9.13 e 9.14)

$$L_m = \frac{3}{2}\left[\frac{\pi\mu_o r\ell}{\ell_g}\left(\frac{N_s}{2}\right)^2\right] \quad (9.36)$$

em que, r é o raio, ℓ é o comprimento do rotor, e ℓ_g é o comprimento do entreferro. A combinação das quantidades dentro dos colchetes é a autoindutância monofásica $L_{m,1-fase}$ de cada enrolamento por fase do estator em uma máquina de 2 polos:

$$L_{m,1-fase} = \frac{\pi\mu_o r\ell}{\ell_g}\left(\frac{N_s}{2}\right)^2 \quad (9.37)$$

Devido ao acoplamento mútuo entre as três fases, L_m dado na Equação 9.36 é maior que $L_{m,1-fase}$ por um fator multiplicativo 3/2:

$$L_m = \frac{3}{2}L_{m,1-fase} \quad (9.38)$$

Sob um estado estacionário senoidal e balanceado, supondo que i_{ma} alcança seu valor de pico em $\omega t = 90°$ pode-se desenhar o diagrama fasorial trifásico mostrado na Figura 9.17b, em que

$$\overline{E}_{ma} = (j\omega L_m)\overline{I}_{ma} \quad (9.39)$$

O diagrama do circuito no domínio fasorial para a fase a é mostrado na Figura 9.17c, e o diagrama do vetor espacial composto correspondente para $\vec{e}_{ms}$ e $\vec{i}_{ms}$ em $t = 0$ é mostrado na Figura 9.17d. Em geral, em qualquer tempo t,

$$\vec{e}_{ms}(t) = (j\omega L_m)\vec{i}_{ms}(t) \quad \text{em que} \quad \hat{E}_{ms} = (\omega L_m)\hat{I}_{ms} = \frac{3}{2}(\omega L_m)\hat{I}_m \quad (9.40)$$

Na Equação 9.40, substituindo $\vec{i}_{ms}(t)$ em termos de $\vec{B}_{ms}(t)$ da Equação 9.21a e substituindo por L_m da Equação 9.36,

$$\vec{e}_{ms}(t) = j\omega\left(\frac{3}{2}\pi r\ell\frac{N_s}{2}\right)\vec{B}_{ms}(t) \quad (9.41)$$

A Equação 9.41 mostra uma importante relação: as tensões induzidas nos enrolamentos do estator podem ser interpretadas como forças contraeletromotrizes induzidas pela distribuição da densidade de fluxo girante. Essa distribuição da densidade de fluxo, representada por $\vec{B}_{ms}(t)$, está girando a uma velocidade $\omega_{sín}$ (que é igual a ω em uma máquina de 2 polos) e está "cortando" os condutores estacionários dos enrolamentos das fases do estator. Uma expressão similar pode ser obtida para uma máquina multipolo com $p > 2$ (veja o Exercício 9.17).

Exemplo 9.8

Em uma máquina de 2 polos em estado estacionário senoidal e balanceado, as tensões aplicadas são 208 V (L-L, rms) na frequência de 60 Hz. Suponha que a tensão da fase a é o fasor de referência. A indutância de magnetização é $L_m = 55$ mH. Não considere as resistências e as indutâncias de dispersão dos enrolamentos do estator e suponha que o rotor está eletricamente com o circuito aberto. (a) Calcule e desenhe os fasores de $\overline{E}_{ma}$ e $\overline{I}_{ma}$. (b) Calcule e desenhe os vetores espaciais de $\vec{e}_{ms}$ e $\vec{i}_{ms}$ em $\omega t = 0°$ e $\omega t = 60°$. (c) Se o pico da densidade de fluxo no entreferro é 1,1 T, desenhe o vetor espacial de $\vec{B}_{ms}$ nos dois tempos t da parte (b).

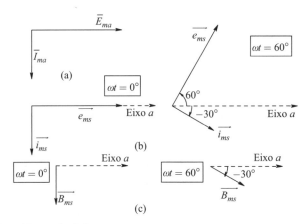

FIGURA 9.18 Exemplo 9.8.

Amostra

(a) Com a tensão da fase *a* como fasor de referência,

$$\overline{E}_{ma} = \frac{208\sqrt{2}}{\sqrt{3}} \angle 0° = 169{,}83 \angle 0° \text{ V} \quad \text{e}$$

$$\overline{I}_{ma} = \frac{\overline{E}_{ma}}{j\omega L_m} \angle 0° = \frac{169{,}83}{2\pi \times 60 \times 55 \times 10^{-3}} \angle -90° = 8{,}19 \angle -90° \text{ A}$$

Esse dois fasores são desenhados na Figura 9.18a.

(b) Em $\omega t = 0°$, da Equação 9.34, como mostrado na Figura 9.18b,

$$\vec{e}_{ms}\big|_{\omega t=0} = \frac{3}{2}\overline{E}_{ma} = \frac{3}{2} 169{,}83 \angle 0° = 254{,}74 \angle 0° \text{ V} \quad \text{e}$$

$$\vec{i}_{ms}\big|_{\omega t=0} = \frac{3}{2}\overline{I}_{ma} = \frac{3}{2} 8{,}19 \angle -90° = 12{,}28 \angle -90° \text{ A}$$

Em $\omega t = 60°$, ambos os vetores espaciais giraram de um ângulo de 60 graus em sentido anti-horário, como mostrado na Figura 9.18b. Portanto,

$$\vec{e}_{ms}\big|_{\omega t=60°} = \vec{e}_{ms}\big|_{\omega t=0}(1 \angle 60°) = 254{,}74 \angle 60° \text{ V} \quad \text{e}$$

$$\vec{i}_{ms}\big|_{\omega t=60°} = \vec{i}_{ms}\big|_{\omega t=0}(1 \angle 60°) = 12{,}28 \angle -30° \text{ A}$$

(c) Neste exemplo, em qualquer tempo, o vetor espacial da densidade de campo $\vec{B}_{ms}$ está orientado na mesma direção do vetor espacial $\vec{i}_{ms}$. Portanto, como desenhado na Figura 9.18c,

$$\vec{B}_{ms}\big|_{\omega t=0°} = 1{,}1 \angle -90° \text{ T} \quad \text{e} \quad \vec{B}_{ms}\big|_{\omega t=60°} = 1{,}1 \angle -30° \text{ T}$$

RESUMO/QUESTÕES DE REVISÃO

1. Desenhe os eixos das três fases em uma vista em corte transversal de um motor. Também, desenhe os três fasores $\overline{V}_a$, $\overline{V}_b$ e $\overline{V}_c$ em estado estacionário senoidal e balanceado. Por que o eixo da fase *b* se adianta do eixo da fase *a* de 120 graus, mas $\overline{V}_b$ se atrasa a $\overline{V}_a$ de 120 graus?
2. Idealmente, como devem ser as distribuições de campo (*F*, *H* e *B*) produzidas por cada um dos três enrolamentos do estator? Qual é a direção desse campo no entreferro? Qual direção é considerada positiva e qual direção é considerada negativa?
3. Como deve ser a distribuição de densidade de condutores do enrolamento a fim de alcançar uma distribuição de campo desejada no entreferro? Expresse a distribuição de densidade de condutores $n_s(\theta)$ para a fase *a*.

4. Como pode ser aproximado, um enrolamento de uma fase, por uma distribuição senoidal de densidade de condutores, em uma máquina prática com apenas algumas ranhuras disponíveis em cada fase?
5. Como estão relacionadas entre si as três distribuições de campo (F, H e B), supondo que não há saturação magnética no ferro do estator e rotor?
6. Qual é o significado do eixo magnético de qualquer enrolamento de fase?
7. Matematicamente expresse as distribuições de campo no entreferro devido a i_a em função de θ. Repita para i_b e i_c.
8. O que indicam os fasores $\overline{V}$ e $\overline{I}$? Qual é o significado, no tempo t, dos vetores espaciais $\vec{B}_a(t)$ e $\vec{B}_s(t)$ e, supondo que o rotor está eletricamente em circuito aberto?
9. Qual é a restrição na soma das correntes do estator?
10. Qual é a interpretação física das várias indutâncias dos enrolamentos do estator?
11. Por que a indutância por fase L_m é maior que a indutância de uma fase única $L_{m,1-fase}$ por um fator multiplicativo de 3/2?
12. Quais são as características, em determinado tempo, dos vetores espaciais que representam as distribuições de campo $F_s(\theta)$, $H_s(\theta)$ e $B_s(\theta)$? Que notações são utilizadas para esses vetores espaciais? Que eixo é utilizado como referência para expressá-los matematicamente neste capítulo?
13. Por que uma corrente CC no enrolamento da fase a produz no entreferro uma distribuição de densidade de fluxo senoidal?
14. Como são as tensões e correntes compostas nos terminais das fases para representação por vetores espaciais?
15. Qual é a interpretação física do vetor espacial da corrente do estator $\vec{i}_s(t)$?
16. Sem excitação ou correntes no rotor, são todos os vetores espaciais associados ao estator $\vec{i}_{ms}(t)$, $\vec{F}_{ms}(t)$ e $\vec{B}_{ms}(t)$ colineares (orientados na mesma direção)?
17. Em uma máquina CA, um vetor espacial do estator $\vec{v}_s(t)$ ou $\vec{i}_s(t)$ consiste em um único conjunto de componentes de fase. Qual é a condição na qual esses componentes estão baseados?
18. Expresse as componentes da tensão de fase em termos do vetor espacial da tensão do estator.
19. Sob a condição senoidal, balanceada e trifásica sem correntes no rotor e sem considerar as resistências R_s e a indutância de dispersão $L_{\ell s}$ do enrolamento do estator para simplificar, responda as seguintes questões: (a) Qual é a velocidade com a qual todos os vetores espaciais giram? (b) Como está relacionado o pico da densidade de fluxo às correntes de magnetização? Essas relações dependem da frequência f de excitação? Se o pico da densidade de fluxo está em seu valor nominal, então o que se pode dizer com relação aos valores de pico das correntes de magnetização? (c) Como as magnitudes das tensões aplicadas dependem da frequência de excitação, com a finalidade de manter a densidade de fluxo constante (em seu valor nominal, por exemplo)?
20. Qual é a relação entre vetores espaciais e fasores sob condições de operação balanceada e senoidal?

REFERÊNCIAS

1. A.E. Fitzgerald, Charles Kingsley, and Umans, *Electric Machinery*, 5th ed. (New York: McGraw Hill, 1990).
2. G. R. Slemon, *Electric Machines and Drives* (Addison-Wesley, Inc., 1992).
3. P. K. Kovacs, *Transient Phenomena in Electrical Machines* (Elsevier, 1984).

EXERCÍCIOS

9.1 Em uma máquina trifásica de 2 polos, suponha que o neutro dos enrolamentos do estator conectados em estrela é acessível. O rotor está eletricamente em circuito aberto.

À fase a é aplicada uma corrente $i_a(t) = 10$ sen ωt. Calcule $\vec{B}_a$ nos seguintes instantes de ωt: 0, 90, 135 e 210 graus. Também, desenhe a distribuição $B_a(\theta)$ nesses instantes.

9.2 Na distribuição senoidal da densidade de condutores mostrada na Figura 9.3, faça uso da simetria em θ e em $\pi - \theta$ para calcular a distribuição de campo $H_a(\theta)$ no entreferro.

9.3 Nas máquinas CA, por que o enrolamento do estator da fase b está localizado 120° adiantado da fase a (como mostra a Figura 9.1), enquanto os fasores da fase b (como $\overline{V}_b$) ficam atrasados dos fasores correspondentes da fase a?

9.4 No Exemplo 9.2, deduza a expressão para $n_s(\theta_e)$ para uma máquina de 4 polos. Generalize para uma máquina multipolo.

9.5 No Exemplo 9.2, deduza a expressão para $H_a(\theta_e)$, $B_a(\theta_e)$ e $F_a(\theta_e)$.

9.6 Na máquina trifásica de dois polos com $N_s = 100$, calcule $\vec{i}_s$ e $\vec{F}_s$ no tempo t, se nesse tempo as correntes são: (a) $i_a = 10$ A, $i_b = -5$ A e $i_c = -5$ A; (b) $i_a = -5$ A, $i_b = 10$ A e $i_c = -5$ A; (c) $i_a = -5$ A, $i_b = -5$ A e $i_c = 10$ A.

9.7 Em um estator conectado em estrela, em um tempo t, $\vec{v}_s = 150 \angle -30°$ V. Calcule v_a, v_b e v_c nesse tempo.

9.8 Mostre que a expressão entre colchetes da Equação 9.26 simplifica a $\frac{3}{2} \angle \omega t$.

9.9 Em uma máquina CA trifásica de 2 polos, $\ell_g = 1{,}5$ mm e $N_s = 100$. Durante o estado estacionário a 60 Hz, balanceado, senoidal e com o rotor eletricamente em circuito aberto, o pico da corrente de magnetização em cada fase é 10 A. Suponha que em $t = 0$ a corrente na fase a está em seu pico positivo. Calcule o vetor espacial em função do tempo da distribuição da densidade de fluxo. Qual é a velocidade de rotação?

9.10 No Exercício 9.9, qual poderia ser a velocidade de rotação se a máquina tivesse 6 polos?

9.11 Por meio dos desenhos similares ao do Exemplo 9.7, em uma máquina de 4 polos mostre a rotação das linhas de fluxo, e, por conseguinte, a velocidade.

9.12 Em uma máquina CA trifásica, $\overline{V}_a = 120\sqrt{2} \angle 0°$ V e $\overline{I}_{ma} = 5\sqrt{2} \angle -90°$ A. Calcule e desenhe os vetores espaciais $\vec{e}_{ms}$ e $\vec{i}_{ms}$ em $t = 0$. Suponha uma operação em estado estacionário a 60 Hz, trifásico, balanceado e senoidal. Não considere a resistência e a indutância dos enrolamentos das fases do estator.

9.13 Mostre que, em uma máquina de 2 polos, $L_{m,1\text{-}fase} = \frac{\pi\mu_o r \ell}{\ell_g}\left(\frac{N_g}{2}\right)^2$.

9.14 Mostre que $L_m = \frac{3}{2} L_{m,1\text{-}fase}$.

9.15 Em uma máquina CA trifásica, $\overline{V}_a = 120\sqrt{2} \angle 0°$ V. A indutância de magnetização $L_m = 75$ mH. Calcule e desenhe os três fasores da corrente de magnetização. Suponha uma operação em estado estacionário a 60 Hz, trifásico, balanceado e senoidal.

9.16 Em uma máquina CA trifásica de 2 polos, $\ell_g = 1{,}5$ mm, $\ell = 24$ cm, $r = 6$ cm e $N_s = 100$. Sob o estado estacionário a 60 Hz, balanceado e senoidal, o pico da corrente de magnetização em cada fase é 10 A. Suponha que em $t = 0$ a corrente na fase a está em seu pico positivo. Calcule as expressões para as fcems induzidas nas três fases do estator.

9.17 Recalcule a Equação 9.41 para uma máquina multipolo com $p > 2$.

9.18 Calcule L_m em uma máquina de p polos ($p \geq 2$).

9.19 Combine os resultados dos Exercícios 9.17 e 9.18 para mostrar que, para $p \geq 2$, $\vec{e}_{ms}(t) = j\omega L_m \vec{i}_{ms}(t)$.

9.20 Na Figura 9.13 do Exemplo 9.7, desenhe as distribuições de densidade de fluxo produzidas por cada uma das fases nas partes (b) a (g).

9.21 Em algum instante de tempo, $\vec{B}_s(t) = 1{,}1 \angle 30°$ T. Calcule e desenhe a distribuição da densidade de fluxo produzida por cada uma das fases em função de θ.

9.22 Na Equação 9.41, a expressão para $\vec{e}_{ms}(t)$ é obtida utilizando a expressão da indutância na Equação 9.36. Em vez disso, siga este procedimento, calculando as tensões induzidas em cada uma das fases do estator devido à rotação de $\vec{B}_{ms}$ para confirmar a expressão de $\vec{e}_{ms}(t)$ na Equação 9.41.

10

ACIONAMENTOS CA SENOIDAIS DE ÍMÃ PERMANENTE, ACIONAMENTOS DO MOTOR SÍNCRONO LCI E GERADORES SÍNCRONOS

10.1 INTRODUÇÃO

Tendo sido introduzidas as máquinas CA e sua análise utilizando a teoria dos vetores espaciais, estudar-se-á, a seguir, uma importante classe de acionamentos CA, denominada acionamentos de ímã permanente CA[1] (PMAC) e forma de onda senoidal. Os motores nesses acionamentos têm três fases, os enrolamentos CA do estator são distribuídos, e o rotor tem excitação CC na forma de ímã permanente. Essas máquinas serão examinadas para aplicações em servomecanismos, usualmente em pequenas potências nominais (<10 kW). Nesses acionamentos, os enrolamentos do estator da máquina são fornecidos com correntes controladas que requerem um funcionamento em malha fechada, como apresentado no diagrama de blocos da Figura 10.1.

Os acionamentos estão também relacionados aos acionamentos de motores comutados eletronicamente (MCE) do Capítulo 7. A diferença é que, nesse caso, a natureza da distribuição senoidal dos enrolamentos do estator é fornecida por correntes com forma de onda senoidal. Também, os ímãs permanentes no rotor estão montados para induzir (nos enrolamentos do estator) fcems (força contraeletromotriz) que estão idealmente variando senoidalmente com o tempo. Ao contrário dos acionamentos MCE, os acionamentos PMAC

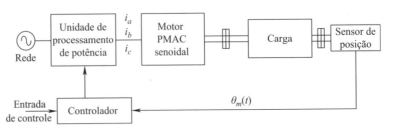

FIGURA 10.1 Diagrama de blocos do funcionamento em malha fechada de um acionamento PMAC.

---
[1] A sigla PMAC corresponde às palavras inglesa *permanent magnet AC*, e a tradução empregada em português é ímã permanente CA. (N.T.)

são capazes de produzir um torque suave e, por isso, são utilizados em aplicações de alto desempenho. Eles não possuem problemas de manutenção associados com as máquinas CC do tipo com escovas, e são também utilizados onde há necessidade de alta densidade de potência e alta eficiência.

Os acionamentos PMAC, utilizados em baixas potências nominais, são em princípio similares aos acionamentos do motor síncrono utilizados em altas potências nominais (acima de 1 megawatt), em aplicações, como, por exemplo, no controle de velocidade de ventiladores de sucção de ar e de bombas de fornecimento de água para caldeiras em usinas de potência de concessionárias elétricas. Tais tipos de acionamentos de motores síncronos serão descritos na Seção 10.5.

A discussão de acionamentos PMAC também se destina à análise de máquinas síncronas conectadas à rede, que são utilizadas em altas potências nas usinas de energia de concessionárias que geram eletricidade. Vamos analisar brevemente esses geradores síncronos na Seção 10.6.

10.2 A ESTRUTURA BÁSICA DAS MÁQUINAS DE ÍMÃ PERMANENTE CA

Consideremos primeiramente a máquina de 2 polos, como a mostrada esquematicamente na Figura 10.2a, e em seguida vamos estudar as máquinas generalizadas de p polos em que $p > 2$. O estator contém três fases, enrolamentos distribuídos senoidalmente, conectados em estrela (discutidos no Capítulo 9), que são mostrados em corte na Figura 10.2a. Esses enrolamentos distribuídos senoidalmente produzem uma fmm também distribuída senoidalmente no entreferro.

10.3 PRINCÍPIO DE OPERAÇÃO

10.3.1 Distribuição de Densidade de Fluxo Produzido pelo Rotor

As peças polares de ímã permanente montadas na superfície do rotor são moldadas para idealmente produzir uma densidade de fluxo distribuída senoidalmente no entreferro. Sem alterar a construção, a Figura 10.2a mostra esquematicamente um rotor de 2 polos. As linhas de fluxo deixam o rotor no polo norte para reentrar no entreferro no polo sul. A distribuição de densidade de fluxo no entreferro produzido no rotor (devido às linhas de fluxo que cruzam completamente os dois entreferros) tem seu pico positivo $\hat{B}_r$ dirigido ao longo do eixo do polo norte. Como essa densidade de fluxo é distribuída senoidalmente, isto pode ser representado, como mostra a Figura 10.2b, por um vetor espacial, de comprimento $\hat{B}_r$, e sua

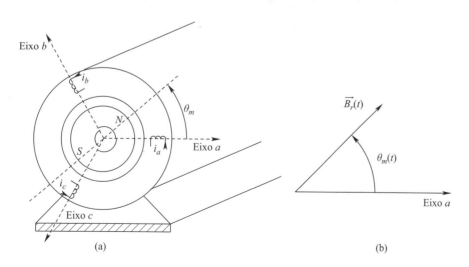

FIGURA 10.2 Máquina de PMAC de dois polos.

orientação pode ser determinada pela posição do pico positivo da distribuição de densidade de fluxo. Quando o rotor gira, toda a distribuição de densidade de fluxo produzida pelo rotor no entreferro gira com ele. Portanto, utilizando o eixo da fase *a* do estator estacionário como referência, pode-se representar no tempo *t* o vetor espacial da densidade de fluxo produzido pelo rotor como

$$\vec{B}_r(t) = \hat{B}_r \angle \theta_m(t) \tag{10.1}$$

em que o eixo da distribuição de densidade de fluxo está no ângulo $\theta_m(t)$ com relação ao eixo *a*. Na Equação 10.1, os ímãs permanentes produzem uma densidade de campo $\hat{B}_r$ constante, mas $\theta_m(t)$ é função do tempo, conforme o rotor gira.

10.3.2 Produção de Torque

Agora podemos calcular o torque eletromagnético produzido pelo rotor. De qualquer forma, o rotor consiste em ímãs permanentes e não há nenhuma forma direta de calcular esse torque. Portanto, primeiro será calculado o torque exercido no estator; esse torque é transferido para a base do motor. O torque exercido no rotor é igual, em magnitude, ao torque do estator, mas atua em direção oposta.

Uma importante característica das máquinas sob consideração é que são alimentadas pela unidade de processamento de potência mostrada na Figura 10.1, que controla as correntes $i_a(t)$, $i_b(t)$ e $i_c(t)$ fornecidas ao estator em qualquer instante de tempo. Em qualquer tempo *t*, as três correntes do estator combinam-se para produzir um vetor espacial $\vec{i}_s(t)$ que é controlado para estar adiantado do vetor espacial $\vec{B}_r(t)$ em um ângulo de 90° na direção de rotação, como mostra a Figura 10.3a. Isso produz um torque no rotor em direção anti-horária. A razão para manter um ângulo de 90° será explanada brevemente. Com o eixo da fase *a* como eixo de referência, o vetor espacial da corrente do estator pode ser expresso como

$$\vec{i}_s(t) = \hat{I}_s(t) \angle \theta_{i_s}(t) \quad \text{em que} \quad \theta_{i_s}(t) = \theta_m(t) + 90° \tag{10.2}$$

Durante a operação em estado estacionário, $\hat{I}_s$ é mantida constante, enquanto $\theta_m(=\omega_m t)$ varia linearmente com o tempo.

Vimos a interpretação física do vetor espacial da corrente $\vec{i}_s(t)$ no Capítulo 9. Na Figura 10.3a no tempo *t*, as três correntes de fase do estator se combinam para produzir a distribuição da fmm no entreferro.

A distribuição da fmm é a mesma que a produzida na Figura 10.3b por um simples enrolamento equivalente do estator que tem N_s espiras distribuídas senoidalmente, fornecida por uma corrente $\hat{I}_s$, e que tem seu eixo magnético localizado ao longo do vetor $\vec{i}_s(t)$. Conforme

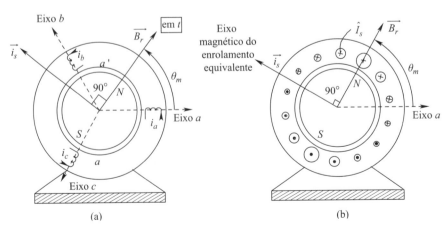

FIGURA 10.3 Corrente do estator e vetores espaciais do campo do rotor em acionamentos PMAC.

se observa na Figura 10.3b, o vetor espacial da corrente do estator é controlado para estar 90° adiantado de $\vec{B}_r(t)$, e todos os condutores do enrolamento equivalente do estator experimentam uma força atuando na mesma direção, que nesse caso é em sentido horário no estator (e então produz um torque anti-horário no rotor). Isto justifica a escolha de 90°, uma vez que resulta no torque máximo por ampère da corrente do estator, porque em qualquer outro ângulo alguns condutores experimentariam uma força na direção oposta aos outros condutores, uma condição que resultará em um torque líquido menor.

Como $\vec{B}_r(t)$ gira com o rotor, o vetor espacial $\vec{i}_s(t)$ gira também na mesma velocidade, mantendo-se "adiantado" de 90°. Deste modo, o torque desenvolvido na máquina da Figura 10.3 depende somente de $\hat{B}_r$ e $\hat{I}_s$ e é independente de θ_m. Portanto, para simplificar o cálculo desse torque em termos dos parâmetros da máquina, é redesenhada a Figura 10.3b como na Figura 10.4, supondo-se que $\theta_m = 0°$.

Utilizando a expressão para a força ($f_{em} = B\ell i$), é calculado, como a seguir, o torque horário atuando no estator: no enrolamento equivalente do estator mostrado na Figura 10.4, em um ângulo ξ, o diferencial de ângulo $d\xi$ contém $n_s(\xi) \cdot d\xi$ condutores. Utilizando a Equação 9.5 e notando que o ângulo ξ é medido a partir do pico da densidade de condutores, resulta em $n_s(\xi) = (N_s/2) \cdot \cos \xi$. Portanto,

$$\text{O número de condutores no ângulo diferencial } d\xi = \frac{N_s}{2} \cos \xi \cdot d\xi \qquad (10.3)$$

A densidade de fluxo produzido no rotor para o ângulo ξ é $\hat{B}_r \cos \xi$. Portanto, o torque $dT_{em}(\xi)$ produzido por esses condutores (devido à corrente $\hat{I}_s$ fluindo através desses condutores) localizado no ângulo ξ, no raio r e no comprimento ℓ é

$$dT_{em}(\xi) = r \cdot \underbrace{\hat{B}_r \cos \xi}_{\text{densidade de fluxo em } \xi} \cdot \underbrace{\ell}_{\text{comprimento cond.}} \cdot \hat{I}_s \cdot \underbrace{\frac{N_s}{2} \cos \xi \cdot d\xi}_{n^\circ \text{ de cond em } d\xi} \qquad (10.4)$$

Para calcular o torque produzido por todos os condutores do estator, integra-se a expressão acima, de $\xi = -\pi/2$ a $\xi = \pi/2$ e depois multiplica-se por um fator de 2, fazendo uso da simetria:

$$T_{em} = 2 \times \int_{\xi=-\pi/2}^{\xi=\pi/2} dT_{em}(\xi) = 2\frac{N_s}{2} r\ell \hat{B}_r \hat{I}_s \int_{-\pi/2}^{\pi/2} \cos^2 \xi \cdot d\xi = \left(\pi \frac{N_s}{2} r\ell \hat{B}_r\right) \hat{I}_s \qquad (10.5)$$

Na equação anterior, todas as quantidades dentro dos colchetes, incluindo $\hat{B}_r$ em uma máquina com ímãs permanentes, dependem dos parâmetros de projeto da máquina e são constantes. Conforme foi notado anteriormente, o torque eletromagnético produzido pelo rotor é igual à Equação 10.5 em direção oposta (anti-horário neste caso). Esse torque em uma máquina de 2 polos pode ser expresso como

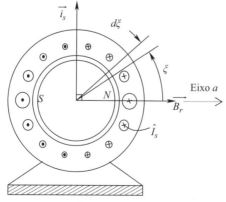

FIGURA 10.4 Cálculo do torque no estator.

$$T_{em} = k_T \hat{I}_s \quad \text{em que} \quad k_T = \pi \frac{N_s}{2} r \ell \hat{B}_r \, (p=2) \quad (10.6)$$

Na equação anterior, k_T é a *constante de torque da máquina*, que tem as unidades de Nm/A. A Equação 10.6 mostra que, controlando as correntes de fase do estator de modo que o correspondente vetor espacial da corrente esteja adiantado de 90° (na direção desejada) do vetor espacial da densidade de fluxo produzido no rotor, o torque desenvolvido é unicamente proporcional a $\hat{I}_s$. Essa expressão do torque é similar à do acionamento do motor CC do tipo com escovas do Capítulo 7.

As semelhanças entre os acionamentos do motor CC do tipo com escovas e os acionamentos do motor PMAC são mostradas na Figura 10.5.

Nos motores CC do tipo com escovas, o fluxo ϕ_f produzido pelo estator e o fluxo da armadura ϕ_a produzido pelo enrolamento da armadura se mantêm orientados ortogonalmente (em 90°), um em relação ao outro, como mostrado na Figura 10.5a. O fluxo do estator ϕ_f é estacionário, e ϕ_a também é (devido à ação do comutador), embora o rotor esteja girando. O torque produzido é controlado pela corrente de armadura $i_a(t)$. Nos acionamentos de motores PMAC, a densidade de fluxo produzido no estator $\vec{B}_{s,\vec{i}_s}(t)$ devido a $\vec{i}_s(t)$ é controlada para estar orientada ortogonalmente (em 90° na direção de rotação) à densidade de fluxo do rotor $\vec{B}_r(t)$, como mostrado na Figura 10.5b. Ambos os vetores espaciais giram na velocidade de ω_m do rotor, mantendo o ângulo de 90° entre eles. O torque é controlado pela magnitude $\hat{I}_s(t)$ do vetor espacial da corrente do estator.

Neste ponto, deve-se notar que os acionamentos PMAC constituem uma classe denominada acionamentos de motores *autossíncronos*, em que a velocidade da distribuição da fmm produzida no estator é sincronizada para ser igual à velocidade mecânica do rotor. Esse atributo caracteriza uma máquina como máquina síncrona. O termo *auto* é adicionado para distinguir essas máquinas das máquinas síncronas convencionais descritas na Seção 10.6. Nos acionamentos PMAC, esse sincronismo é estabelecido pela malha fechada de realimentação na qual a posição instantânea (medida) do rotor indica a unidade de processamento de potência para localizar a distribuição de fmm do estator como estando 90 graus adiantada da distribuição do campo do rotor. Portanto, não há possibilidade de se perder o sincronismo entre os dois, como no caso das máquinas síncronas convencionais da Seção 10.6.

10.3.2.1 Modo Gerador

Os acionamentos PMAC podem ser operados como geradores. De fato, esses acionamentos são usados nesse modo em turbinas eólicas. Nesse caso, o vetor espacial da corrente do estator $\vec{i}_s$ é controlado para estar 90° atrasado do vetor densidade de fluxo do rotor, na direção de rotação, conforme a Figura 10.3. Portanto, o torque eletromagnético resultante T_{em}, como calculado pela Equação 10.5, atua na direção oposta à direção de rotação.

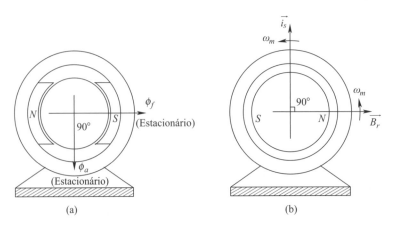

FIGURA 10.5 Semelhanças entre os acionamentos (a) do motor CC e (b) do motor PMAC.

10.3.3 Sistema Mecânico dos Acionamentos PMAC

O torque eletromagnético atua no sistema mecânico conectado ao rotor, como mostrado na Figura 10.6, e a velocidade resultante ω_m pode ser obtida da equação a seguir:

$$\frac{d\omega_m}{dt} = \frac{T_{em} - T_L}{J_{eq}} \qquad (10.7)$$

em que J_{eq} é a inércia composta do conjunto motor-carga e T_L é o torque da carga, no qual pode-se incluir o atrito. A posição do rotor $\theta_m(t)$ é

$$\theta_m(t) = \theta_m(0) + \int_o^t \omega_m(\tau) \cdot d\tau \, (\tau = \text{variável de integração}) \qquad (10.8)$$

em que $\theta_m(0)$ é a posição do rotor no tempo $t = 0$.

10.3.4 Cálculo dos Valores de Referência $i_a^*(t)$, $i_b^*(t)$ e $i_c^*(t)$ das Correntes do Estator

O controlador na Figura 10.1 é responsável pelo controle do torque, da velocidade e da posição do sistema mecânico. Isto é feito calculando os valores instantâneos do torque (referência) desejado que o motor deva produzir. O torque de referência pode ser gerado pelo controlador em cascata discutido no Capítulo 8. Da Equação 10.6, o valor de referência da amplitude do vetor espacial da corrente do estator pode ser calculado como

$$\hat{I}_s^*(t) = \frac{T_{em}^*(t)}{k_T} \qquad (10.9)$$

em que k_T é a constante do motor, dada pela Equação 10.6 (k_T é usualmente listada na folha de especificações do motor).

O controlador da Figura 10.1 recebe a posição instantânea do rotor θ_m, que é medida, como mostra a Figura 10.1, por meio de um sensor mecânico tal como um resolver ou um encoder ótico (com algumas restrições).

Com $\theta_m(t)$ como uma das entradas e $\hat{I}_s^*$ calculada da Equação 10.9, o valor instantâneo da referência do vetor espacial da corrente do estator torna-se

$$\vec{i}_s^*(t) = \hat{I}_s^*(t) \angle \theta_{i_s}^*(t) \quad \text{em que} \quad \theta_{i_s}^*(t) = \theta_m(t) + \frac{\pi}{2} \quad \text{(2 polos)} \qquad (10.10)$$

A Equação 10.10 supõe uma máquina de 2 polos, e a rotação desejada é na direção anti-horária. Para a rotação horária, o ângulo $\theta_{i_s}^*(t)$ na Equação 10.10 será $\theta_m(t) - \pi/2$. Em uma máquina multipolo com $p > 2$, o ângulo elétrico $\theta_{i_s}^*(t)$ será

$$\theta_{i_s}^*(t) = \frac{p}{2}\theta_m(t) \pm \frac{\pi}{2} \qquad (p \geq 2) \qquad (10.11)$$

em que $\theta_m(t)$ é o ângulo mecânico. De $\vec{i}_s^*(t)$ na Equação 10.10 (com a Equação 10.11 para $\theta_{i_s}^*(t)$ em uma máquina com $p > 2$), os valores instantâneos de referência $i_a^*(t)$, $i_b^*(t)$ e $i_c^*(t)$ das correntes de fase do estator podem ser calculados utilizando a análise feita no capítulo anterior (Equações 9.24a a 9.24c):

$$i_a^*(t) = \frac{2}{3}\text{Re}\left[\vec{i}_s^*(t)\right] = \frac{2}{3}\hat{I}_s^*(t) \cos\theta_{i_s}^*(t) \qquad (10.12a)$$

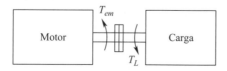

FIGURA 10.6 Sistema mecânico do conjunto motor-carga.

$$i_b^*(t) = \frac{2}{3}\text{Re}\left[\vec{i}_s^*(t) \angle -\frac{2\pi}{3}\right] = \frac{2}{3}\hat{I}_s^*(t)\cos\left(\theta_{i_s}^*(t) - \frac{2\pi}{3}\right) \quad \text{e} \quad (10.12b)$$

$$i_c^*(t) = \frac{2}{3}\text{Re}\left[\vec{i}_s^*(t) \angle -\frac{4\pi}{3}\right] = \frac{2}{3}\hat{I}_s^*(t)\cos\left(\theta_{i_s}^*(t) - \frac{4\pi}{3}\right) \quad (10.12c)$$

A Seção 10.4, que trata da unidade de processamento de potência e do controlador, descreve como as correntes de fase, com base nos valores de referência acima, são fornecidas ao motor. As Equações 10.12a a 10.12c mostram que, em estado estacionário senoidal e balanceado, as correntes têm a amplitude constante de $\hat{I}_s^*$; essas correntes variam senoidalmente com o tempo, conforme o ângulo $\theta_{i_s}^*(t)$ na Equação 10.10 ou na Equação 10.11 varia continuamente com o tempo a uma velocidade constante ω_m:

$$\theta_{i_s}^*(t) = \frac{p}{2}[\theta_m(0) + \omega_m t] \pm \frac{\pi}{2} \quad (10.13)$$

em que $\theta_m(0)$ é o ângulo inicial do rotor, medido com relação ao eixo magnético da fase a.

Exemplo 10.1

Em um motor PMAC trifásico de 2 polos, a constante de torque é $k_T = 0,5$ Nm/A. Calcule as correntes de fase se o motor produz um torque de sustentação anti-horário de 5 Nm para reter o giro do rotor, que está em um ângulo de $\theta_m = 45°$.

Solução Da Equação 10.6, $\hat{I}_s = T_{em}/k_T = 10$ A. Da Equação 10.10, $\theta_{i_s} = \theta_m + 90° = 135°$. Portanto, $\vec{i}_s(t) = \hat{I}_s \angle \theta_{i_s} = 10 \angle 135°$ A, como mostrado na Figura 10.7.
Das Equações 10.12a a 10.12c,

$$i_a = \frac{2}{3}\hat{I}_s \cos\theta_{i_s} = -4,71 \text{ A}$$

$$i_b = \frac{2}{3}\hat{I}_s \cos(\theta_{i_s} - 120°) = 6,44 \text{ A} \quad \text{e}$$

$$i_c = \frac{2}{3}\hat{I}_s \cos(\theta_{i_s} - 240°) = -1,73 \text{ A}.$$

Como o rotor não está girando, as correntes de fase neste exemplo são CC.

10.3.5 FEMs Induzidas nos Enrolamentos do Estator Durante Estado Estacionário Senoidal e Balanceado

Nos enrolamentos do estator, as fems são induzidas devido às duas distribuições de densidade de fluxo:

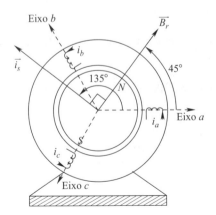

FIGURA 10.7 Vetor espacial da corrente do estator para o Exemplo 10.1.

1. Conforme o rotor gira com uma velocidade instantânea de $\omega_m(t)$, também o vetor espacial $\vec{B}_r(t)$ mostrado na Figura 10.3a. Essa distribuição de densidade de fluxo giratória "enlaça" os enrolamentos do estator para induzir neles uma fcem.
2. As correntes dos enrolamentos das fases do estator em estado estacionário senoidal e balanceado produzem uma distribuição de densidade de fluxo giratória devido ao vetor espacial $\vec{i}_s(t)$ giratório. Essa distribuição de densidade de fluxo girante induz fems nos enrolamentos do estator, similar àquelas induzidas pelas correntes de magnetização abordadas no capítulo anterior.

Desprezando a saturação no circuito magnético, as fems que foram induzidas, devido às duas causas mencionadas acima, podem ser usadas para calcular a fem resultante nos enrolamentos do estator. Nas subseções seguintes, vamos supor uma máquina de 2 polos em estado estacionário senoidal e balanceado, com a velocidade do rotor de ω_m em direção anti-horária. Vamos supor também que, em $t = 0$, o rotor está em $\theta_m = -90°$ para facilitar o desenho dos vetores espaciais.

10.3.5.1 FEM Induzida nos Enrolamentos do Estator Devido à Rotação de $\vec{B}_r(t)$

Podemos fazer uso da análise do capítulo anterior, que conduz à Equação 9.41. No presente caso, o vetor densidade de fluxo $\vec{B}_r(t)$ do rotor está girando a uma velocidade instantânea de ω_m com relação aos enrolamentos do estator. Portanto, na Equação 9.41, substituindo $\vec{B}_r(t)$ por $\vec{B}_{ms}(t)$ e ω_m por ω_{sin},

$$\vec{e}_{ms,\vec{B}_r}(t) = j\omega_m \frac{3}{2}\left(\pi r \ell \frac{N_s}{2}\right)\vec{B}_r(t) \tag{10.14}$$

Definindo a constante k_E, igual à constante de torque k_T na Equação 10.6 para uma máquina de 2 polos:

$$k_E\left[\frac{V}{rad/s}\right] = k_T\left[\frac{Nm}{A}\right] = \pi r \ell \frac{N_s}{2} \hat{B}_r \tag{10.15}$$

em que $\hat{B}_r$ (pico da densidade de fluxo produzido pelo rotor) é uma constante em motores síncronos de ímã permanente. Em termos da constante de tensão k_E, o vetor espacial da tensão induzida na Equação 10.14 pode ser escrito como

$$\vec{e}_{ms,\vec{B}_r}(t) = j\frac{3}{2}k_E\omega_m \angle \theta_m(t) = \frac{3}{2}k_E\omega_m \angle \{\theta_m(t) + 90°\} \tag{10.16}$$

O vetor espacial da densidade de fluxo do rotor $\vec{B}_r(t)$ e o vetor espacial da fem induzida $\vec{e}_{ms,\vec{B}_r}(t)$ são desenhados em $t = 0$ na Figura 10.8a.

10.3.5.2 FEM Induzida nos Enrolamentos do Estator Devido à Rotação de $\vec{i}_s(t)$: Reação de Armadura

Além da distribuição de densidade de fluxo no entreferro criada pelos ímãs do rotor, outra distribuição de densidade de fluxo é determinada pelas correntes de fase do estator. Como mostrado na Figura 10.8b, o vetor espacial da corrente no estator $\vec{i}_s(t)$ no tempo $t = 0$ se adianta à posição do rotor em 90°. Devido ao fato de estar operando sob estado estacionário senoidal e balanceado, pode-se fazer uso da análise do capítulo anterior, em que a Equação 9.40 mostrou a relação entre o vetor espacial da fem induzida e o vetor espacial da corrente do estator. Então, no presente caso, devido à rotação de $\vec{i}_s(t)$, as tensões induzidas nos enrolamentos de fase do estator podem ser representadas como

$$\vec{e}_{ms,\vec{i}_s}(t) = j\omega_m L_m \vec{i}_s(t) \tag{10.17}$$

Os vetores espaciais $\vec{e}_{ms,\vec{i}_s}(t)$ e $\vec{i}_s(t)$ são mostrados na Figura 10.8b no tempo $t = 0$.

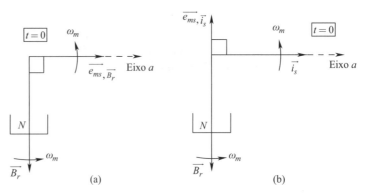

FIGURA 10.8 (a) Fem induzida devido à rotação do vetor espacial da densidade de fluxo; (b) fem induzida devido à rotação do vetor espacial da corrente do estator.

Note que a indutância de magnetização L_m no motor PMAC tem o mesmo significado como nos motores CA genéricos discutidos no Capítulo 9. Contudo, nos motores PMAC, o rotor na sua superfície tem ímãs permanentes (exceções são os motores com ímãs permanentes internos) cuja permeabilidade é de fato aquela do entreferro. Portanto, os motores PMAC têm um entreferro equivalente maior; desse modo resulta em um valor pequeno de L_m (veja a Equação 9.36 do capítulo anterior).

10.3.5.3 Superposição das FEMs Induzidas nos Enrolamentos do Estator

Nos motores PMAC, a rotação de $\vec{e}_{ms,\vec{B}_r}(t)$ e $\vec{i}_s(t)$ está presente simultaneamente. Portanto, as fems induzidas devido a cada um podem ser superpostas (supondo que não haja saturação magnética) para obter uma fem resultante (excluindo o fluxo de dispersão dos enrolamentos do estator):

$$\vec{e}_{ms}(t) = \vec{e}_{ms,\vec{B}_r}(t) + \vec{e}_{ms,\vec{i}_s}(t) \qquad (10.18)$$

Substituindo as Equações 10.16 e 10.17 na Equação 10.18, a fem resultante $\vec{e}_{ms}(t)$, é

$$\vec{e}_{ms}(t) = \frac{3}{2}k_E\omega_m \angle \{\theta_m(t) + 90°\} + j\omega_m L_m \vec{i}_s(t) \qquad (10.19)$$

O diagrama do vetor espacial é mostrado na Figura 10.9a no tempo $t = 0$. A equação do fasor da fase a correspondente à equação do vetor espacial acima pode ser escrita, notando-se que as amplitudes são menores que as amplitudes dos vetores espaciais por um fator multiplicativo de 3/2, mas o fasor e o correspondente vetor espacial têm a mesma orientação:

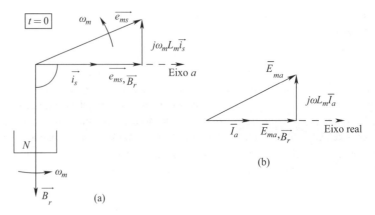

FIGURA 10.9 (a) Diagrama do vetor espacial das fems induzidas; (b) diagrama fasorial para a fase a.

$$\overline{E}_{ma} = \underbrace{k_E \omega_m \angle \{\theta_m(t) + 90°\}}_{\overline{E}_{ma,\vec{B}_r}} + j\omega_m L_m \overline{I}_a \qquad (10.20)$$

O diagrama fasorial da Equação 10.20 para a fase *a* é mostrado na Figura 10.9b.

10.3.5.4 Circuito Equivalente por Fase

Considerando-se a representação fasorial na Equação 10.20 e o diagrama fasorial na Figura 10.9b, um circuito equivalente para a fase *a* pode ser desenhado como mostra a Figura 10.10a. A tensão induzida $\overline{E}_{ma,\vec{B}_r}$, devido à rotação da distribuição de campo do rotor $\vec{B}_r$ é representada como uma fcem induzida. O segundo termo no lado direito da Equação 10.20 é representado como uma queda de tensão na indutância de magnetização L_m. Para completar este circuito equivalente por fase, a indutância de dispersão do enrolamento do estator $L_{\ell s}$ e a resistência R_s são adicionadas em série. A soma da indutância de magnetização L_m e com a indutância de dispersão $L_{\ell s}$ é denominada indutância síncrona L_s:

$$L_s = L_{\ell s} + L_m \qquad (10.21)$$

Podemos simplificar o circuito equivalente da Figura 10.10a, sem levar em consideração a resistência, e representar as duas indutâncias pela soma, L_s, como feito na Figura 10.10b. Para simplificar a notação, a fcem induzida é denominada fcem induzida do campo $\overline{E}_{fa}$ na fase *a*, em que, da Equação 10.20, o pico desta tensão em cada fase é

$$\hat{E}_f = k_E \omega_m \qquad (10.22)$$

Note que nos acionamentos PMAC a unidade de processamento de potência é uma fonte de corrente controlada tal que $\overline{I}_a$ está em fase com a fcem induzida de campo $\overline{E}_{fa}$, como confirmado pelo diagrama fasorial da Figura 10.9b. A unidade de processamento de potência fornece essa corrente produzindo uma tensão que, para a fase *a* na Figura 10.10b, é

$$\overline{V}_a = \overline{E}_{fa} + j\omega_m L_s \overline{I}_a \qquad (10.23)$$

Exemplo 10.2

Em um acionamento PMAC trifásico de 2 polos, a constante de torque k_T e a constante de tensão k_E são 0,5 nas unidades *MKS*. A indutância síncrona é de 15 mH (desconsiderando a resistência do enrolamento). Esse motor está fornecendo um torque de 3 Nm a uma velocidade de 3000 rpm em estado estacionário senoidal e balanceado. Calcule a tensão por fase na unidade de processamento de potência, uma vez fornecida a corrente controlada para esse motor.

Solução Da Equação 10.6, $\hat{I}_s = 3,0/0,5 = 6$ A, e $\hat{I}_a = (2/3) \hat{I}_s = 4$ A. A velocidade $\omega_m = (3000/60)(2\pi) = 314,6$ rad/s. Da Equação 10.22, $\hat{E}_f = k_E \omega_m = 0,5 \times 314,16 = 157,08$ V.

Supondo $\theta_m(0) = -90°$, da Equação 10.10, $\theta_{i_s}|_{t=0} = 0°$. Por isso, no circuito equivalente por fase da Figura 10.10b, $\overline{I}_a = 4,0 \angle 0°$ A e $\overline{E}_{fa} = 157,08 \angle 0°$ V. Portanto, da Equação 10.23, no circuito equivalente por fase da Figura 10.10b,

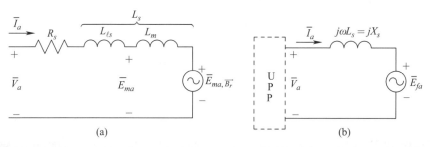

FIGURA 10.10 (a) Circuito equivalente por fase; (b) circuito equivalente simplificado.

$$\overline{V}_a = \overline{E}_{fa} + j\omega_m L_s \overline{I}_a = 157{,}08 \angle 0° + j314{,}16 \times 15 \times 10^{-3} \times 4{,}0 \angle 0° = 157{,}08 + j18{,}85$$
$$= 158{,}2 \angle 6{,}84° \text{ V}.$$

10.3.6 Operação no Modo Gerador dos Acionamentos PMAC

Os acionamentos PMAC podem operar em seu modo gerador, simplesmente controlando o vetor espacial da corrente do estator $\vec{I}_s$ ficando esta 90° atrasada do vetor espacial $\vec{B}_r$, conforme a Figura 10.3a, na direção de rotação. Isto resultará em que as direções das correntes nos condutores do enrolamento hipotético sejam opostas ao que é mostrado na Figura 10.3b. Por isso, o torque eletromagnético produzido estará em uma direção oposta ao torque fornecido pela máquina motriz que está produzindo a rotação do rotor. Uma análise similar ao modo de motorização pode ser realizada no modo gerador de operação.

10.4 O CONTROLADOR E A UNIDADE DE PROCESSAMENTO DE POTÊNCIA (UPP)

Como mostrado no diagrama de blocos da Figura 10.1, a tarefa do controlador é coordenar o chaveamento da unidade de processamento de potência, de forma que as correntes desejadas sejam fornecidas aos motores PMAC. Isto é ilustrado mais adiante na Figura 10.11a, em que as fases b e c são omitidas por simplificação. O sinal de referência T_{em}^* é gerado considerando-se as malhas externas de posição e velocidade discutidas no Capítulo 8. A posição do rotor θ_m é medida por um resolver conectado ao eixo. Conhecendo a constante de torque k_T, pode-se calcular a corrente de referência $\hat{I}_s^*$ como T_{em}^*/k_t (da Equação 10.9). Conhecendo $\hat{I}_s^*$ e θ_m podem ser calculadas as correntes de referência i_a^*, i_b^* e i_c^* em qualquer tempo t pela Equação 10.11 e Equações 10.12a a 10.12c.

Uma das formas mais fáceis de assegurar que o motor seja alimentado com as correntes desejadas é utilizar o controle por histerese similar ao discutido no Capítulo 7 para acionamentos MCE. A corrente de fase medida é comparada com seu valor de referência no comparador de histerese, cuja saída determina o estado da chave (superior e inferior), resultando em uma corrente, como mostra a Figura 10.11b.

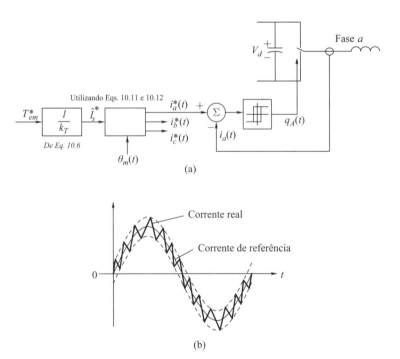

FIGURA 10.11 (a) Representação, em diagrama de blocos, do controle de corrente por histerese; (b) forma de onda da corrente.

Apesar da simplicidade do controle por histerese, um inconveniente desse controlador é que a frequência de chaveamento varia em função da forma de onda da fcem. Por essa razão, são utilizados os controladores com frequência de chaveamento constante. Esses controladores estão além do escopo deste livro, mas a Referência [3], fornecida no final deste capítulo, é uma excelente fonte de informação sobre eles.

10.5 O INVERSOR COMUTADO PELA CARGA (LCI)[2] ALIMENTANDO ACIONAMENTOS DE MOTORES SÍNCRONOS

Em aplicações de ventiladores "*induced-draft*" e bombas de alimentação de água de caldeiras em usinas de energia de concessionárias elétricas são requeridos acionamentos de velocidade ajustável em altas potências nominais, comumente acima de um megawatt. Nesses níveis de potência, pode ser substancial equiparar levemente a alta eficiência de motores síncronos quando comparado aos motores de indução, discussão esta que será feita nos capítulos seguintes. Além disso, para ajustar a velocidade de motores síncronos, é possível utilizar unidades de processamento de potência com base em tiristores, que são mais baratos, para o nível de megawatts de potência nominal, comparativamente às unidades de processamento de potência de modo chaveado discutidas no Capítulo 4.

O diagrama de blocos de unidades de LCI é mostrado na Figura 10.12, em que o motor síncrono tem o enrolamento de campo no rotor, que é alimentado por uma corrente CC, que pode ser ajustada, possibilitando, assim, mais um grau de controle.

No lado da concessionária, um conversor a tiristor comutado pela linha é utilizado. Um conversor similar é usado no lado do motor, em que a comutação das correntes é feita pela carga, que neste caso é uma máquina síncrona. Isto é também a razão para a denominação inversor comutado pela carga (LCI) para o conversor do lado da carga. Um indutor de filtro é utilizado no enlace CC entre os dois conversores. Dessa forma, o inversor comutado pela carga é alimentado por uma fonte de corrente CC. Por isso, esse inversor é também chamado de inversor fonte de corrente (em contraste com os conversores de modo chaveado, discutidos no Capítulo 4, em que um capacitor conectado em paralelo é como uma fonte de tensão CC; desse modo, esses conversores são algumas vezes denominados inversores fontes de tensão). Mais detalhes sobre acionamentos de motores síncronos LCI estão na Referência [1].

10.6 GERADORES SÍNCRONOS

Atualmente é raro utilizar as máquinas síncronas como motores sem alguma interface eletrônica de potência (UPP), as quais giram em uma velocidade constante, que é imposta pela frequência da rede. No passado, as máquinas síncronas de velocidade constante de altas potências nominais foram utilizadas como condensadores síncronos (muitos ainda existem) em subestações de concessionárias para proporcionar suporte de tensão e melhorar

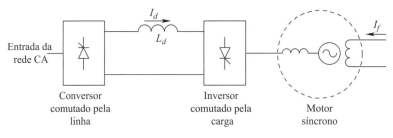

FIGURA 10.12 Acionamento de motor síncrono LCI.

---

[2] A sigla LCI corresponde às palavras inglesas *load commutated inverter*, e a tradução empregada em português é inversor comutado pela carga. (N.T.)

a estabilidade. Entretanto, as tendências recentes são para utilizar controladores estáticos (baseados em semicondutores), que podem proporcionar potência reativa (atrasando e adiantando) sem problemas de manutenção associado a equipamento rotativo. Portanto, a função das máquinas síncronas é principalmente gerar eletricidade em uma grande usina de potência de concessionárias elétricas, em que estas são acionadas por turbinas abastecidas a gás, por vapor em usinas nucleares, ou a carvão, ou ainda impulsionadas por fluxo de água em usinas hidrelétricas.

10.6.1 A Estrutura das Máquinas Síncronas

Na aplicação citada anteriormente, as turbinas e geradores síncronos são grandes, mas seus enrolamentos do estator, em princípio, são similares aos de pequena potência. Os geradores acionados por turbinas a gás e vapor frequentemente giram a altas velocidades e, portanto, têm 2 polos, e a estrutura do rotor é lisa. Os geradores acionados por turbinas hidráulicas operam com baixas velocidades e, dessa maneira, devem ter um grande número de polos para gerar 60 Hz (ou 50 Hz) de frequência. Isto requer uma estrutura de polos salientes para o rotor, como discutido no Capítulo 6. Essa saliência causa desigualdade na relutância magnética ao longo das várias trajetórias do rotor. O estudo de máquinas de polos salientes requer uma análise sofisticada, que está fora do escopo deste livro. Portanto, vamos supor que o rotor seja perfeitamente liso (sem saliência), com um entreferro uniforme, e assim tenha uma relutância uniforme na trajetória das linhas de fluxo.

Um enrolamento de campo é alimentado por uma tensão CC, resultando em uma corrente CC I_f. A corrente de campo I_f produz o campo do rotor no entreferro (que foi estabelecido por ímãs permanentes no motor PMAC, discutido anteriormente). Controlando I_f e, por conseguinte, o campo produzido pelo rotor, é possível controlar a potência reativa entregue por geradores síncronos, conforme a abordagem da Seção 10.6.2.2.

10.6.2 Os Princípios de Operação das Máquinas Síncronas

Em estado estacionário, o gerador síncrono deve girar na velocidade síncrona estabelecida pelos enrolamentos do estator alimentando a rede. Portanto, em estado estacionário, o circuito equivalente por fase de um acionamento de um motor PMAC na Figura 10.10a ou na 10.10b se aplica às máquinas síncronas também. A diferença importante é que nos acionamentos de motores PMAC está presente uma UPP, que sob realimentação da posição do rotor, fornece apropriadas correntes de fase ao motor. Certamente, a UPP produz uma tensão $\overline{V}_a$ mostrada na Figura 10.10b, mas seu principal propósito é fornecer correntes controladas ao motor.

As máquinas síncronas conectadas à rede não necessitam do controle das correntes que existem nos acionamentos PMAC. Em vez disso, as máquinas síncronas têm duas fontes de tensão, como mostra a Figura 10.13a — uma correspondendo à fonte da concessionária, e a outra à fcem induzida internamente $\overline{E}_{fa}$. Seguindo a convenção de gerador, a corrente é definida como fornecida pelo gerador síncrono, como mostrado na Figura 10.13a. Essa

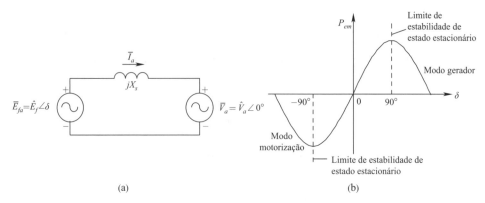

FIGURA 10.13 (a) Gerador síncrono; (b) características de potência × ângulo.

corrente pode ser calculada como segue, em que $\overline{V}_a$ é escolhida como o fasor de referência ($\overline{V}_a = \hat{V} \angle 0°$) e o ângulo de torque associado com a $\overline{E}_{fa}$ é positivo no modo gerador:

$$\overline{I}_a = \frac{\overline{E}_{fa} - \overline{V}_a}{jX_s} = \frac{\hat{E}_f \operatorname{sen}\delta}{X_s} - j\frac{\hat{E}_f \cos\delta - \hat{V}}{X_s} \qquad (10.24)$$

Tomando o conjugado de $\overline{I}_a$ (representado por "*" como um sobrescrito),

$$\overline{I}_a^* = \frac{\hat{E}_f \operatorname{sen}\delta}{X_s} + j\frac{\hat{E}_f \cos\delta - \hat{V}}{X_s} \qquad (10.25)$$

A potência total (trifásica) fornecida pelo gerador, em termos das quantidades de pico, é

$$P_{em} = \frac{3}{2}\operatorname{Re}(\overline{V}_a \overline{I}_a^*) = \frac{3}{2}\hat{V}\operatorname{Re}\left[\frac{\hat{E}_f \operatorname{sen}\delta}{X_s} + j\frac{\hat{E}_f \cos\delta - \hat{V}}{X_s}\right] \text{ ou}$$

$$P_{em} = \frac{3}{2}\frac{\hat{E}_f \hat{V} \operatorname{sen}\delta}{X_s} \qquad (10.26)$$

Se a corrente de campo é constante, $\hat{E}_f$ é também constante na velocidade síncrona, e assim a potência de saída do gerador é proporcional ao seno do ângulo de torque δ entre $\overline{E}_{fa}$ e $\overline{V}_a$. Essa relação potência-ângulo é desenhada na Figura 10.13b para valores positivos e negativos de δ.

Devemos notar que o torque e a potência associados com a máquina são proporcionais entre eles e estão relacionados pela velocidade do rotor, que é constante em estado estacionário. Portanto, em estado estacionário, o ângulo de torque δ é sinônimo de ângulo de potência. Esse ângulo de torque (potência) é o ângulo entre a fcem induzida internamente e a tensão terminal (supondo que a resistência do estator seja nula no circuito equivalente por fase da Figura 10.13a, para uma máquina síncrona. Em acionamentos PMAC, para relacioná-los às máquinas síncronas, esse ângulo δ é o ângulo entre $\vec{e}_{ms}$ e $\vec{e}_{ms,B_r}$ na Figura 10.9a dos acionamentos PMAC, em que outra vez o torque (potência) é proporcional ao senδ. Em ambos os casos, este ângulo é o ângulo entre as tensões induzidas nos enrolamentos do estator pelo fluxo do rotor e pelo fluxo resultante (superposição do fluxo do rotor e aqueles devido às correntes do estator).

10.6.2.1 Estabilidade e Perdas de Sincronismo

A Figura 10.13b mostra que a potência em função de δ fornecida pelo gerador síncrono alcança seu máximo em 90°. Este é o limite de estado estacionário, além do qual se perde o sincronismo. Isto pode ser explicado como se segue: para valores de δ abaixo de 90°, para fornecer mais potência, a potência de entrada da máquina motriz mecânica é incrementada (por exemplo, liberando vapor na turbina). Isto momentaneamente aumenta a velocidade do rotor, causando o aumento do ângulo de torque δ associado com a tensão induzida no rotor $\overline{E}_{fa}$. Por sua vez, da Equação 10.26, é aumentada a saída de potência elétrica, que finalmente se fixa em um novo estado estacionário com um alto valor de ângulo de torque δ. Mesmo assim, acima de $\delta = 90$ graus, o aumento de δ causa a diminuição da potência de saída, que resulta no posterior incremento de δ (porque mais potência mecânica está entrando enquanto menos potência elétrica está saindo). Esse incremento em δ causa um intolerável incremento nas correntes da máquina, e os disjuntores do circuito acionam para isolar a máquina da rede; desse modo, evita-se que a máquina seja danificada.

A sequência de eventos descrita é chamada de "perda de sincronismo", e a estabilidade é perdida. Na prática, a estabilidade transitória, a qual pode ser uma variação súbita na potência elétrica de saída, força que o valor máximo do ângulo de torque δ de estado estacionário seja menor que 90 graus, tipicamente na faixa de 30 a 45 graus. Uma explicação similar se aplica ao modo motorização com valores negativos de δ.

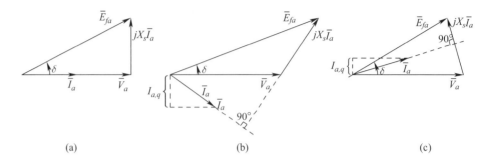

FIGURA 10.14 (a) Gerador síncrono em (a) fator de potência unitário; (b) sobre-excitado; (c) subexcitado.

10.6.2.2 Controle de Campo (Excitação) para Ajustar a Potência Reativa e o Fator de Potência

A potência reativa associada com as máquinas síncronas pode ser controlada em magnitude, assim como também em sinal (atrasando ou adiantando). Para discutir isso, suponha, como um caso base, que um gerador síncrono está fornecendo uma potência constante, e a corrente de campo I_f é ajustada a tal ponto que essa potência é fornecida com um fator de potência unitário, como mostrado no diagrama fasorial da Figura 10.14a.

Sobre-excitação: Agora, um aumento na corrente de campo (denominado sobre-excitação) resultará em maior magnitude de $\overline{E}_{fa}$ (supondo que não há saturação magnética, $\hat{E}_f$ depende linearmente da corrente I_f). Porém, $\hat{E}_f$ sen δ deve manter-se constante (da Equação 10.26, devido ao fato de que a potência de saída seja constante). Isto resulta no diagrama fasorial da Figura 10.14b, em que a corrente está atrasada de $\overline{V}_a$. Considerando que a rede elétrica seja uma carga (o que está no modo gerador da máquina), ela absorve potência reativa como uma carga indutiva faz. Portanto, o gerador síncrono, operando no modo sobre-excitado, fornece potência reativa na forma que um capacitor faz. A potência reativa trifásica Q pode ser calculada, da componente reativa da corrente $I_{a,q}$, como

$$Q = \frac{3}{2} \hat{V} I_{a,q} \qquad (10.27)$$

Subexcitação: Em contraste com a sobre-excitação, diminuindo I_f resulta em uma pequena magnitude de $\hat{E}_f$ e o correspondente diagrama fasorial, supondo que a potência de saída se mantenha constante como antes, pode ser representado como na Figura 10.14c. Agora a corrente $\overline{I}_a$ se adianta à tensão $\overline{V}_a$, e a carga (a rede elétrica) fornece potência reativa como uma carga capacitiva faz.

De forma similar, o controle sobre a potência reativa pode ser observado desenhando o diagrama fasorial, se a máquina está operando como um motor síncrono (veja o Exercício 10.10). A potência reativa da máquina pode ser calculada de forma similar aos cálculos da potência real, que resultaram na Equação 10.26. Isto é deixado como tarefa no Exercício 10.11.

RESUMO/QUESTÕES DE REVISÃO

1. Listar vários nomes associados com os acionamentos PMAC e as respectivas razões.
2. Desenhe um diagrama de blocos completo de um acionamento PMAC. Por que esses acionamentos devem operar em malha fechada?
3. Como os acionamentos PMAC senoidais diferem dos acionamentos MCE descritos no Capítulo 7?
4. Idealmente, quais são as distribuições de densidade de fluxo produzidas pelos enrolamentos de fase do estator e do rotor?
5. O que representa o vetor espacial $\vec{B}_r(t) = \vec{B}_r \angle \theta_m(t)$?

6. Nos acionamentos PMAC, por que em todo tempo o vetor espacial $\vec{i}_s(t)$ está localizado 90 graus adiantado do vetor espacial $\vec{B}_r(t)$ na direção de rotação pretendida?
7. Por que há necessidade de medir a posição do rotor nos acionamentos PMAC?
8. De que depende o torque eletromagnético produzido por um acionamento PMAC?
9. Como pode ser realizada a frenagem regenerativa nos acionamentos PMAC?
10. Por que os acionamentos PMAC são denominados autossíncronos? Como é determinada a frequência a ser aplicada às tensões e correntes? Estão esses acionamentos relacionados à velocidade de rotação do eixo?
11. Em uma máquina PMAC de p polos, qual é o ângulo do vetor espacial $\vec{i}_s(t)$ em relação ao eixo da fase a, para um θ_m dado?
12. Qual é a frequência das tensões e correntes do circuito do estator necessária para produzir um torque de sustentação em um acionamento PMAC?
13. No cálculo da tensão induzida nos enrolamentos do estator de um motor PMAC, quais são os dois componentes que devem ser sobrepostos? Descreva o procedimento e as expressões.
14. No circuito equivalente por fase de uma máquina PMAC, L_m tem a mesma expressão como no Capítulo 9? Descreva as diferenças, se porventura houver alguma.
15. Desenhe o circuito equivalente por fase de um acionamento PMAC e descreva o controle por histerese.
16. Desenhe o diagrama de blocos e descreva o controle por histerese de um acionamento PMAC.
17. Que é um acionamento do motor síncrono LCI? Descreva-o brevemente.
18. Para qual propósito são usados os geradores síncronos conectados à rede?
19. Por que há problemas de estabilidade e perda de sincronismo associadas com as máquinas síncronas conectadas à rede?
20. Como pode o fator de potência ser ajustado para estar atrasado ou adiantado, no caso dos geradores síncronos?

REFERÊNCIAS

1. N. Mohan, *Power Electronics: A First Course* (New York: John Wiley & Sons, 2011).
2. N. Mohan, T. Undeland, and W. Robbins, *Power Electronics: Converters, Applications, and Design*, 2nd ed. (New York: John Wiley & Sons, 1995).
3. T. Jahns, *Variable Frequency Permanent Magnet AC Machine Drives, Power Electronics and Variable Frequency Drives*, edited by B. K. Bose (IEEE Press, 1997).
4. M. P. Kazmierkowski and H. Tunia, *Automatic Control of Converter-Fed Drives* (Amsterdam: Elsevier, 1994).

EXERCÍCIOS

10.1 Determine o torque constante, similar ao da Equação 10.6 para uma máquina de 4 polos, em que N_s é igual ao número de espiras por fase.

10.2 Prove que a Equação 10.11 é correta.

10.3 Repita o Exemplo 10.1 para $\theta_m = -45°$.

10.4 Repita o Exemplo 10.1 para uma máquina de 4 polos com o mesmo valor de K_T, como no Exemplo 10.1.

10.5 A máquina PMAC do Exemplo 10.2 fornece um torque $T_L = 5$ Nm a uma velocidade de 5000 rpm. Desenhe um diagrama fasorial mostrando $\overline{V}_a$ e $\overline{I}_a$; ao lado, insira seus valores calculados.

10.6 Repita o Exercício 10.5, se a máquina tem $p = 4$, mas tem os mesmos valores de K_E, K_T e L_s como anteriormente.

10.7 Repita o Exercício 10.5, supondo que no tempo $t = 0$, o ângulo do rotor $\theta_m(0) = 0°$.

10.8 O motor PMAC no Exemplo 10.2 está acionando uma carga puramente inercial. Um torque constante de 5 Nm é desenvolvido para levar o sistema desde o repouso, a uma velocidade de 5000 rpm em 5 s. Desconsidere a resistência e a indutância de dispersão do estator. Determine e desenhe a tensão $v_a(t)$ e $i_a(t)$ em função do tempo durante o intervalo de 5 s.

10.9 No Exercício 10.8, o acionamento é considerado ao modo de regeneração em $t = 5^+$ s, com um torque $T_{em} = -5$ Nm. Suponha que a posição do rotor nesse instante é zero: $\theta_m = 0°$. Calcule as três correntes do estator nesse instante.

10.10 Redesenhe a Figura 10.3, se o acionamento PMAC está operando como um gerador.

10.11 Recalcule o Exemplo 10.2, se o acionamento PMAC está operando como um gerador, e, em lugar de estar fornecendo um torque de 37 Nm, a ele está sendo fornecido esse torque a partir do sistema mecânico conectado no eixo da máquina.

10.12 O motor de 2 polos em um acionamento PMAC tem os seguintes parâmetros: $R_s = 0,416\ \Omega$, $L_s = 1,365$ mH e $k_T = 0,0957$ Nm/A. Desenhe o vetor espacial e os diagramas fasoriais para essa máquina, se a mesma está fornecendo seu torque nominal contínuo de $T_{em} = 3,2$ Nm na velocidade nominal de 6000 rpm.

10.13 Desenhe os diagramas fasoriais associados a um motor síncrono sobre-excitado e subexcitado e mostre o fator de potência de operação associado a cada um.

10.14 Determine a expressão para a potência reativa em uma máquina síncrona trifásica em termos de $\hat{E}_f$, $\hat{V}$, X_s e δ. Discuta a influência de $\hat{E}_f$.

11
MOTORES DE INDUÇÃO: OPERAÇÃO EM ESTADO ESTACIONÁRIO, BALANCEADO E SENOIDAL

11.1 INTRODUÇÃO

Os motores de indução com rotores do tipo gaiola de esquilo são os cavalos de tração da indústria por causa de seu baixo custo e resistente construção. Quando utilizados diretamente com a tensão da rede (entrada da rede de 50 ou 60 Hz com uma tensão basicamente constante), os motores de indução operam com velocidades quase constantes. Contudo, através de conversores eletrônicos de potência é possível variar sua velocidade de forma eficiente. Os acionamentos dos motores de indução podem ser classificados em duas categorias com base em suas aplicações:

1. *Acionamentos de Velocidade Ajustável*. Uma importante aplicação desses acionamentos é para ajustar a velocidade de ventiladores, compressores, bombas, sopradores e tudo o mais em controle de processos da indústria. Em um grande número de aplicações, esta capacidade de variar a velocidade eficientemente pode conduzir a grandes economias. Os acionamentos de motores de indução de velocidade variável são também utilizados para tração elétrica, incluindo veículos híbridos.
2. *Servoacionamentos*. Por meio de controle sofisticado, discutido no Capítulo 12, os motores de indução podem ser utilizados como servoacionamentos em máquinas ferramentas, robótica, e assim por diante, emulando o desempenho de acionamentos de motores CC e acionamentos de motores CC sem escovas.

Devido à abrangência do tema dos acionamentos dos motores de indução, vamos tratar o assunto em três capítulos separados. Neste capítulo será examinado o comportamento das máquinas de indução alimentadas pelas tensões em seus valores nominais na frequência da rede, balanceadas e senoidais. No Capítulo 12 será discutido o controle de velocidade eficiente, do ponto de vista energético, dos acionamentos dos motores de indução para controle de processos e aplicações de tração. No Capítulo 14 vamos analisar a eficiência energética do motor de indução e as interações motor e inversor.

Há muitas variedades de motores de indução. Os motores de indução monofásicos são utilizados em baixas potências nominais (fração de kW a alguns kW), em aplicações em que sua velocidade não tem que ser controlada de forma contínua. Os geradores de indução de rotor bobinado são utilizados em grandes potências nominais (300 kW ou maiores) para geração eólica. Mesmo assim, o enfoque neste capítulo e nos seguintes é o motor de indução trifásico do tipo gaiola de esquilo, que é o tipo mais utilizado em aplicações de velocidade ajustável.

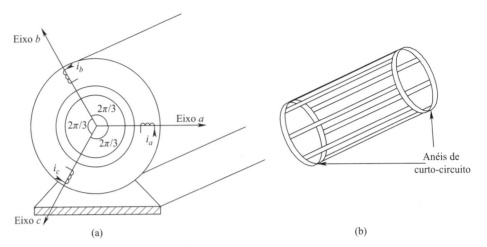

FIGURA 11.1 (a) Eixos dos enrolamentos do estator trifásico; (b) rotor tipo gaiola de esquilo.

11.2 A ESTRUTURA DOS MOTORES DE INDUÇÃO TRIFÁSICOS DO TIPO GAIOLA DE ESQUILO

O estator do motor de indução consiste em enrolamentos trifásicos, distribuídos senoidalmente em ranhuras no estator, conforme discutido no Capítulo 9. Os três enrolamentos estão deslocados por 120° no espaço um em relação ao outro, como mostrado pelos eixos na Figura 11.1a.

O rotor tem condução elétrica através de barras de cobre ou alumínio inseridas (moldadas) em chapas de aço silício empilhadas e isoladas entre si, perto da periferia no sentido axial. Essas barras são eletricamente curto-circuitadas em cada extremidade do rotor por anéis de curto-circuito; dessa maneira, temos uma estrutura similar a uma gaiola, como mostrado na Figura 11.1b. Tal rotor, denominado rotor gaiola de esquilo, tem uma simples construção, baixo custo e estrutura forte.

11.3 OS PRINCÍPIOS DE OPERAÇÃO DO MOTOR DE INDUÇÃO

A análise será sob as condições de ser alimentado pela rede na qual as tensões de amplitude e frequência nominais balanceadas e senoidais são aplicadas aos enrolamentos do estator. Na seguinte discussão, supõe-se um motor de 2 polos que pode ser estendido para uma máquina multipolar com p > 2.

A Figura 11.2 mostra os enrolamentos do estator. Sob a condição de estado estacionário senoidal e balanceado, o neutro do motor "n" está no mesmo potencial do neutro da fonte.

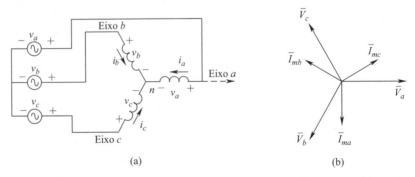

FIGURA 11.2 Tensões trifásicas balanceadas aplicadas ao estator, considerando que os enrolamentos do rotor estão abertos.

Portanto, as tensões da fonte v_a e as outras aparecem nos respectivos enrolamentos de fase, como mostrado na Figura 11.2a. Essas tensões de fase são mostradas no diagrama fasorial da Figura 11.2b, em que

$$\overline{V}_a = \hat{V} \angle 0°, \quad \overline{V}_b = \hat{V} \angle -120° \quad \text{e} \quad \overline{V}_c = \hat{V} \angle -240° \quad (11.1)$$

e $f (= \omega/(2\pi))$ é a frequência das tensões da rede aplicadas ao motor.

Para simplificar a análise, inicialmente admitimos que os enrolamentos do estator têm uma resistência desprezível ($R_s = 0$) e também que $L_{ls} = 0$. Isso implica que o fluxo de dispersão é zero, isto é, todo o fluxo produzido por cada enrolamento do estator atravessa o entreferro e enlaça os outros dois enrolamentos do estator e o rotor.

11.3.1 Circuito do Rotor Eletricamente Aberto

Primeiramente, supõe-se que o rotor está magneticamente presente, mas suas barras estão eletricamente abertas de maneira que a corrente não pode fluir. Portanto, podemos utilizar a análise do Capítulo 9, em que as tensões aplicadas ao estator, dadas na Equação 11.1, resultam apenas nas seguintes correntes de magnetização, que estabelecem a distribuição de densidade do fluxo no entreferro:

$$\overline{I}_{ma} = \hat{I}_m \angle -90°, \quad \overline{I}_{mb} = \hat{I}_m \angle -210° \quad \text{e} \quad \overline{I}_{mc} = \hat{I}_m \angle -330° \quad (11.2)$$

Esses fasores são mostrados na Figura 11.2b, em que, em termos da indutância de magnetização por fase L_m, a amplitude das correntes de magnetização é

$$\hat{I}_m = \frac{\hat{V}}{\omega L_m} \quad (11.3)$$

Os vetores espaciais em $t = 0$ são mostrados na Figura 11.3a, em que, do Capítulo 9,

$$\vec{v}_s(t) = \frac{3}{2} \hat{V} \angle \omega t \quad (11.4)$$

$$\vec{i}_{ms}(t) = \frac{3}{2} \hat{I}_m \angle (\omega t - \frac{\pi}{2}) \quad (11.5)$$

$$\vec{B}_{ms}(t) = \frac{\mu_o N_s}{2\ell_g} \hat{I}_{ms} \angle \left(\omega t - \frac{\pi}{2}\right) \quad \text{em que} \quad \hat{B}_{ms} = \frac{3}{2} \frac{\mu_o N_s}{2\ell_g} \hat{I}_m \quad \text{e} \quad (11.6)$$

$$\vec{v}_s(t) = \vec{e}_{ms}(t) = j\omega \left(\frac{3}{2} \pi r \ell \frac{N_s}{2}\right) \vec{B}_{ms}(t) \quad (11.7)$$

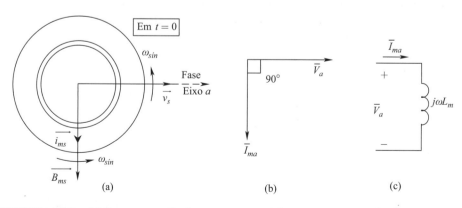

FIGURA 11.3 (a) Representação de vetores espaciais no tempo $t = 0$; (b) fasores da tensão e corrente da fase a; (c) circuito equivalente da fase a.

Esses vetores espaciais giram em uma velocidade síncrona constante ω_{sin} que, em uma máquina de dois polos, é

$$\omega_{sin} = \omega \quad \left(\omega_{sin} = \frac{\omega}{p/2} \quad \text{para uma máquina de } p\text{-polo}\right) \quad (11.8)$$

Exemplo 11.1

Um motor de indução trifásico de 2 polos tem as seguintes dimensões físicas: raio $r = 7$ cm, comprimento $\ell = 9$ cm, e comprimento do entreferro $\ell_g = 0,5$ mm. Calcule N_s, o número de espiras por fase, de modo que o pico da distribuição de densidade de campo não exceda de 0,8 T quando as tensões nominais de 208 V são aplicadas na frequência de 60 Hz.

Solução Da Equação 11.7, o pico da tensão do estator e os vetores espaciais da distribuição de densidade de fluxo são relacionados como

$$\hat{V}_s = \frac{3}{2}\pi r \ell \frac{N_s}{2}\omega \hat{B}_{ms} \quad \text{em que} \quad \hat{V}_s = \frac{3}{2}\hat{V} = \frac{3}{2}208\sqrt{2}\sqrt{3} = 254{,}75 \text{ V}$$

Substituindo os valores fornecidos na expressão acima, resulta em $N_s = 56{,}9$ espiras. Como o número de espiras deve ser um inteiro, $N_s \simeq 57$ espiras é escolhido.

11.3.2 O Rotor Curto-Circuitado

As tensões aplicadas ao estator impõem completamente as correntes de magnetização (veja as Equações 11.2 e 11.3) e a distribuição de densidade de fluxo, que é representada na Equação 11.6 por $\hat{B}_{ms}(t)$ e está "enlaçando" os enrolamentos do estator. Supondo que as resistências e indutâncias de dispersão são nulas, essa distribuição de densidade de fluxo não é influenciada pelas correntes do circuito do rotor, como ilustrado pela analogia do transformador a seguir.

Analogia do Transformador: Um transformador de dois enrolamentos é mostrado na Figura 11.4a, em que dois entreferros são inseridos para a analogia aproximada com as máquinas de indução, por onde as linhas de fluxo podem cruzar o entreferro duas vezes. A resistência e a indutância de dispersão do enrolamento primário são desprezíveis (similar a omitir a resistência e indutância do estator). O circuito equivalente do transformador é mostrado na Figura 11.4b. A tensão aplicada $v_1(t)$ e o fluxo $\phi_m(t)$ enlaçando o enrolamento primário estão relacionados pela Lei de Faraday:

$$v_1 = N_1 \frac{d\phi_m}{dt} \quad (11.9)$$

ou, na forma integral,

$$\phi_m(t) = \frac{1}{N_1}\int v_1 \cdot dt \quad (11.10)$$

Isso mostra que, nesse transformador, o fluxo $\phi_m(t)$, enlaçando o enrolamento primário, é completamente determinado pela integral temporal de $v_1(t)$, independente da corrente i_2 no enrolamento secundário.

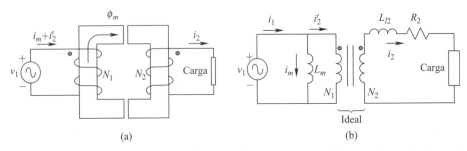

FIGURA 11.4 (a) Transformador ideal de dois enrolamentos; (b) circuito equivalente do transformador de dois enrolamentos.

Essa observação é confirmada pelo circuito equivalente do transformador da Figura 11.4b, em que a corrente de magnetização i_m é completamente imposta pela integral temporal de $v_1(t)$, independente das correntes i_2 e i_2':

$$i_m(t) = \frac{1}{L_m} \int v_1 \cdot dt \qquad (11.11)$$

Na porção do transformador ideal da Figura 11.4b, os ampère-espiras produzidos pela corrente da carga $i_2(t)$ são "anulados" pela corrente adicional $i_2'(t)$, absorvida pelo enrolamento primário, tal que

$$N_1 i_2'(t) = N_2 i_2(t) \quad \text{ou} \quad i_2'(t) = \frac{N_2}{N_1} i_2(t) \qquad (11.12)$$

Assim, a corrente total absorvida pelo enrolamento secundário é

$$i_1(t) = i_m(t) + \underbrace{\frac{N_2}{N_1} i_2(t)}_{i_2'(t)} \qquad (11.13)$$

Retornando à discussão das máquinas de indução, o rotor consiste em uma gaiola curto-circuitada, construída com barras e dois anéis de curto-circuito. Sem considerar o que acontece no circuito do rotor, a distribuição da densidade do fluxo "enlaçando" os enrolamentos do estator deve se manter a mesma como na suposição de um rotor em circuito aberto, como representado por $\vec{B}_{ms}(t)$ na Equação 11.6.

Supõe-se que o rotor está girando (devido ao torque eletromagnético, como será discutido em breve) com a velocidade ω_m no mesmo sentido de rotação dos vetores espaciais, que representam as tensões do estator e a distribuição da densidade de fluxo no entreferro. No momento, vamos admitir que $\omega_m < \omega_{sin}$. Os vetores espaciais no tempo $t = 0$ são mostrados na vista em corte da Figura 11.5a.

Há uma velocidade relativa entre a distribuição de densidade de fluxo girando em ω_{sin} e os condutores do rotor girando em ω_m. Essa velocidade relativa – que é a velocidade em que o rotor está "escorregando" com relação à distribuição da densidade de fluxo – é denominada velocidade de escorregamento:

$$\text{velocidade de escorregamento} \quad \omega_{esco} = \omega_{sin} - \omega_m \qquad (11.14)$$

Pela Lei de Faraday ($e = B\ell u$), as tensões são induzidas nas barras do rotor devido ao movimento relativo entre a distribuição da densidade de fluxo e o rotor. No tempo $t = 0$, a barra localizada no ângulo θ de $\vec{B}_{ms}(t)$ da Figura 11.5a está sendo "cortada" por uma

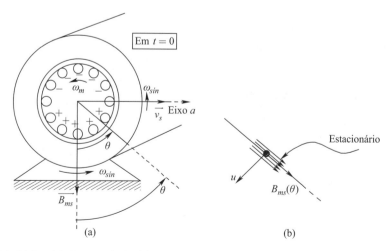

FIGURA 11.5 (a) Tensões induzidas na barra do rotor; (b) movimento relativo das barras do rotor relativamente à densidade de fluxo.

densidade de fluxo $B_{ms}(\theta)$. A distribuição da densidade de fluxo está movimentando-se adiantada da barra na posição θ na velocidade angular ω_{esco} rad/s ou na velocidade linear de $u = r\,\omega_{esco}$, em que r é o raio. Para determinar a tensão induzida na barra do rotor, podemos considerar a distribuição da densidade de fluxo como estacionária e a barra (no ângulo θ) movimentando-se no sentido oposto na velocidade u, como mostrado na Figura 11.5b. Portanto, a tensão induzida na barra pode ser expressa como

$$e_{bar}(\theta) = B_{ms}(\theta)\,\underbrace{\ell r \omega_{esco}}_{u} \tag{11.15}$$

em que a barra é de comprimento ℓ e está posicionada a um raio r. O sentido da tensão induzida pode ser estabelecido pela visualização de que, na carga positiva q, da barra, a força f_q é igual a $\mathbf{u} \times \mathbf{B}$, em que $\mathbf{u}$ e $\mathbf{B}$ são vetores mostrados na Figura 11.5b. Essa força fará a carga positiva mover-se para o extremo da frente da barra, determinando que o extremo da frente da barra tenha um potencial positivo com relação ao extremo traseiro da barra, como mostrado na Figura 11.5a.

Em qualquer tempo, a distribuição da densidade de fluxo varia com o cosseno do ângulo θ e de seu valor de pico. Logo, na Equação 11.15, $B_{ms}(\theta) = \hat{B}_{ms}\cos(\theta)$. Assim,

$$e_{bar}(\theta) = \ell r \omega_{esco} \hat{B}_{ms} \cos\theta \tag{11.16}$$

11.3.2.1 A Suposição de que a Indutância de Dispersão $L'_{\ell r} = 0$

Neste ponto, será feita outra suposição de simplificação *extremamente* importante para ser analisada posteriormente com mais detalhe. A suposição é a de que a gaiola do rotor não tem indutância de dispersão, isto é, $L'_{\ell r} = 0$. Essa suposição implica que o rotor não tenha fluxo de dispersão e que todo o fluxo produzido pelas correntes das barras do rotor cruza o entreferro e enlaça (ou "corta") os enrolamentos do rotor. Implica, também, que, em qualquer tempo, a corrente em cada barra da gaiola, curto-circuitada em ambas as extremidades pelos anéis de curto-circuito, é inversamente proporcional à resistência da barra R_{bar}.

Na Figura 11.6a em $t = 0$, as tensões induzidas são máximas nas partes acima e abaixo das barras que "cortam" o pico da densidade de fluxo. Em outro lugar, as tensões induzidas nas barras do rotor dependem de $\cos\theta$, como dado pela Equação 11.16. As polaridades das tensões induzidas nas barras próximo dos extremos das barras são indicadas na Figura 11.6a. A Figura 11.6b mostra o circuito elétrico equivalente que corresponde à seção transversal do rotor mostrado na Figura 11.6a. O tamanho da fonte de tensão representa a magnitude da tensão induzida. Por causa da simetria desse circuito, é fácil visualizar que os dois anéis de curto-circuito (considerados terem resistências próprias desprezíveis) estão ao mesmo potencial. Portanto, a barra do rotor no ângulo θ, considerando-se a localização do pico da densidade de fluxo, tem uma corrente igual à tensão induzida dividida pela resistência da barra.

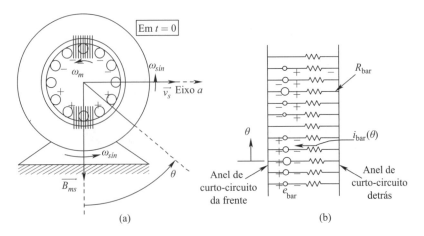

FIGURA 11.6 (a) Polaridades das tensões induzidas; (b) circuito elétrico equivalente do rotor.

$$i_{bar}(\theta) = \frac{e_{bar}(\theta)}{R_{bar}} = \frac{\ell r \omega_{esco} \hat{B}_{ms} \cos\theta}{R_{bar}} \quad \text{(utilizando a Equação 11.16)} \quad (11.17)$$

em que cada barra tem uma resistência R_{bar}. Da Equação 11.17, as correntes são máximas nas barras, nas partes superior e inferior, nesse tempo, como indicado pelos círculos maiores na Figura 11.7a; em outra posição, a magnitude da corrente depende do cos θ, em que θ é a posição angular de qualquer barra, conforme definido na Figura 11.6a.

É importante observar que o rotor tem uma densidade de barras uniforme ao redor da periferia, como mostrado na Figura 11.6a. O tamanho dos círculos da Figura 11.7a significa a magnitude da corrente relativa. A distribuição senoidal da corrente do rotor é diferente daquela do enrolamento de fase do estator, que tem uma densidade de condutores distribuída senoidalmente, mas é a mesma corrente fluindo através de cada condutor. Apesar dessa essencial diferença, o resultado é o mesmo – os ampère-espiras necessitam ser distribuídos senoidalmente de maneira a produzir uma distribuição de campo senoidal no entreferro. No rotor com densidade de barras uniforme, uma distribuição de ampère-espiras é alcançada por causa das correntes nas diferentes barras do rotor que estão distribuídas senoidalmente com a posição em qualquer tempo.

O efeito combinado das correntes nas barras do rotor é o de produzir uma força magnetomotriz (fmm) distribuída senoidalmente, atuando no entreferro. Essa fmm pode ser representada pelo vetor espacial $\vec{F}_r(t)$, como mostrado na Figura 11.7b no $t = 0$. Devido à fmm produzida pelo rotor, o fluxo resultante "enlaçando" os enrolamentos do estator é representado por ϕ_{m,i_r} na Figura 11.7a. Conforme a argumentação anterior por meio da analogia do transformador, a distribuição líquida da densidade de fluxo, "enlaçando" os enrolamentos do estator com a tensão aplicada, deve se manter a mesma como no caso do rotor em circuito aberto. Portanto, com objetivo de cancelar o fluxo ϕ_{m,i_r} produzido pelo rotor, os enrolamentos do rotor devem absorver correntes adicionais i'_{ra}, i'_{rb} e i'_{rc} para produzir o fluxo representado por ϕ_{m,i_r}'.

No diagrama do vetor espacial da Figura 11.7b, a fmm produzida pelas barras do rotor é representada por $\vec{F}_r$ no tempo $t = 0$. Conforme mostrado na Figura 11.7b, as correntes no estator i'_{ra}, i'_{rb} e i'_{rc} (que fluem além das correntes de magnetização) devem produzir uma fmm $\vec{F}_r'$ que seja igual em amplitude, mas oposta em sentido a $\vec{F}_r$, para neutralizar seu efeito:

$$\vec{F}_r' = -\vec{F}_r \quad (11.18)$$

As correntes adicionais i'_{ra}, i'_{rb} e i'_{rc} absorvidas pelos enrolamentos do estator para produzir $\vec{F}_r'$ podem ser expressas pelo vetor espacial $\vec{i}_r'$, conforme mostrado na Figura 11.7b, em $t = 0$, em que

$$\vec{i}_r' = \frac{\vec{F}_r'}{N_s/2} \quad (\hat{I}_r' = \text{a amplitude de } \vec{i}_r') \quad (11.19)$$

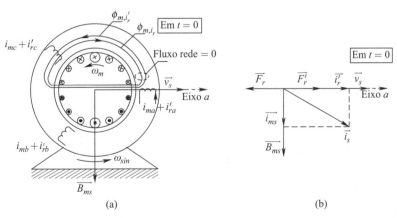

FIGURA 11.7 (a) Fluxo produzido no rotor ϕ_{m,i_r} e o fluxo ϕ_{m,i_r}'; (b) diagrama do vetor espacial com o rotor curto-circuitado ($L'_{\ell r} = 0$).

A corrente total do estator $\vec{i}_s$ é a soma vetorial de duas componentes: $\vec{i}_{ms}$, que estabelece o campo de magnetização, e $\vec{i}'_r$, que neutraliza a fmm produzida pelo rotor:

$$\vec{i}_s = \vec{i}_{ms} + \vec{i}'_r \tag{11.20}$$

Esses vetores espaciais são mostrados na Figura 11.7b, em $t = 0$. A Equação 11.17 mostra que as correntes nas barras do rotor são proporcionais ao pico da densidade do fluxo e à velocidade de escorregamento. Portanto, a "anulação" do pico da fmm e do pico da corrente $\hat{I}'_r$ deve também ser linearmente proporcional a $\hat{B}_{ms}$ e ω_{esco}. Essa relação pode ser expressa como

$$\hat{I}'_r = k_i \hat{B}_{ms} \omega_{esco} \quad (k_i = \text{uma constante}) \tag{11.21}$$

em que k_i é uma constante baseada no projeto da máquina.

Durante a condição de operação em estado estacionário senoidal na Figura 11.7b, a distribuição de fmm produzida pelo rotor (representada por $\vec{F}_r$) e a distribuição da fmm de compensação (representada por $\vec{F}'_r$) giram na velocidade síncrona ω_{sin}, e cada uma tem uma amplitude constante. Isso pode ser ilustrado desenhando uma seção transversal do motor e os vetores espaciais em algum tempo arbitrário $t_1 > 0$, como mostrado na Figura 11.8, em que o vetor espacial $\vec{B}_{ms}$ gira correspondente ao ângulo $\omega_{sin} t_1$, porque $\vec{v}_s$ foi deslocado de $\omega_{sin} t_1$. Com base nas tensões e correntes induzidas nas barras do rotor, $\vec{F}_r$ está ainda 90° atrasada do vetor espacial $\vec{B}_{ms}$, como nas Figuras 11.7a e 11.7b. Isso implica que os vetores $\vec{F}_r(t)$ e $\vec{F}'_r(t)$ estão girando na mesma velocidade que $\vec{B}_{ms}(t)$, que é a velocidade síncrona ω_{sin}. Para uma dada condição de operação com valores constantes de ω_{esco} e $\hat{B}_{ms}$, a distribuição de corrente na barra, relativamente ao pico do vetor densidade de fluxo, é a mesma tanto na Figura 11.8 como na Figura 11.7. Portanto, as amplitudes de $\vec{F}_r(t)$ e $\vec{F}'_r(t)$ se mantêm constantes conforme giram na velocidade síncrona.

Exemplo 11.2

Considere uma máquina de indução que tenha 2 polos e seja alimentada por uma tensão nominal de 208 V (fase-fase, rms), na frequência de 60 Hz. Essa máquina está operando em estado estacionário e está carregada com seu torque nominal. Desconsidere a impedância de dispersão e o fluxo de dispersão do rotor. A corrente de magnetização por fase é 4,0 A. A corrente absorvida por fase é 10 A (rms) e seu ângulo é 23,56 graus (adiantado). Calcule a corrente por fase quando a carga mecânica diminui de maneira que a velocidade de escorregamento seja a metade do valor correspondente ao caso nominal.

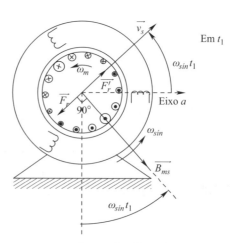

FIGURA 11.8 Força magnetomotriz produzida pelo rotor e força magnetomotriz de compensação no tempo $t = t_1$.

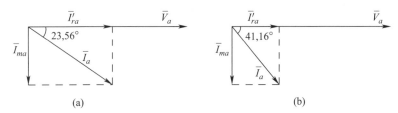

FIGURA 11.9 Exemplo 11.2.

Solução Considere que a tensão da fase *a* seja o fasor de referência. Portanto,

$$\overline{V}_a = \frac{208\sqrt{2}}{\sqrt{3}} \angle 0° = 169,8 \angle 0° \; V$$

Isso é devido a que a carga é nominal, como mostrado na Figura 11.9a, $\overline{I}_{ma} = 4,0\sqrt{2} \angle -90°$ A e $\overline{I}_a = 10,0\sqrt{2} \angle -23,56°$ A. Do diagrama fasorial da Figura 11.9a, $\overline{I}'_{ra} = 9,173\sqrt{2} \angle 0°$ A.

Na metade da velocidade de escorregamento, a corrente de magnetização é a mesma, mas a amplitude das correntes nas barras do rotor, e portanto a $\overline{I}'_{ra}$, é reduzida pela metade:

$$\overline{I}_{ma} = 4,0\sqrt{2} \angle -90° \text{ A} \quad \text{e} \quad \overline{I}'_{ra} = 4,59\sqrt{2} \angle 0°\text{A}$$

Por conseguinte, $\overline{I}_a = 6,1\sqrt{2} \angle -41,16°$ A, como mostrado no diagrama fasorial da Figura 11.9b.

Revisando a Analogia do Transformador: O circuito equivalente do transformador na Figura 11.4b mostrou que a tensão fornecida no enrolamento primário absorve uma corrente de compensação para neutralizar o efeito da corrente no enrolamento secundário, a fim de assegurar que o fluxo resultante que enlaça o *enrolamento primário* se mantenha o mesmo que na condição de circuito aberto. De forma similar, em um motor de indução, o estator neutraliza o campo produzido pelo rotor para assegurar que o fluxo resultante "enlaçando" os *enrolamentos do estator* se mantenha o mesmo que na condição de circuito aberto do rotor. Nas máquinas de indução, isso é como se o estator reagisse ao que está acontecendo no rotor. Contudo, em comparação com os transformadores, a operação da máquina de indução é mais complexa, em que as quantidades da gaiola do rotor estão na frequência de escorregamento (discutida a seguir) e são transformadas nas quantidades da frequência "vista" pelo estator.

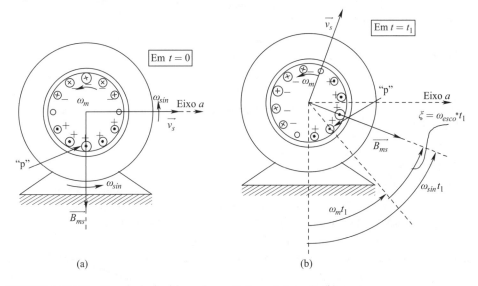

FIGURA 11.10 Tensão induzida na barra "p" em (a) $t = 0$; (b) $t = t_1$.

---

* *Esco* é abreviatura de escorregamento. (N.T.)

11.3.2.2 Frequência de Escorregamento, f_{esco}, no Circuito do Rotor

A frequência das tensões induzidas (e correntes) nas barras do rotor pode ser obtida considerando a Figura 11.10a. Em $t = 0$, as barras da posição mais baixa identificadas com "p" estão sendo "cortadas" pelo pico positivo da densidade de fluxo e têm uma tensão induzida positiva na extremidade da frente. O vetor espacial $\vec{B}_{ms}(t)$, que está girando na velocidade ω_{sin}, está "puxando adiante" na velocidade de escorregamento ω_{esco} com relação à barra "p" do rotor, que está girando com ω_m. Portanto, como mostrado na Figura 11.10b, em algum tempo $t_1 > 0$, o ângulo entre $\vec{B}_{ms}(t)$ e a barra "p" do rotor é

$$\xi = \omega_{esco} t_1 \qquad (11.22)$$

Portanto, o primeiro tempo (denominado $T_{2\pi}$) é quando a barra "p" está sendo outra vez "cortada" pela densidade de fluxo de pico positiva, quando $\xi = 2\pi$. Assim, da Equação 11.22,

$$T_{2\pi} = \frac{\xi(=2\pi)}{\omega_{esco}} \qquad (11.23)$$

em que $T_{2\pi}$ é o período de tempo entre os dois picos positivos consecutivos da tensão induzida na barra "p" do rotor. Portanto, a tensão induzida na barra do rotor que tem uma frequência (que será denominada frequência de escorregamento f_{esco}) que é a inversa de $T_{2\pi}$ na Equação 11.23:

$$f_{esco} = \frac{\omega_{esco}}{2\pi} \qquad (11.24)$$

Por conveniência, é definida uma quantidade (sem unidades) denominada escorregamento, s, como a relação da velocidade de escorregamento à velocidade síncrona:

$$s = \frac{\omega_{esco}}{\omega_{sin}} \qquad (11.25)$$

Substituindo por ω_{esco} da Equação 11.25 na Equação 11.24 e observando que $\omega_{sin} = 2\pi f$ (em uma máquina de 2 polos),

$$f_{esco} = s f \qquad (11.26)$$

Em estado estacionário, as máquinas de indução operam a ω_m, muito perto de sua velocidade síncrona, com um escorregamento s de um valor geralmente menor que 0,03 (3%). Portanto, em estado estacionário, a frequência (f_{esco}) das tensões e correntes no circuito do rotor é tipicamente menor que alguns Hz.

Observe que $\vec{F}_r(t)$, que é criada pelas tensões e correntes no circuito do rotor com a frequência de escorregamento, gira na velocidade de escorregamento ω_{esco}, relativa ao rotor. Como o mesmo rotor está girando em uma velocidade ω_m, o resultado líquido é que $\vec{F}_r(t)$ gira em uma velocidade total de ($\omega_{esco} + \omega_m$), que é igual à velocidade síncrona ω_{sin}. Isto confirma o que havia sido concluído anteriormente sobre velocidade de $\vec{F}_r(t)$, comparando as Figuras 11.7 e 11.8.

Exemplo 11.3

No Exemplo 11.2, a velocidade nominal (no caso em que o motor fornece seu torque nominal) é 3475 rpm. Calcule a velocidade de escorregamento ω_{esco}, o escorregamento s e a frequência de escorregamento f_{esco} das correntes e tensões no circuito do rotor.

Solução Esse é um motor de 2 polos. Portanto, na frequência nominal de 60 Hz, a velocidade nominal síncrona, da Equação 11.8, é $\omega_{sin} = \omega = 2\pi \times 60 = 377$ rad/s. A velocidade nominal é $\omega_{m,nominal} = \dfrac{2\pi \times 3475}{60} = 363,9$ rad/s.

Portanto, $\omega_{esco,nominal} = \omega_{sin,nominal} - \omega_{m,nominal} = 377,0 - 363,9 = 13,1$ rad/s. Da Equação 11.25,

$$escorregamentos_{nominal} = \frac{\omega_{esco,nominal}}{\omega_{sin,nominal}} = \frac{13,1}{377,0} = 0,0347 = 3,47\%$$

e, da Equação 11.26,

$$f_{esco,nominal} = s_{nominal} f = 2,08 \text{ Hz}.$$

11.3.2.3 Torque Eletromagnético

O torque eletromagnético no rotor é produzido pela interação da distribuição de densidade de fluxo representado por $\vec{B}_{ms}(t)$ na Figura 11.7a e as correntes das barras do rotor produzindo a fmm $\vec{F}_r(t)$. Como no Capítulo 10, será facilmente calculado o torque produzido no rotor, primeiro calculando o torque no enrolamento equivalente do estator que produz a fmm $\vec{F}_r'(t)$ anulante. Em $t = 0$, este enrolamento equivalente do estator, senoidalmente distribuído em N_s espiras, tem seu eixo ao longo do vetor espacial $\vec{F}_r'(t)$, como mostrado na Figura 11.11. O enrolamento também tem uma corrente $\hat{I}_r'$ fluindo através dele.

Seguindo a dedução do torque eletromagnético do Capítulo 10, da Equação 10.5,

$$T_{em} = \pi r \ell \frac{N_s}{2} \hat{B}_{ms} \hat{I}_r' \qquad (11.27)$$

A equação anterior pode ser escrita como

$$T_{em} = k_t \hat{B}_{ms} \hat{I}_r' \quad \left(\text{em que } k_t = \pi r \ell \frac{N_s}{2} \right) \qquad (11.28)$$

em que k_t é uma constante que depende do projeto da máquina. O torque no estator na Figura 11.11 atua em sentido horário e o torque no rotor é igual em magnitude e atua em sentido anti-horário.

A corrente de pico $\hat{I}_r'$ depende linearmente do valor de pico da densidade de fluxo $\hat{B}_{ms}$ e da velocidade de escorregamento ω_{esco}, como expresso pela Equação 11.21 ($\hat{I}_r' = k_i \hat{B}_{ms} \omega_{esco}$). Portanto, substituindo por $\hat{I}_r'$ na Equação 11.28,

$$T_{em} = k_{t\omega} \hat{B}_{ms}^2 \omega_{esco} \quad (k_{t\omega} = k_t k_i) \qquad (11.29)$$

em que $k_{t\omega}$ é uma constante de torque da máquina. Se o pico da densidade de fluxo é mantido em seu valor nominal na Equação 11.29,

$$T_{em} = k_{T\omega} \omega_{esco} \quad (k_{T\omega} = k_{t\omega} \hat{B}_{ms}^2) \qquad (11.30)$$

em que $k_{T\omega}$ é outra constante do torque da máquina.

A Equação 11.30 expressa a característica de torque-velocidade das máquinas de indução. Para um conjunto de tensões nominais aplicadas, que resulta em $\omega_{esco,nominal}$ e $\hat{B}_{ms,nominal}$,

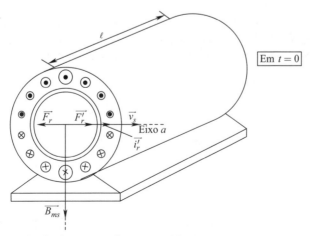

FIGURA 11.11 Cálculo do torque eletromagnético.

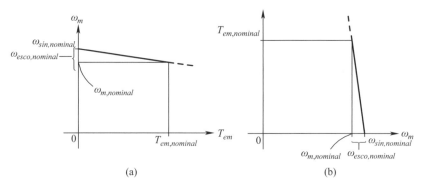

FIGURA 11.12 Característica torque-velocidade dos motores de indução.

o torque desenvolvido pela máquina se incrementa linearmente com a velocidade de escorregamento ω_{esco}, conforme o motor desacelera. Essa característica do torque-velocidade é mostrada na Figura 11.12 em duas formas diferentes.

No torque zero, a velocidade de escorregamento ω_{esco} é zero, implicando que o motor gira na velocidade síncrona. Esse é somente um ponto de operação teórico, porque as perdas por atrito interno nos rolamentos e o efeito de ventilação podem requerer que uma quantidade finita de torque eletromagnético seja gerada para superá-los. A característica torque-velocidade acima do torque nominal é mostrada com linhas tracejadas, porque as suposições de não considerar a impedância de dispersão do estator e a indutância de dispersão do rotor começam a se desfazer.

A característica torque-velocidade ajuda a explanar o princípio de operação de máquinas de indução, como ilustrado na Figura 11.13. Em estado estacionário, a velocidade de operação ω_{m1} é determinada pela interseção do torque eletromagnético e torque mecânico da carga T_{L1}. Se o torque da carga aumenta para T_{L2}, o motor de indução desacelera a ω_{m2}, incrementando a velocidade de escorregamento ω_{esco}. Essa velocidade de escorregamento aumentada resulta em altas-tensões induzidas e correntes nas barras do rotor, e, por conseguinte, um alto torque eletromagnético é produzido para contrapor ao incremento do torque de carga mecânica.

Dinamicamente, o torque eletromagnético desenvolvido pelo motor interage com a carga mecânica acoplada no eixo, em concordância com a seguinte equação do sistema mecânico:

$$\frac{d\omega_m}{dt} = \frac{T_{em} - T_L}{J_{eq}} \qquad (11.31)$$

em que J_{eq} é a constante de inércia composta do motor e da carga, e T_L (geralmente em função da velocidade) é o torque da carga mecânica opondo-se à rotação. O torque acelerante é $(T_{em} - T_L)$.

Note que o torque eletromagnético desenvolvido pelo motor é igual ao torque da carga em estado estacionário. Frequentemente, o torque requerido para superar o atrito e a ventilação (incluindo aquele do próprio motor) pode ser incluído agrupando-se com o torque de carga.

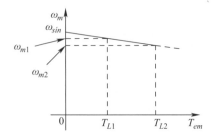

FIGURA 11.13 Operação do motor de indução.

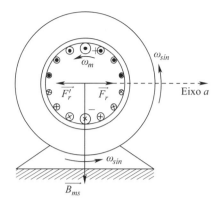

FIGURA 11.14 Frenagem regenerativa nos motores de indução.

Exemplo 11.4

No Exemplo 11.3, o torque nominal fornecido pelo motor é 8 Nm. Calcule a constante de torque $k_{T\omega}$, que relaciona linearmente o torque desenvolvido pelo motor com a velocidade de escorregamento.

Solução Da Equação 11.30, $k_{T\omega} = \dfrac{T_{em}}{\omega_{esco}}$. Portanto, utilizando as condições nominais,

$$k_{T\omega} = \frac{T_{em,nominal}}{\omega_{esco,nominal}} = \frac{8{,}0}{13{,}1} = 0{,}61 \ \frac{\text{Nm}}{\text{rad/s}}$$

A característica torque-velocidade é como mostrada na Figura 11.12, com a inclinação dada.

11.3.2.4 Operação no Modo Gerador (Frenagem Regenerativa)

As máquinas de indução podem ser utilizadas como geradores; por exemplo, muitos sistemas eólico-elétricos utilizam geradores de indução para converter a energia do vento em energia elétrica, que por sua vez alimenta a rede de energia. Comumente, entretanto, enquanto desaceleram, os motores de indução entram no modo de frenagem regenerativa (que, considerando-se o ponto de vista da máquina, é o mesmo que no modo gerador), em que a energia cinética associada à inércia do sistema mecânico é convertida em energia elétrica. Nesse modo de operação, a velocidade do rotor excede a velocidade síncrona ($\omega_m > \omega_{sín}$), em que ambos estão no mesmo sentido. Por conseguinte, $\omega_{esco} < 0$.

Sob a condição de velocidade de escorregamento negativo mostrada na Figura 11.14, as tensões e correntes induzidas nas barras do rotor estão com sentidos e polaridades opostos em comparação com aquelas com velocidade de escorregamento positiva na Figura 11.7a. Portanto, o torque eletromagnético no rotor atua em sentido horário, opondo-se ao giro, e desse modo desacelerando o rotor. Nesse modo de frenagem regenerativa, o T_{em} na Figura 11.31 tem um valor negativo.

Exemplo 11.5

O motor de indução do Exemplo 11.2 produz o torque nominal no modo de frenagem regenerativa. Desenhe os fasores da tensão e corrente para a fase *a*.

Solução Supondo que a impedância de dispersão do estator não é considerada, a corrente de magnetização é a mesma do Exemplo 11.2, $\overline{I}_{ma} = 4{,}0\sqrt{2} \angle -90°$ A, como mostrado na Figura 11.15. Mesmo assim, como se trata de torque de frenagem regenerativa, $\overline{I}'_{ra} = -9{,}173\sqrt{2} \angle 0°$ A, como mostrado no diagrama fasorial da Figura 11.15. Portanto, $\overline{I}_a = 10{,}0\sqrt{2} \angle -156{,}44°$ A (Figura 11.15).

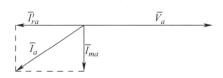

FIGURA 11.15 Exemplo 11.5.

11.3.2.5 Inversão do Sentido de Rotação

Invertendo a sequência de fases das tensões aplicadas (*a-b-c* para *a-c-b*) ocorre a inversão de sentido de rotação, conforme mostrado na Figura 11.16.

11.3.2.6 Incluindo a Indutância de Dispersão do Rotor

Até o torque nominal, a velocidade de escorregamento e a frequência de escorregamento no circuito do rotor são baixas; por conseguinte, é razoável desconsiderar o efeito da indutância de dispersão. Contudo, carregando a máquina acima do torque nominal resulta em altas velocidades e frequências de escorregamento, e o efeito da indutância de dispersão deve ser incluído na análise, conforme descrito a seguir.

De todo o fluxo produzido pelas correntes das barras do rotor, uma porção (que é chamada de fluxo de dispersão e é responsável pela indutância de dispersão do rotor) não cruza completamente o entreferro e não "corta" os enrolamentos do estator. *Primeiramente considerando-se somente a distribuição do fluxo estabelecido no estator $\vec{B}_{ms}(t)$ em $t = 0$* como na Figura 11.6a, as barras superiores e inferiores são "cortadas" pelo pico $\hat{B}_{ms}$ da distribuição da densidade de fluxo, e, devido a esse fluxo, as tensões induzidas nelas são máximas. Entretanto (como mostra a Figura 11.17a), as correntes das barras atrasam, devido ao efeito indutivo do fluxo de dispersão do rotor e são máximas nas barras em que foram "cortadas" por $\vec{B}_{ms}(t)$ em algum instante anterior. Portanto, o vetor espacial da fmm $\vec{F}_r(t)$ na Figura 11.17a adianta a $\vec{B}_{ms}(t)$ por um ângulo $\pi/2 + \theta_r$, em que θ_r é denominado ângulo de fator de potência do rotor.

Em $t = 0$, as linhas de fluxo produzidas pelas correntes do rotor na Figura 11.17b podem ser divididas em duas componentes: ϕ_{m,i_r} que cruza o entreferro e "corta" os enrolamentos do estator, e $\phi_{\ell r}$, o fluxo de dispersão do rotor, que *não* cruza o entreferro para "cortar" os enrolamentos do estator.

O estator excitado por fontes ideais de tensão (e supondo que R_s e $L_{\ell s}$ sejam nulas) requer que a distribuição de densidade de fluxo $\vec{B}_{ms}(t)$ "cortando-o" sejam inalteradas. Portanto, as correntes adicionais do estator, representadas por $\vec{i}_r'(t)$ na Figura 11.17a, são absorvidas para produzir ϕ_{m,i_r}' na Figura 11.17b, para compensar ϕ_{m,i_r} (mas não compensar $\phi_{\ell r}$, cuja existência para o estator é desconhecida), tal que ϕ_{m,i_r}' seja igual e oposto em sentido a ϕ_{m,i_r}.

As correntes adicionais absorvidas pelos três enrolamentos de fase do estator podem ser representadas por meio do enrolamento equivalente do estator com N_s espiras e condu-

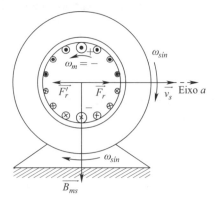

FIGURA 11.16 Inversão de sentido de rotação em um motor de indução.

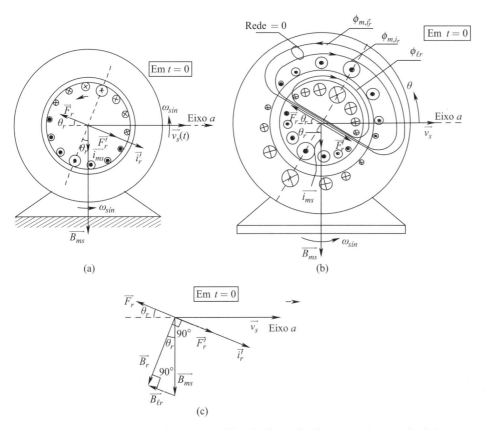

FIGURA 11.17 Vetor espacial com o efeito do fluxo de dispersão do rotor incluído.

zindo uma corrente $\hat{I}'_r(t)$, como mostra a Figura 11.17c. As barras do rotor são "cortadas" pela distribuição de densidade de fluxo líquida representada por $\vec{B}_r(t)$, mostrado na Figura 11.17c em $t = 0$, em que

$$\vec{B}_r(t) = \vec{B}_{ms}(t) + \vec{B}_{\ell r}(t) \tag{11.32}$$

$\vec{B}_{\ell r}(t)$ representa no entreferro a distribuição de densidade de fluxo de dispersão do rotor no entreferro (devido a $\phi_{\ell r}$) que, para o propósito do livro, é também considerada como radial e distribuída senoidalmente. Note que $\vec{B}_r$ não é criado pelas correntes nas barras do rotor; pelo contrário, ele é a distribuição de densidade de fluxo "cortando" as barras do rotor.

O enrolamento equivalente do estator mostrado na Figura 11.17b tem uma corrente $\hat{I}'_r$ e é "cortada" pela distribuição de densidade de fluxo representada por $\vec{B}_{ms}$. Conforme mostrado na Figura 11.17c, os vetores espaciais $\vec{B}_{ms}$ e $\vec{i}'_r$ estão defasados de um ângulo de $(\pi/2 - \theta_r)$, um com relação ao outro. Utilizando um procedimento similar àquele que conduz à expressão do torque na Equação 11.28, pode-se mostrar que o torque desenvolvido depende do seno do ângulo de $(\pi/2 - \theta_r)$ entre $\vec{B}_{ms}$ e $\vec{i}'_r$:

$$T_{em} = k_t \hat{B}_{ms} \hat{I}'_r \operatorname{sen}\left(\frac{\pi}{2} - \theta_r\right) \tag{11.33}$$

No diagrama do vetor espacial da Figura 11.17c,

$$\hat{B}_{ms} \operatorname{sen}\left(\frac{\pi}{2} - \theta_r\right) = \hat{B}_r \tag{11.34}$$

Portanto, na Equação 11.33,

$$T_{em} = k_t \hat{B}_r \hat{I}'_r \tag{11.35}$$

O desenvolvimento anterior sugere como podemos alcançar o controle vetorial das máquinas de indução. Em uma máquina de indução, $\vec{B}_{ms}(t)$ e $\vec{i}'_r(t)$ estão naturalmente em ângulo reto (90°) um em relação ao outro. (Observe na Figura 11.17b que as barras do rotor com a corrente máxima são aquelas "cortando" o pico da distribuição da densidade do fluxo do rotor $\hat{B}_r$.) Portanto, podemos manter constante o pico da densidade de fluxo do rotor $\hat{B}_r$; então

$$T_{em} = k_T \hat{I}'_r \quad \text{em que} \quad k_T = k_t \hat{B}_r \qquad (11.36)$$

O torque desenvolvido pelo motor pode ser controlado por $\hat{I}'_r$. Isso permite ao acionamento do motor de indução emular o desempenho de acionamentos do motor CC e do motor CC sem escovas.

11.3.3 Circuito Equivalente por Fase em Estado Estacionário (Incluindo a Dispersão do Rotor)

O diagrama do vetor espacial em $t = 0$ é mostrado na Figura 11.18a para tensões nominais aplicadas. Isto resulta no diagrama fasorial para a fase a na Figura 11.18b.

A corrente $\overline{I}'_{ra}$, que está atrasada da tensão aplicada $\overline{V}_a$, pode ser representada como fluindo através de um ramo indutivo do circuito equivalente da Figura 11.18c, em que R_{eq} e L_{eq} não são ainda determinadas. Para a determinação acima, supõe-se que o rotor está bloqueado e que as tensões aplicadas ao estator criam as mesmas condições ($\vec{B}_{ms}$ com o mesmo $\hat{B}_{ms}$ e na mesma ω_{esco} com relação ao rotor) no circuito do rotor, como mostra a Figura 11.18. Portanto, na Figura 11.19a com o rotor bloqueado, serão aplicadas tensões no esta-

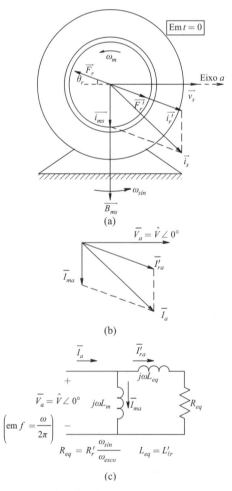

FIGURA 11.18 Tensão nominal aplicada.

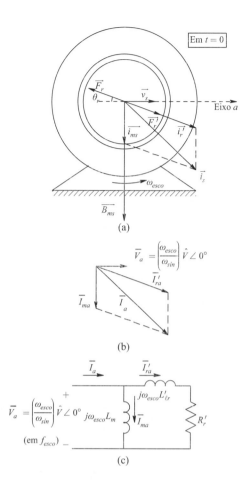

FIGURA 11.19 Rotor bloqueado e tensões aplicadas na frequência de escorregamento.

tor na frequência de escorregamento f_{esco} (= $\omega_{esco}/2\pi$) da Equação 11.8 e com a amplitude $\frac{\omega_{esco}}{\omega_{sin}}\hat{V}$ da Equação 11.7, como mostrado nas Figuras 11.19a e 11.19b.

As barras no rotor bloqueado, similarmente àquelas que estão girando no rotor com velocidade ω_m, são "cortadas" por uma distribuição de densidade de fluxo idêntica (que tem o mesmo valor de pico $\hat{B}_{ms}$ e que gira na mesma velocidade de escorregamento ω_{esco} com relação ao rotor). O diagrama fasorial no caso do rotor bloqueado é mostrado na Figura 11.19b e o circuito equivalente por fase é mostrado na Figura 11.19c. (As quantidades nos terminais do estator no caso do rotor bloqueado da Figura 11.19 são similares às do transformador primário, com seu enrolamento secundário curto-circuitado.) A corrente $\bar{I}'_{ra}$ na Figura 11.19c está na frequência de escorregamento f_{esco} e fluindo através de um ramo indutivo que consiste em R'_r e $L'_{\ell r}$ ligados em série. Observe que R'_r e $L'_{\ell r}$ são a resistência e a indutância de dispersão equivalente do rotor, "vistas" por fase do lado do estator. A impedância do ramo indutivo como no caso do rotor bloqueado é:

$$Z_{eq,bloqueado} = R'_r + j\omega_{esco} L'_{\ell r} \qquad (11.37)$$

As perdas de potência trifásica nas resistências das barras do rotor bloqueado são

$$P_{r,perdas} = 3R'_r(I'_{ra})^2 \qquad (11.38)$$

em que $\bar{I}'_{ra}$ é o valor eficaz.

No que se refere às condições "vistas" por um observador sentado no rotor, elas são idênticas ao caso original com o rotor girando na velocidade e ω_m, mas escorregando com uma velocidade ω_{esco} com relação a ω_{sin}. Portanto, em ambos os casos, a componente da corrente $\bar{I}'_{ra}$ tem a mesma amplitude e o mesmo ângulo de fase com relação à tensão aplicada. Logo, no caso original da Figura 11.18, em que as tensões aplicadas são multiplicadas por um fator $\frac{\omega_{sin}}{\omega_{esco}}$, a impedância deve ser multiplicada pelo mesmo fator, que é, da Equação 11.37,

$$\underbrace{Z_{eq}}_{em\ f} = \frac{\omega_{sin}}{\omega_{esco}} \underbrace{(R'_r + j\omega_{esco}L'_{\ell r})}_{Z_{eq,bloqueado}\ em\ f_{esco}} = R'_r \frac{\omega_{sin}}{\omega_{esco}} + j\omega_{sin}L'_{\ell r} \qquad (11.39)$$

Assim, no circuito equivalente da Figura 11.18c na frequência f, $R_{eq} = R'_r \frac{\omega_{sin}}{\omega_{esco}}$ e $L_{eq} = L'_{\ell r}$. O circuito equivalente da Figura 11.18c é repetido na Figura 11.20a, em que $\omega_{sin} = \omega$ para uma máquina de 2 polos. A potência de perdas $P_{r,perdas}$ no circuito da Figura 11.20a é a mesma que aquela dada pela Equação 11.38 para o caso do rotor bloqueado da Figura 11.19c. Portanto, a resistência $R_{eq} = R'_r \frac{\omega_{sin}}{\omega_{esco}}$ pode ser dividida em duas partes: R'_r e $R'_r \frac{\omega_m}{\omega_{esco}}$ como mostrado na Figura 11.20b, em que $P_{r,perdas}$ é perdida como calor em R'_r, e a potência de dissipação em $R'_r \frac{\omega_m}{\omega_{esco}}$, na base trifásica, pode ser convertida em potência mecânica (que também é igual a T_{em} vezes ω_m):

$$P_{em} = 3\frac{\omega_m}{\omega_{esco}} R'_r (I'_{ra})^2 = T_{em}\omega_m \qquad (11.40)$$

Portanto,

$$T_{em} = 3R'_r \frac{(I'_{ra})^2}{\omega_{esco}} \qquad (11.41)$$

Das Equações 11.38 e 11.41,

$$\frac{P_{r,perdas}}{T_{em}} = \omega_{esco} \qquad (11.42)$$

Isso é uma importante relação, porque mostra que, para produzir um torque desejado T_{em}, se deve minimizar o valor da velocidade de escorregamento com a finalidade de minimizar as perdas de potência no circuito do rotor.

Exemplo 11.6

Considere um motor de indução de 60 Hz com $R'_r = 0{,}45\ \Omega$ e $X'_{\ell r} = 0{,}85\ \Omega$. O escorregamento nominal é 4%. Ignore a impedância de dispersão do estator. Compare o torque na velocidade nominal de escorregamento por (a) ignorando a indutância de dispersão do rotor e (b) incluindo a indutância de dispersão do rotor.

Solução Para calcular T_{em} na velocidade de escorregamento nominal utiliza-se a Equação 11.41, onde $\bar{I}'_{ra}$ pode ser calculado do circuito equivalente por fase da Figura 11.20a. Ignorando a indutância de dispersão do rotor,

$$I'_{ra}\Big|_{L'_{\ell r}=0} = \frac{V_a}{R'_r \frac{\omega_{sin}}{\omega_{esco}}}, \quad \text{e da Equação 11.41} \quad T_{em}\Big|_{L'_{\ell r}=0} = \frac{3R'_r}{\omega_{esco}} \frac{V_a^2}{\left(R'_r \frac{\omega_{sin}}{\omega_{esco}}\right)^2}$$

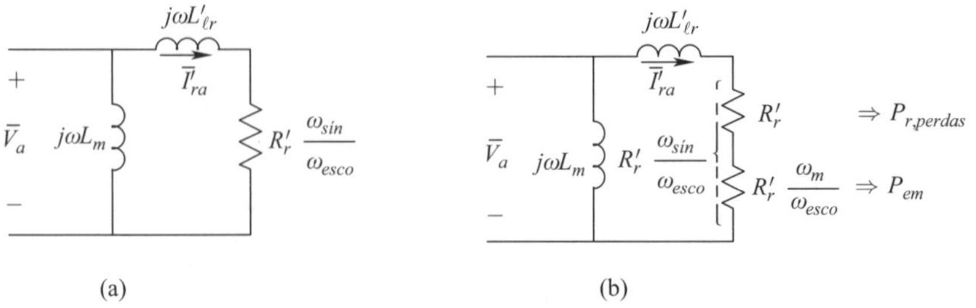

FIGURA 11.20 Divisão da resistência do rotor na componente de perdas e na componente de potência de saída (não é considerada a impedância de dispersão do estator).

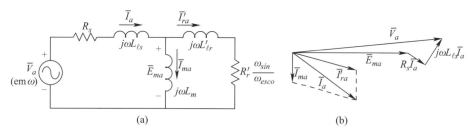

FIGURA 11.21 (a) Circuito equivalente por fase, incluindo a dispersão do estator; (b) diagrama fasorial.

Incluindo a indutância de dispersão do rotor,

$$I'_{ra} = \frac{V_a}{\sqrt{\left(R'_r \frac{\omega_{sin}}{\omega_{esco}}\right)^2 + \left(X'_{\ell r}\right)^2}},$$

e, da Equação 11.41,

$$T_{em} = \frac{3R'_r}{\omega_{esco}} \frac{V_a^2}{\left(R'_r \frac{\omega_{sin}}{\omega_{esco}}\right)^2 + \left(X'_{\ell r}\right)^2}$$

No escorregamento nominal de 4%, $\frac{\omega_{esco}}{\omega_{sin}} = 0{,}04$. Portanto, comparando as duas expressões anteriores para o torque e substituindo os valores numéricos,

$$\frac{T_{em}|_{L'_{\ell r}=0}}{T_{em}} = \frac{\left(R'_r \frac{\omega_{sin}}{\omega_{esco}}\right)^2 + \left(X'_{\ell r}\right)^2}{\left(R'_r \frac{\omega_{sin}}{\omega_{esco}}\right)^2} = \frac{126{,}56^2 + 0{,}85^2}{126{,}56^2} \simeq 1{,}0$$

O exemplo anterior mostra que, em operação normal quando o motor está fornecendo um torque em seu valor nominal, isso ocorre para valores muito baixos da velocidade de escorregamento. Portanto, como mostrado neste exemplo, justifica-se ignorar o efeito da indutância de dispersão do rotor sob operação normal. Em aplicações de alto desempenho, quando se requer o controle vetorial, o efeito da indutância de dispersão do rotor pode ser incluído.

11.3.4 Incluindo a Resistência R_s e a Indutância de Dispersão $L_{\ell s}$ do Enrolamento do Estator

A inclusão do efeito da resistência do enrolamento do estator R_s e da indutância de dispersão $L_{\ell s}$ é análoga à inclusão do efeito da impedância do enrolamento primário no circuito equivalente do transformador, como mostrado na Figura 11.21a.

No circuito equivalente por fase da Figura 11.21a, a tensão aplicada $\overline{V}_a$ é reduzida pela queda de tensão na impedância de dispersão do enrolamento do estator para resultar em $\overline{E}_{ma}$:

$$\overline{E}_{ma} = \overline{V}_a - (R_s + j\omega L_{\ell s})\overline{I}_s \qquad (11.43)$$

em que $\overline{E}_{ma}$ representa a tensão induzida na fase a do estator, pela rotação da distribuição da densidade de fluxo $\vec{B}_{ms}(t)$. O diagrama fasorial, com $\overline{E}_{ma}$ como o fasor de referência, é mostrado na Figura 11.21b.

11.4 ENSAIOS PARA OBTER OS PARÂMETROS DO CIRCUITO EQUIVALENTE MONOFÁSICO

Os parâmetros do circuito equivalente por fase da Figura 11.21a não são usualmente fornecidos pelos fabricantes de motores. Os três ensaios descritos a seguir podem ser realizados para estimar esses parâmetros.

11.4.1 Ensaio da Resistência CC para Estimar R_s

A resistência do estator R_s pode ser estimada pela medição da resistência entre as duas fases:

$$R_s(dc) = \frac{R_{fase\text{-}fase}}{2} \tag{11.44}$$

Esse valor de resistência CC, medido pela aplicação de uma corrente CC através de duas fases, pode ser modificado pelo efeito *skin* [1] para ajudar a estimar, de forma mais precisa, seu valor na frequência de rede.

11.4.2 Ensaio sem Carga para Estimar L_m

A indutância de magnetização L_m pode ser calculada com o ensaio sem carga. Nesse ensaio, ao motor são aplicadas suas tensões nominais do estator em estado estacionário e não é aplicada uma carga mecânica no eixo do rotor. Portanto, o rotor gira quase com a velocidade síncrona, com $\omega_{esco} \cong 0$. Assim, a resistência $R'_r = \dfrac{\omega_{sin}}{\omega_{esco}}$ no circuito equivalente da Figura 11.21a chega a ser muito grande, permitindo supor que $\bar{I}'_{ra} \cong 0$, como mostrado na Figura 11.22a.

As seguintes quantidades são medidas: a tensão rms por fase $V_a (= V_{LL}/\sqrt{3})$, a corrente rms por fase I_a, e a potência trifásica $P_{3\text{-}\phi}$ absorvida pelo motor. Subtraindo da potência medida a potência dissipada em R_s, a potência remanescente $P_{FW,núcleo}$ (a soma das perdas no núcleo, as perdas parasitas e a potência de atrito e ventilação) é então

$$P_{FW,núcleo} = P_{3\text{-}\phi} - 3R_s I_a^2 \tag{11.45}$$

Com as tensões nominais aplicadas ao motor, as perdas acima podem ser consideradas como um valor constante e independente da carga do motor.

Supondo que $L_m \gg L_{\ell s}$, a indutância de magnetização L_m é calculada com base na potência reativa Q da seguinte equação:

$$Q = \sqrt{(V_a I_a)^2 - \left(\frac{P_{3\text{-}\phi}}{3}\right)^2} = (\omega L_m) I_a^2 \tag{11.46}$$

11.4.3 Ensaio do Rotor Bloqueado para Estimar R'_r e as Indutâncias de Dispersão

O ensaio do rotor bloqueado (ou rotor travado) é levado a determinar R'_r, a resistência "vista" pelo estator por fase, e as indutâncias no circuito equivalente da Figura 11.21a. Observe que o rotor é bloqueado para não girar, e ao estator são aplicadas, na frequência da rede, as tensões trifásicas de valor reduzido, de modo tal que as correntes no estator sejam iguais ao seu valor nominal. Com o rotor bloqueado, $\omega_m = 0$ e, assim, $\dfrac{\omega_{sin}}{\omega_{esco}} = 1$. A impedância equivalente $R'_r + j\omega L'_{\ell r}$ na Figura 11.22b é muito menor que a reatância de magnetização $j\omega L_m$, que pode ser considerada infinita. Portanto, medindo V_a, I_a, e a potência trifásica no motor, podemos calcular R'_r (tendo já estimado R_s previamente) e $(L_{\ell s} + L'_{\ell r})$. A fim de determinar essas duas indutâncias explicitamente, precisamos conhecer sua relação, que

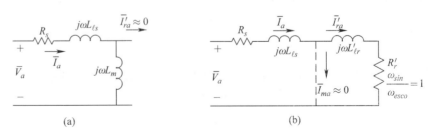

FIGURA 11.22 (a) Ensaio sem carga; (b) ensaio de rotor bloqueado.

depende do desenho da máquina. Como uma aproximação feita em motores para propósito geral supomos que

$$L_{\ell s} \cong 23 L'_{\ell r} \qquad (11.47)$$

Isso permite que ambas as indutâncias possam ser calculadas explicitamente.

11.5 CARACTERÍSTICAS DO MOTOR DE INDUÇÃO EM TENSÕES NOMINAIS EM MAGNITUDE E FREQUÊNCIA

A característica típica torque-velocidade para motores de indução de propósitos gerais com especificações de placa (nominais) de tensões aplicadas é mostrada na Figura 11.23a, em que o torque normalizado (como uma relação de seu valor nominal) é traçado em função da velocidade do rotor $\frac{\omega_m}{\omega_{sin}}$.

Com nenhuma carga conectada ao eixo, o torque T_{em} solicitado do motor é muito baixo (suficiente apenas para superar o atrito nos rolamentos e ventilação), e o rotor gira a uma velocidade muito perto do valor da velocidade síncrona. Até o torque nominal, o torque desenvolvido pelo motor é linear com relação à velocidade ω_{esco}, uma relação dada pela Equação 11.30. Longe da condição nominal, para a qual a máquina é projetada para operar em estado estacionário, o T_{em} já não aumenta linearmente com a ω_{esco} pelas seguintes razões:

1. O efeito da indutância de dispersão no circuito do rotor em altas frequências já não pode ser ignorado, e, da Equação 11.33, o torque é menor devido à diminuição do valor de sen$(\pi/2 - \theta_r)$.
2. Altos valores de $\overline{I}'_a$ e, portanto, de I_a causam uma significativa queda de tensão na impedância de dispersão do enrolamento do estator $R_s + j\omega L_{\ell s}$. Essa queda de tensão causa uma diminuição de E_{ma}, que por sua vez diminui $\hat{B}_{ms}$.

Os efeitos citados acontecem simultaneamente, e a característica do torque resultante para altos valores de ω_{esco} (que são evitados nos acionamentos do motor de indução discutidos no capítulo seguinte) é mostrada em linhas tracejadas na Figura 11.23a. O valor nominal da velocidade de escorregamento ω_{esco} em que o motor desenvolve seu torque nominal está tipicamente na faixa de 0,03 a 0,05 vez a velocidade síncrona ω_{sin}.

Na característica torque-velocidade da Figura 11.23a, o torque máximo que o motor pode produzir é denominado torque máximo "*pull-out*" (ou "*break-down*"). O torque quando a velocidade do rotor é zero é denominado torque de partida. Os valores do torque máximo e de partida, como uma relação ao torque nominal, dependem da classe de projeto do motor, conforme será visto na próxima seção.

A Figura 11.23b mostra o gráfico da corrente rms normalizada I'_{ra}, em função da velocidade do rotor. Até a velocidade de escorregamento nominal (até o torque nominal), I'_{ra} é

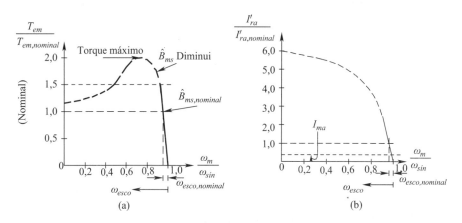

FIGURA 11.23 (a) Característica torque-velocidade; (b) característica corrente-velocidade.

linear com relação à velocidade de escorregamento. Isto pode ser visto na Equação 11.21 (com $\hat{B}_{ms} = \hat{B}_{ms,nominal}$):

$$\hat{I}'_r = (k_i \hat{B}_{ms,nominal})\omega_{esco} \qquad (11.48)$$

Assim,

$$I'_{ra} = k_I \omega_{esco} \left(k_I = \frac{1}{\sqrt{2}} \frac{2}{3} k_i \hat{B}_{ms,nominal} \right) \qquad (11.49)$$

em que k_I é uma constante que relaciona linearmente a velocidade de escorregamento e a corrente rms I'_{ra}. Observe que esse gráfico é linear até a velocidade de escorregamento nominal, acima da qual os efeitos das indutâncias de dispersão do rotor e estator chegam a afetar. No ponto de operação nominal, o valor da corrente de magnetização rms I_{ma} está tipicamente na faixa de 20% a 40% da corrente rms do estator por fase. A corrente de magnetização I_{ma} se mantém relativamente constante com a velocidade, diminuindo ligeiramente para valores muito altos de ω_{esco}. Para valores abaixo do torque nominal, a magnitude da corrente do estator por fase I_a pode ser calculada supondo que os fasores $\overline{I}'_{ra}$ e $\overline{I}_{ma}$ sejam perpendiculares; assim,

$$I_a \cong \sqrt{I'^2_{ra} + I^2_{ma}} \quad \text{(abaixo do torque nominal)} \qquad (11.50)$$

No caso de entregar-se um torque maior que o torque nominal, $\overline{I}'_{ra}$ é muito maior em magnitude do que a corrente de magnetização $\overline{I}_{ma}$ (também considerando um alto deslocamento de fase entre ambas). Isso faz com que a corrente do estator seja aproximada como se segue:

$$I_a \cong I'_{ra} \quad \text{(acima do torque nominal)} \qquad (11.51)$$

A Figura 11.24 mostra as variações típicas do fator de potência e da eficiência do motor em função da carga desse motor. Essas curvas dependem da classe e do tamanho do motor e serão discutidas no Capítulo 14, que trata da eficiência.

11.6 MOTORES DE INDUÇÃO DE PROJETO NEMA A, B, C E D

Os motores de indução trifásicos são classificados nas normas americanas NEMA (National Electrical Manufacturers Association) sob cinco letras de desenho: A, B, C, D e F. Cada

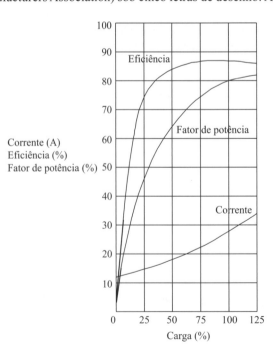

FIGURA 11.24 Curvas típicas de desempenho para um motor de indução trifásico de Projeto B de 10 kW, 4 polos.

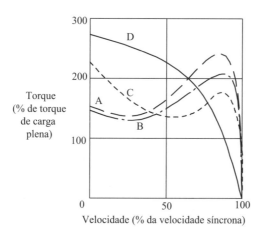

FIGURA 11.25 Características típicas torque-velocidade de motores das classes NEMA A, B, C e D.

classe de projeto de motor tem diferentes especificações de torque e corrente. A Figura 11.25 ilustra curvas típicas de torque-velocidade para motores de Projeto A, B, C e D; os motores da classe F têm baixos torques de partida e máximo ou de ruptura (*pull-out*) e, por conseguinte, são muito limitadas suas aplicações. Como uma relação das quantidades nominais, cada classe de projeto especifica valores mínimos dos torques máximos e de partida e os valores máximos do torque de partida.

Como se observou previamente, os motores da classe B são utilizados amplamente para propósitos de aplicação geral. Esses motores devem ter um mínimo de 200% de torque máximo.

Os motores de classe de Projeto A são similares aos motores de classe de Projeto B para propósitos gerais, exceto que eles têm o torque máximo mais alto e um valor menor de escorregamento a plena carga. Os motores de classe A são usados quando valores baixos de perdas no enrolamento são requeridos, no caso de motores fechados, por exemplo.

Os motores da classe C são de alto torque de partida e baixas correntes de partida. Eles também têm baixo o torque máximo, quando comparados com as máquinas das classes A e B. Os motores da classe C são quase sempre projetados com enrolamentos no rotor em dupla gaiola para melhorar o efeito *skin* do enrolamento.

Finalmente, os motores de classe D têm alto torque de partida e altos escorregamentos. O mínimo torque de partida é 275% do torque nominal. O torque de partida nesses motores pode ser considerado como o mesmo que o torque máximo.

11.7 PARTIDA DIRETA

Deve ser observado que os acionamentos dos motores de indução, discutidos em detalhe no próximo capítulo, são operados com o objetivo de manter ω_{esco} tanto quanto possível em baixos valores. Por conseguinte, as porções tracejadas das características mostradas na Figura 11.23 não são significativas. Entretanto, se um motor de indução parte alimentado com a tensão da rede sem um conversor eletrônico, o motor deve absorver de 6 a 8 vezes a corrente nominal, como mostra a Figura 11.23b, limitada principalmente pelas indutâncias de dispersão. A Figura 11.26 mostra que o torque acelerante disponível $T_{acelerante} = T_{em} - T_L$ causa a aceleração do motor a partir do repouso, conforme a Equação 11.31. Na Figura 11.26, uma característica arbitrária torque-velocidade da carga é considerada, e a interseção das características do motor e da carga determina o ponto de operação em estado estacionário.

11.8 PARTIDA SUAVE (*"SOFT START"**) COM TENSÃO REDUZIDA DOS MOTORES DE INDUÇÃO

O circuito da Figura 11.27a pode ser utilizado para reduzir as tensões do motor na partida e, portanto, reduzir as correntes de partida. As formas de onda da tensão e corrente são

---

* Em inglês, *soft starter*. É conhecida na gíria técnica em português como partida suave. (N.T.)

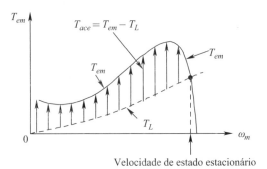

FIGURA 11.26 Torque acelerante disponível durante a partida.

mostradas na Figura 11.27b. Em motores de indução normais (baixo escorregamento), as correntes de partida podem ser de 6 a 8 vezes a corrente de plena carga. Contanto que o torque desenvolvido a tensões reduzidas seja suficiente para superar o torque de carga, o motor acelera (a velocidade de escorregamento ω_{esco} diminui) e as correntes do motor decrescem. Durante a operação em estado estacionário, cada tiristor conduz por meio ciclo. Desse modo, esse tiristor pode ser curto-circuitado (desviado) por contatores mecânicos, conectados em paralelo, para eliminar as perdas de potência nos tiristores, devido a uma queda de tensão na condução destes (1 a 2 V).

11.9 ECONOMIA DE ENERGIA EM MÁQUINAS LEVEMENTE CARREGADAS

O circuito da Figura 11.27a pode também ser utilizado para minimizar as perdas no núcleo em máquinas levemente carregadas. Os motores de indução são projetados de forma tal, que é mais eficiente quando a eles é aplicada à tensão nominal, na condição de plena carga. Com as tensões na frequência da rede, as perdas de potência caem ligeiramente com a diminuição da carga. Portanto, é possível utilizar o circuito da Figura 11.27a para reduzir as tensões aplicadas com cargas reduzidas e assim economizar energia. A quantidade de energia poupada é significativa (comparada com as perdas extras no motor, devido às correntes harmônicas e nos tiristores, devido à menor queda de tensão neles durante a condução) somente se o motor opera com cargas muito leves por longos períodos. Em aplicações em que uma corrente de partida reduzida ("*soft start*") é requerida, o chaveamento de potência é implementado, e somente o controlador de potência de perdas mínimas necessita ser adicionado. Nesses casos, o conceito de reduzir a tensão pode ser econômico.

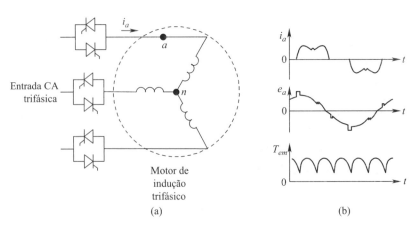

FIGURA 11.27 Controle de tensão do estator. (a) Circuito; (b) formas de onda.

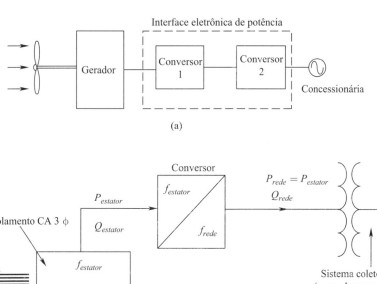

FIGURA 11.28 Turbinas eólicas com completa interface eletrônica de potência [4].

11.10 GERADORES DE INDUÇÃO DUPLAMENTE ALIMENTADOS (GIDA) EM TURBINAS EÓLICAS

Em turbinas eólicas ligadas à concessionária, as configurações comuns são de geradores de indução do tipo gaiola de esquilo ou PMAC (*permanent magnet AC* — PMAC), mostrados por um diagrama de blocos na Figura 11.28a e com mais detalhes na Figura 11.28b para aplicações em turbinas eólicas [4].

A vantagem dessas configurações é que não há necessidade dos contatos eletromecânicos, que são as escovas e os anéis deslizantes, os quais são necessários para outra configuração, a ser descrita nesta seção. Além disso, há total flexibilidade da velocidade de rotação da turbina, que é desacoplada pela interface eletrônica de potência da velocidade síncrona imposta pela frequência da rede. Nesse arranjo, a interface eletrônica de potência também fornece (ou absorve) potência reativa da rede para estabilizar a tensão. Contudo, no lado negativo, toda a potência flui através da interface eletrônica de potência que ainda é cara, mas está diminuindo seu custo relativo.

Outra configuração comum utiliza os geradores de indução de rotor bobinado, como mostrado na Figura 11.29a, e na forma de diagrama de blocos na Figura 11.29b em maior detalhe, para aplicações em turbinas eólicas [4]. O estator desses geradores é diretamente conectado às tensões da rede trifásica, mas os enrolamentos trifásicos do rotor são alimentados apropriadamente através de eletrônica de potência e com a utilização de anéis deslizantes e escovas.

Como esses geradores são conectados às tensões da rede no lado do estator e alimentados por correntes através de interface eletrônica de potência no lado do rotor, eles são denominados Geradores de Indução Duplamente Alimentados e serão referenciados como GIDA a partir de então.

Uma vista transversal de um GIDA é mostrada na Figura 11.30. O GIDA consiste em um estator, similar às máquinas de indução, com um enrolamento trifásico, cada um tendo N_s espiras por fase que são distribuídas senoidalmente no espaço. O rotor consiste em um enrolamento trifásico conectado em estrela, cada um tendo N_r espiras por fase, que são dis-

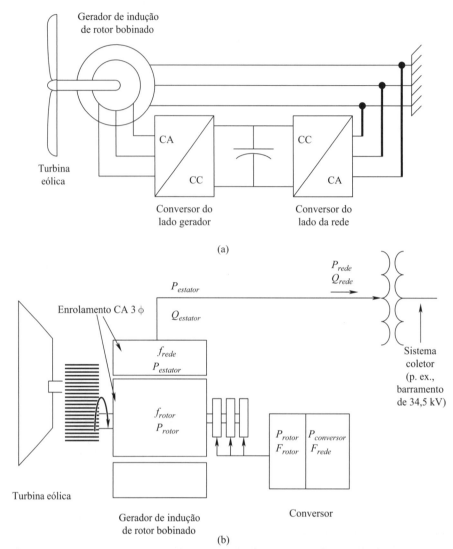

FIGURA 11.29 Geradores de indução duplamente alimentados (GIDA) [4].

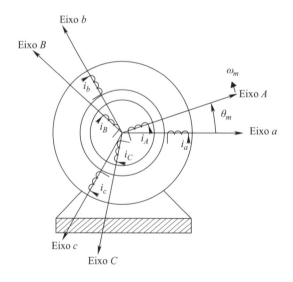

FIGURA 11.30 Vista transversal de um GIDA.

tribuídas senoidalmente no espaço. Seus terminais A, B e C são alimentados com correntes apropriadas por meio de anéis deslizantes e escovas, como mostra a Figura 11.29b.

Para análise, supõe-se que esse GIDA está operando sob a condição de estado estacionário balanceado e senoidal, com seu estator alimentado por tensões na frequência da rede de 60 Hz. Nessa análise simplificada, vamos admitir uma máquina de 2 polos e desconsiderar a resistência R_s e a indutância de dispersão $L_{\ell s}$ do estator. Considere que a convenção de motorização (na qual as correntes são definidas) está entrando nos terminais dos enrolamentos do estator e rotor, e também que o torque eletromagnético entregue ao eixo da máquina é definido como positivo.

Admita também que a tensão na fase A alcança o pico em $\omega t = 0$. Nesse instante, como mostrado na Figura 11.31, $\vec{v}_s$ está ao longo do eixo da fase A e os vetores espaciais resultantes $\vec{i}_{ms}$ e $\vec{B}_{ms}$ são verticais.

Todos os vetores espaciais, com relação aos enrolamentos estacionários do estator, giram na velocidade síncrona ω_{sin} em sentido anti-horário. O rotor do GIDA está girando à velocidade ω_m em sentido anti-horário, em que a velocidade de escorregamento ω_{esco} (= $\omega_{sin} - \omega_m$) é positiva no modo subsíncrono ($\omega_m < \omega_{sin}$), e negativa no modo supersíncrono ($\omega_m > \omega_{sin}$).

Com base na Equação 9.41 do Capítulo 9, a fcem nos enrolamentos do estator pode ser representada pelos seguintes vetores espaciais (sem levar em consideração as resistências e as indutâncias de dispersão, as fcems induzidas são as mesmas que as tensões aplicadas) no tempo $t = 0$ da Figura 11.31:

$$\vec{e}_s = \vec{v}_s = \left(k_e \hat{B}_{ms} N_s \omega_{sin}\right) \angle 0° \tag{11.52}$$

A mesma distribuição de densidade de fluxo está cortando os enrolamentos do rotor, na velocidade de escorregamento. Portanto, as fcems induzidas nos enrolamentos do rotor podem ser representadas pelo seguinte vetor espacial, no qual o subscrito "r" significa o rotor:

$$\vec{e}_r = \left(k_e \hat{B}_{ms} N_r \omega_{esco}\right) \angle 0° \tag{11.53}$$

Note que $\vec{e}_r$ é composto pelas tensões na frequência de escorregamento $e_A(t)$, $e_B(t)$ e $e_C(t)$. Em velocidades subsíncronas, quando ω_{esco} é positiva, ela gira na velocidade de escorregamento ω_{esco}, relativa ao rotor em sentido anti-horário, no mesmo sentido que o rotor está girando; caso contrário, na velocidade supersíncrona com ω_{esco} negativa, ela gira em sentido oposto. Como o mesmo rotor está girando em ω_m, com relação ao estator, $\vec{e}_r$ gira em ω_{sin} (= $\omega_m + \omega_{esco}$) similar a $\vec{v}_s$. Em $\omega_t = 0$ na Figura 11.31, $\vec{e}_r$ está também ao longo do mesmo eixo que $\vec{e}_s$ (= $\vec{v}_s$) se ω_{esco} é positiva (caso contrário, sentido oposto), independentemente de onde o eixo A do rotor possa estar na Figura 11.30 (por quê? – veja os exercícios propostos).

Devemos observar que $\vec{e}_r$ gira no sentido anti-horário (nas velocidades subsíncronas), assim como $\vec{v}_s$, e a sequência de fase das tensões induzidas na frequência de escorregamen-

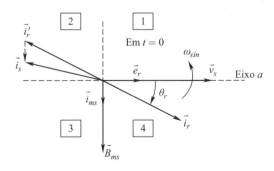

FIGURA 11.31 Vetores espaciais de um GIDA no tempo $t = 0$; desenho com $\omega_{esco} = +$.

to nos enrolamentos do rotor é A-B-C, assim como a sequência a-b-c aplicada aos enrolamentos do estator. Entretanto, em velocidades supersíncronas, $\vec{e}_r$ gira no sentido horário, oposto a $\vec{v}_s$, e a sequência de fase das tensões induzidas na frequência de escorregamento nos enrolamentos do rotor é A-C-B, sequência negativa contrária à a-b-c aplicada aos enrolamentos do estator.

As apropriadas tensões na frequência de escorregamento $\vec{v}_r$ são aplicadas pelo conversor de eletrônica de potência, através de escovas e anéis deslizantes, como mostrado no diagrama unifilar da Figura 11.32, com o objetivo de controlar a corrente $\vec{i}_r$ para que esta seja como a desejada na Figura 11.31.

Supondo que o sentido da corrente esteja entrando nos enrolamentos do rotor como mostrado,

$$\vec{i}_r = \frac{(\vec{v}_r - \vec{e}_r)}{(R_r + j\omega_{esco}L_{\ell r})} \text{ na frequência do escorregamento} \quad (11.54)$$

Na Figura 11.31, para anular a fmm produzida pelas correntes do rotor, as correntes adicionais absorvidas do estator resultam em

$$\vec{i}'_r = -\left(\frac{N_r}{N_s}\right)\vec{i}_r \quad (11.55)$$

A corrente no estator é

$$\vec{i}_s = \vec{i}_{ms} + \vec{i}'_r \quad (11.56)$$

Com base nos vetores espaciais mostrados na Figura 11.31, a potência complexa S_s (= $P_s + jQ_s$) no estator é

$$S_s = P_s + jQ_s = \frac{2}{3}\vec{v}_s\vec{i}_s = \frac{2}{3}\vec{v}_s(\vec{i}_{ms} + \vec{i}'_r) \quad (11.57)$$

Da Figura 11.31,

$$\vec{i}_r = \hat{I}_r \angle -\theta_r \quad (\theta_r \text{ tem um valor positivo, como mostrado na Figura 11.31}) \quad (11.58)$$

Utilizando as Equações 11.55 e 11.58 na Equação 11.57 e considerando que na Figura 11.31 $\vec{v}_s = \hat{V}_s \angle 0°$, a potência ativa no estator é

$$P_s = \frac{2}{3}\hat{V}_s\text{Re}[\vec{i}'_r] = -\frac{2}{3}\hat{V}_s\hat{I}_r\frac{N_r}{N_s}\cos\theta_r \quad (11.59)$$

A potência reativa no estator é devido à corrente de magnetização $\vec{i}_{ms}$ e $\vec{i}'_r$. Portanto, pode-se escrever a potência reativa Q_s no estator como

$$Q_s = Q_{mag} + Q'_r \quad (11.60)$$

em que

$$Q_{mag} = \frac{2}{3}\hat{V}_s\hat{I}_{ms} \quad (11.61)$$

e

$$Q'_r = \frac{2}{3}\hat{V}_s\text{Im}[\vec{i}'_r] = -\frac{2}{3}\hat{V}_s\hat{I}_r\frac{N_r}{N_s}\text{sen}\,\theta_r \quad (11.62)$$

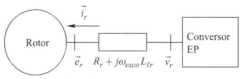

FIGURA 11.32 Diagrama unifilar do circuito do rotor na frequência de escorregamento.

De forma similar, a potência complexa $S_r (= P_r + jQ_r)$ *na* fcem do rotor é

$$S_r = P_r + jQ_r = \frac{2}{3}\vec{e}_r \vec{i}_r^* \qquad (11.63)$$

em que, considerando que, na Figura 11.31, $\vec{e}_r = \hat{E}_r \angle 0°$,

$$P_r = \frac{2}{3}\hat{E}_r \text{Re}[\vec{i}_r^*] = \frac{2}{3}\hat{E}_r \hat{I}_r \cos\theta_r \qquad (11.64)$$

e

$$Q_r = \frac{2}{3}\hat{E}_r \text{Im}[\vec{i}_r^*] = \frac{2}{3}\hat{E}_r \hat{I}_r \sin\theta_r \qquad (11.65)$$

Das Equações 11.59 e 11.64 e utilizando as Equações 11.52 e 11.53,

$$\frac{P_s}{P_r} = -\frac{\omega_{sin}}{\omega_{esco}} = -\frac{1}{s} \qquad (11.66)$$

A potência elétrica ativa total na máquina de indução duplamente alimentada, que consegue ser convertida em potência mecânica de saída no eixo, é

$$P_{em} = P_s + P_r = P_s(1-s) \qquad (11.67)$$

Comparando as potências reativas,

$$\frac{Q'_r}{Q_r} = -\frac{\omega_{sin}}{\omega_{esco}} = -\frac{1}{s} \qquad (11.68)$$

a qual mostra que a entrada de potência reativa, Q_r, nas fcems do rotor é simplificada por um fator de (1/s) no estator em magnitude. Portanto, da Equação 11.60,

$$Q_s = Q_{mag} + Q'_r = Q_{mag} - \frac{Q_r}{s} \qquad (11.69)$$

A Figura 11.33 mostra os fluxos das potências ativa e reativa, em que as perdas de potências ativa e reativa associadas às resistências e indutâncias de dispersão no estator e os circuitos do rotor não são incluídos, e a convenção de motorização é utilizada para definir os fluxos. Deve-se observar que Q_r não está relacionada com a potência reativa associada ao conversor do lado da rede mostrada na Figura 11.33.

A Tabela 11.1 mostra as várias condições de operação nos modos subsíncrono (subsín) e supersíncrono (supersín).

Na análise realizada anteriormente, as potências ativa e reativa associadas às resistências e indutâncias de dispersão devem ser adicionadas para uma análise completa (veja os exercícios propostos).

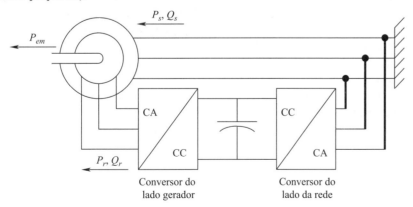

FIGURA 11.33 As potências ativa e reativa em um GIDA utilizando a convenção de motorização; as potências de perdas ativa e reativa associadas às resistências e indutâncias de dispersão nos circuitos do estator e rotor não são incluídas.

TABELA 11.1 Diferentes Modos de Operação do GIDA (note que a linha número 1 corresponde aos vetores espaciais na Figura 11.31)

Fila	ω_{esco},s (Velocidade)	$\vec{e}_r$ (em $t=0$)	$\vec{i}_r$ no Quadrante	P_s (modo)	P_r	Q_r	Q'_r
1	+ (subsín)	+	4	$P_s = -$ (geração)	+	+	−
2	+ (subsín)	+	1	$P_s = -$ (geração)	+	−	+
3	+ (subsín)	+	3	$P_s = +$ (motorização)	−	+	−
4	+ (subsín)	+	2	$P_s = +$ (motorização)	−	−	+
5	− (supersín)	−	4	$P_s = -$ (geração)	−	−	−
6	− (supersín)	−	1	$P_s = -$ (geração)	−	+	+
7	− (supersín)	−	3	$P_s = +$ (motorização)	+	−	−
8	− (supersín)	−	2	$P_s = +$ (motorização)	+	+	+

RESUMO/QUESTÕES DE REVISÃO

1. Descreva a construção das máquinas de indução tipo gaiola de esquilo.
2. Com as tensões nominais aplicadas, de que depende a corrente de magnetização? Essa corrente, para uma significativa amplitude, depende da carga mecânica no motor? Quão grande esta é relativa à corrente nominal do motor?
3. Desenhe o diagrama do vetor espacial em $t = 0$ e o diagrama fasorial correspondente, supondo que o rotor esteja com o circuito aberto.
4. Sob uma excitação de estado estacionário senoidal, balanceado e trifásico, qual é a denominação da velocidade de rotação da distribuição da densidade de fluxo? Como é essa velocidade relacionada com a frequência angular da excitação elétrica em uma máquina de p polos?
5. Na análise feita, por que inicialmente se admite que a impedância de dispersão do estator seja zero? Como se relaciona com a analogia do transformador, supondo-se que a impedância de dispersão do enrolamento primário seja nula? Sob a suposição de que a impedância de dispersão do estator seja nula, é $\vec{B}_{ms}(t)$ completamente independente da carga do motor?
6. Qual é a definição da velocidade de escorregamento ω_{esco}? A ω_{esco} depende do número de polos? Quão grande é a velocidade de escorregamento nominal quando comparada com a velocidade síncrona nominal?
7. Escreva as expressões para a tensão e corrente (supondo que a indutância de dispersão do rotor seja zero) em uma barra do rotor localizada em um ângulo θ do pico de $\vec{B}_{ms}$.
8. As barras do rotor localizadas ao redor da periferia deste são de seção transversal uniforme. Apesar disso, o que permite representar a fmm produzida pelas correntes das barras do rotor por um vetor espacial $\vec{F}_r(t)$ em qualquer tempo t?
9. Supondo que a impedância de dispersão do estator e a indutância do rotor sejam nulas, desenhe o diagrama do vetor espacial, o diagrama fasorial e o circuito equivalente por fase de um motor de indução carregado.
10. No circuito equivalente do Exercício 9, de quais quantidades depende o pico da corrente da barra do rotor, representado por $\hat{I}'_{ra}$?
11. Qual é a denominação da frequência das tensões e correntes no circuito do rotor? Como está relacionada com a velocidade de escorregamento? Ela depende do número de polos?
12. Qual é a definição do escorregamento s, e como ele está relacionado com a frequência das tensões e correntes do circuito do estator e do circuito do rotor?
13. Qual é a velocidade de rotação da distribuição de fmm produzida pelas correntes do rotor: (a) com relação ao rotor? (b) no entreferro com relação a um observador estacionário?

14. Supondo $L'_{\ell r}$ seja zero, qual é a expressão para o torque T_{em} produzido? Como e por que depende este de ω_{esco} e $\hat{B}_{ms}$? Desenhe as características torque-velocidade.
15. Supondo $L'_{\ell r}$ seja zero, explique como os motores de indução satisfazem a demanda do torque da carga.
16. O que possibilita um motor de indução entrar no modo de frenagem regenerativa? Desenhe os vetores espaciais e os correspondentes fasores sob a condição de frenagem regenerativa.
17. Pode um motor de indução ser operado como um gerador que alimenta uma carga passiva, por exemplo, um banco de resistores trifásicos?
18. Como é possível inverter o sentido de rotação de um motor de indução?
19. Explique o efeito de incluir o fluxo de dispersão por meio de um diagrama de vetor espacial.
20. Como se obtém a expressão do torque, incluindo o efeito de $L'_{\ell r}$?
21. Que é $\vec{B}_r(t)$ e como se difere de $\vec{B}_{ms}(t)$? É $\vec{B}_r(t)$ perpendicular ao vetor espacial $\vec{F}_r(t)$?
22. Incluindo o fluxo de dispersão do rotor, quais barras do rotor têm as correntes mais altas em qualquer tempo?
23. Que pista devemos ter para o controle vetorial de máquinas de indução, para emular o desempenho de motores CC dos tipos com escovas e sem escovas, discutidos nos Capítulos 7 e 10?
24. Descreva como obter o circuito equivalente por fase, incluindo o efeito do fluxo de dispersão do rotor.
25. Qual é a diferença entre $\overline{I}'_{ra}$ na Figura 11.18c e na Figura 11.19c, em termos de sua frequência, magnitude e ângulo de fase?
26. É a expressão do torque na Equação 11.41 válida na presença da indutância de dispersão do rotor e da impedância de dispersão do estator?
27. Quando se produz um torque desejado T_{em}, a que são proporcionais as perdas de potência no circuito do rotor?
28. Desenhe o circuito equivalente por fase incluindo a impedância de dispersão do estator.
29. Descreva os testes e os procedimentos para obter os parâmetros do circuito equivalente por fase.
30. Em estado estacionário, quão diferente é o torque mecânico no eixo do torque eletromagnético T_{em} desenvolvido pela máquina?
31. As máquinas de indução têm torque e tensão constantes similares a outras máquinas que foram estudadas até agora? Em caso afirmativo, escreva suas expressões.
32. Desenhe as características torque-velocidade de um motor de indução para as tensões nominais aplicadas. Descreva as várias partes dessa característica.
33. Quais são as várias classes de motores de indução? Descreva brevemente suas diferenças.
34. Quais são os problemas associados à partida direta dos motores de indução? Por que a corrente de partida é tão alta?
35. Por que é utilizada a partida com tensão reduzida? Mostre a implementação do circuito e discuta os prós e os contras de utilizá-la na economia de energia.

REFERÊNCIAS

1. N. Mohan, T. Undeland, and W. Robbins, *Power Electronics: Converters, Applications, and Design*, 2nd ed. (New York: John Wiley & Sons, 1995).
2. A. E. Fitzgerald, Charles Kingsley, and Stephen Umans, *Electric Machinery*, 5th ed. (New York: McGraw Hill, 1990).
3. G. R. Slemon, *Electric Machines and Drives* (Addison-Wesley, Inc., 1992).
4. Kara Clark, Nicholas W. Miller, and Juan J. Sanchez-Gasca, *Modeling of GE Wind Turbine-Generators for Grid Studies*, GE Energy Report, Version 4.4, September 9, 2009.

EXERCÍCIOS

11.1 Considere uma máquina de indução trifásica de 3 polos e sem considerar a resistência e a indutância de dispersão dos enrolamentos do estator. A tensão nominal é 208 V (fase-fase, rms) em 60 Hz. $L_m = 60$ mH e o pico da densidade de fluxo no entreferro é 0,85 T. Considere que a tensão na fase a alcança seu pico positivo em $\omega t = 0$. Supondo que o circuito do rotor é de alguma forma um circuito aberto, calcule os seguintes vetores espaciais em $\omega t = 0$ e em $\omega t = 60°$: $\vec{v}_s$, $\vec{i}_{ms}$ e $\vec{B}_{ms}$. Desenhe o diagrama fasorial com $\overline{V}_a$ e $\overline{I}_{ms}$. Qual é a relação com $\hat{B}_{ms}$, $\hat{I}_{ms}$ e $\hat{I}_m$?

11.2 Calcule a velocidade síncrona em máquinas com frequência nominal de 60 Hz e com o seguinte número de polos p: 2, 4, 6, 8 e 12.

11.3 As máquinas do Exercício 11.2 produzem um torque nominal com um escorregamento $s = 4\%$, quando alimentadas com as tensões nominais. Sob a condição de torque nominal, calcule em cada caso a velocidade de escorregamento ω_{esco} em rad/s e a frequência f_{esco} (em Hz) das tensões e correntes no circuito do rotor.

11.4 No transformador da Figura 11.4a, cada entreferro tem um comprimento de $\ell_g = 1,0$ mm. Suponha que o núcleo de ferro tenha uma permeabilidade infinita. $N_1 = 100$ espiras e $N_2 = 50$ espiras. No entreferro $\hat{B}_g = 1,1$ T e $v_1(t) = 100\sqrt{2} \cos \omega t$ em uma frequência de 60 Hz. A impedância de dispersão do enrolamento primário pode ser desconsiderada. Com o enrolamento secundário com o circuito aberto, calcule e desenhe $i_m(t)$, $\phi_m(t)$ e a tensão induzida $e_2(t)$ no enrolamento secundário devido a $\phi_m(t)$ e $v_1(t)$.

11.5 No Exemplo 11.1, calcule a indutância de magnetização L_m.

11.6 Em uma máquina de indução, são especificadas a constante de torque $k_{T\omega}$ (na Equação 11.30) e a resistência do rotor R'_r. Calcule $\hat{I}'_r$ em função do escorregamento ω_{esco}, em termos de $K_{T\omega}$ e R'_r para torques abaixo do torque nominal. Suponha que a densidade de fluxo no entreferro esteja em seu valor nominal. *Dica*: Use a Equação 11.41.

11.7 Um motor de indução desenvolve o torque nominal em uma velocidade de escorregamento de 100 rpm. Se uma nova máquina é construída com barras de um material que tem duas vezes a resistividade da velha máquina (e nada mais é modificado), calcule a velocidade de escorregamento na nova máquina quando ela é carregada com torque nominal.

11.8 No circuito do transformador da Figura 11.4b, a carga no enrolamento secundário é uma resistência pura R_L. Mostre que a fem induzida no enrolamento secundário (devido à derivada temporal da combinação de ϕ_m e ao fluxo de dispersão do enrolamento secundário) está em fase com a corrente secundária i_2. Nota: Esse caso é análogo ao do motor de indução, em que o fluxo de dispersão do rotor é incluído e a corrente é máxima na barra, que é "cortada" por $\hat{B}_r$, o pico da distribuição de densidade de fluxo do rotor (representado por $\vec{B}_r$).

11.9 Em um motor de 5 kW, 208 V (fase-fase, rms), 60 Hz, 5 kW, $R'_s = 0,45$ Ω e $X'_{\ell r} = 0,83$ Ω. O torque nominal é desenvolvido com um escorregamento de $s = 0,04$. Supondo que o motor é alimentado com as tensões nominais e está desenvolvendo o torque nominal, calcule o ângulo de fator de potência. Que é $\hat{B}_r/\hat{B}_{ms}$?

11.10 Em um motor de 2 polos, 208 V (fase-fase, rms) 60 Hz, $R_s = 0,5$ Ω, $R'_r = 0,45$ Ω, $X_{\ell s} = 0,6$ Ω e $X'_{\ell r} = 0,83$ Ω. A reatância de magnetização $X_m = 28,5$ Ω. Esse motor é alimentado por suas tensões nominais. O torque nominal é desenvolvido no escorregamento $s = 0,004$. No torque nominal, calcule as perdas de potência do rotor, a corrente de entrada e o fator de potência de entrada de operação.

11.11 Em um motor de 208 V (fase-fase, rms), 60 Hz, 5 kW, ensaios são executados com os seguintes resultados: $R_{fase-fase} = 1,1$ Ω. Ensaio sem carga: tensões aplicadas 208 V (fase-fase, rms), $I_a = 6,5$ A e $P_{sem-carga,3-fase} = 175$ W. Ensaio de rotor bloqueado: tensões aplicadas 53 V (fase-fase, rms), $I_a = 18,2$ A e $P_{bloqueado,3-fase} = 900$ W. Estime os parâmetros do circuito equivalente por fase.

11.12 Na Figura 11.31 do GIDA, explique por que $\vec{e}_r$ está em fase com (ou 180 graus oposto a) $\vec{v}_s$.

11.13 Desenhe os vetores espaciais apropriados e os fasores correspondentes ao modo de operação como gerador em um modo subsíncrono para as entradas da Tabela 11.1.

11.14 Desenhe os vetores espaciais apropriados e os fasores correspondentes ao modo de operação como gerador em um modo supersíncrono para as entradas na Tabela 11.1.

11.15 Em um GIDA de 6 polos, trifásico, a tensão nominal é V_{LL} (rms) = 480 V em 60 Hz. No circuito equivalente por fase da Figura 11.21, seus parâmetros são como se segue: $R_s = 0{,}008\ \Omega$, $X_{\ell s} = 0{,}10\ \Omega$, $X_m = 2{,}3\ \Omega$, $R'_r = 0{,}125\ \Omega$ e $X'_{\ell r} = 0{,}15\ \Omega$. Suponha que as perdas por atrito, ventilação e no ferro sejam insignificantes. A relação de transformação dos enrolamentos do estator e rotor é 2,5/1,0. Esse gerador está fornecendo a potência ativa de 100 kW e a potência reativa de 50 kVAr à rede a uma velocidade de rotação de 1320 rpm. Calcule as tensões que devem ser aplicadas ao circuito do rotor do conversor de eletrônica de potência. Calcule as perdas de potência ativa e a absorção de potência reativa da máquina.

12
ACIONAMENTOS DO MOTOR DE INDUÇÃO: CONTROLE DE VELOCIDADE

12.1 INTRODUÇÃO

Os acionamentos do motor de indução são utilizados nos controles de processos industriais para ajustar a velocidade de ventiladores, bombas e equipamentos similares. Em muitas aplicações, a capacidade para variar eficientemente a velocidade pode conduzir a grandes economias de energia. Os acionamentos do motor de indução de velocidade ajustável são também usados em tração elétrica e no controle de movimento em fábricas automatizadas.

A Figura 12.1 mostra o diagrama de blocos de um acionamento do motor de indução de velocidade ajustável. A entrada da concessionária pode ser monofásica ou trifásica. A alimentação da rede é convertida pela unidade de processamento de potência, para tensões trifásicas de apropriadas magnitudes e frequências, com base na entrada do controlador. Na maioria dos acionamentos de velocidade ajustável (AVAs) para propósitos gerais, a velocidade não é medida; por essa razão, o bloco do sensor de velocidade e sua entrada ao controlador são mostrados com linhas tracejadas.

É possível ajustar a velocidade do motor de indução controlando apenas a magnitude das tensões na frequência de linha aplicadas ao motor. Para este propósito, um circuito a tiristores, similar ao de uma "soft starter" na Figura 11.27a, pode ser usado. Mesmo que seja simples e de baixo custo para ser implementado, esse método é extremamente ineficiente em termos de energia, se a velocidade necessita ser variada em uma ampla faixa. Também há outros métodos para controlar a velocidade, mas eles requerem motores de indução de rotor bobinado. Sua descrição pode ser encontrada nas Referências listadas no final do Capítulo 11. O foco deste capítulo é examinar o controle de velocidade energeticamente eficiente dos motores de indução do tipo gaiola de esquilo em uma ampla faixa. A ênfase será no controle de velocidade para propósitos gerais em vez do controle preciso de posição, utilizando o controle vetorial.

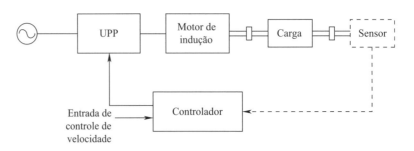

FIGURA 12.1 Diagrama de blocos de um acionamento do motor de indução.

12.2 CONDIÇÕES PARA O CONTROLE DE VELOCIDADE EFICIENTE EM UMA AMPLA FAIXA

No diagrama de blocos de um acionamento de motor de indução como mostrado na Figura 12.1, podemos observar que um sistema energeticamente eficiente requer que ambas as unidades de processamento de potência e o motor de indução mantenham uma alta eficiência energética em uma ampla variedade de condições de velocidade e torque. No Capítulo 4, foi mostrado que as técnicas do modo chaveado resultam em altas eficiências das unidades de processamento de potência. Portanto, o enfoque nesta seção será em alcançar alta eficiência dos motores de indução em uma ampla faixa de velocidades e torques.

Começamos esta discussão, primeiro considerando o caso em que, em um motor de indução, são aplicadas as tensões nominais (tensões senoidais na frequência da rede, com amplitude nominal $\hat{V}_{nominal}$ e frequência nominal $f_{nominal}$ iguais aos valores da placa de identificação). No Capítulo 11, deduzimos as seguintes expressões para um motor de indução alimentado pela rede:

$$\frac{P_{r,perdas}}{T_{em}} = \omega_{esco} \quad \text{(Equação 11.42, repetida)} \tag{12.1}$$

e

$$T_{em} = k_{t\omega} \hat{B}_{ms}^2 \omega_{esco} \quad \text{(Equação 11.29, repetida)} \tag{12.2}$$

A Equação 12.1 mostra que, para atender o torque da carga ($T_{em} = T_L$), o motor deve ser operado com uma pequena velocidade de escorregamento, ω_{esco}, tão pequena quanto possível, com o objetivo de minimizar as perdas de potência no circuito do rotor (com isso, conseguimos também minimizar as perdas na resistência do estator). A Equação 12.2 pode ser escrita como

$$\omega_{esco} = \frac{T_{em}}{k_{t\omega} \hat{B}_{ms}^2} \tag{12.3}$$

Então, para minimizar a velocidade de escorregamento ω_{esco} no torque requerido, o pico da densidade de fluxo $\hat{B}_{ms}$ deve ser mantido tão alto quanto possível (o maior valor é $\hat{B}_{ms,nominal}$), para o qual o motor é projetado; além disso, o núcleo do motor torna-se saturado. (Para discussão adicional, veja a Seção 12.9.) Portanto, mantendo $\hat{B}_{ms}$ constante em seu valor nominal, o torque eletromagnético desenvolvido pelo motor depende linearmente de sua velocidade de escorregamento ω_{esco}:

$$T_{em} = k_{T\omega} \omega_{esco} \quad \left(k_{T\omega} = k_{t\omega} \hat{B}_{ms,nominal}^2\right) \tag{12.4}$$

Essa equação é similar à Equação 11.30 do capítulo anterior.

Aplicando as tensões nominais (de amplitude $\hat{V}_{nominal}$ e frequência $f_{nominal}$), a característica torque-velocidade resultante baseada na Equação 12.4 é mostrada na Figura 12.2a, e repetida da Figura 11.12a.

A velocidade síncrona é $\omega_{sín,nominal}$. Essa característica é uma linha reta baseada na suposição de que o pico da densidade de fluxo seja mantido no seu valor nominal $\hat{B}_{ms,nominal}$ em toda a faixa de torque, até $T_{em,nominal}$. Como mostrado na Figura 12.2a, a família de tais características correspondentes a várias frequências $f_3 < f_2 < f_1 < f_{nominal}$ pode ser obtida (supondo que o pico da densidade de fluxo seja mantido completamente em seu valor nominal $\hat{B}_{ms,nominal}$ conforme será visto na próxima seção). Focando na frequência f_1, correspondente a uma das características na Figura 12.2a, a velocidade síncrona com que gira a distribuição da densidade de fluxo no entreferro é dada por

$$\omega_{sín,1} = \frac{2\pi f_1}{p/2} \tag{12.5}$$

Portanto, na velocidade do rotor $\omega_m (< \omega_{sín,1})$, a velocidade de escorregamento, medida com relação à velocidade síncrona $\omega_{sín,1}$, é

$$\omega_{esco,1} = \omega_{sín,1} - \omega_m \tag{12.6}$$

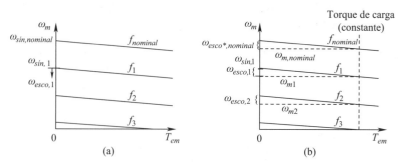

FIGURA 12.2 Características de operação com constante $\hat{B}_{ms} = \hat{B}_{ms,nominal}$.

Com a utilização da velocidade $\omega_{esco,1}$ na Equação 12.4, a característica torque-velocidade em f_1 tem a mesma inclinação de $f_{nominal}$. Isso mostra que as características em diferentes frequências são paralelas entre si, como apresentado na Figura 12.2a. Considerando uma carga cujo requisito de torque permaneça independente da velocidade, como mostrado pelas linhas tracejadas na Figura 12.2b, a velocidade pode ser ajustada controlando a frequência das tensões aplicadas; por exemplo, a velocidade é $\omega_{m,1}(=\omega_{sin,1} - \omega_{esco,1})$ na frequência f_1, e $\omega_{m,2}(=\omega_{sin,2} - \omega_{esco,2})$ em f_2.

Exemplo 12.1

Um acionamento de um motor trifásico, 60 Hz, 4 polos, 440 V (fase-fase, rms), tem uma velocidade de 1746 rpm a plena carga (nominal). O torque nominal é 40 Nm. Mantendo constante o pico da densidade de campo em seu valor nominal: (a) desenhe as curvas características torque-velocidade (porção linear) para os seguintes valores de frequência f: 60 Hz, 45 Hz, 30 Hz e 15 Hz. (b) Este motor está alimentando uma carga cujo torque requerido aumenta linearmente com a velocidade e é igual ao torque nominal do motor na sua velocidade nominal. Calcule as velocidades de operação nas quatro frequências do item (a).

Solução

a. Nesse exemplo, a velocidade (denotada pelo símbolo "n") será em rpm. Na frequência de 60 Hz, a velocidade síncrona de um motor de 4 polos pode ser calculada como segue: da Equação 12.5,

$$\omega_{sin,nominal} = \frac{2\pi f_{nominal}}{p/2}$$

Portanto,

$$n_{sin,nominal} = \underbrace{\frac{\omega_{sin,nominal}}{2\pi}}_{\text{rev. por seg.}} \times 60 \text{ rpm} = \frac{f_{nominal}}{p/2} \times 60 \text{ rpm} = 1800 \text{ rpm}.$$

Portanto,

$$n_{sin,nominal} = 1800 - 1746 = 54 \text{ rpm}.$$

As velocidades síncronas correspondentes às outras frequências são: 1350 rpm em 45 Hz, 900 rpm em 30 Hz e 450 rpm em 15 Hz. Como mostrado na Figura 12.3, as características de torque-velocidade são paralelas, para os quatro valores de frequência, mantendo $\hat{B}_{ms} = \hat{B}_{ms,nominal}$.

b. A característica torque-velocidade na Figura 12.3 pode ser descrita para cada frequência pela equação seguir, na qual n_{sin} é a velocidade síncrona correspondente àquela frequência:

$$T_{em} = k_{Tn}(n_{sin} - n_m) \tag{12.7}$$

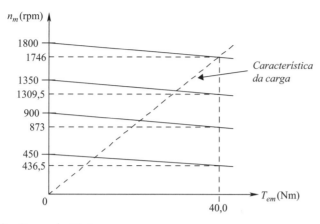

FIGURA 12.3 Exemplo 12.1.

Nesse exemplo, $k_{Tn} = \dfrac{40\text{ Nm}}{(1800-1746)\text{rpm}} = 0{,}74\,\dfrac{\text{Nm}}{\text{rpm}}$. A característica torque-velocidade da carga é linear e pode ser descrita como

$$T_L = c_n n_m \qquad (12.8)$$

em que, nesse exemplo, $c_n = \dfrac{40\text{ Nm}}{1746\text{ rpm}} = 0{,}023\,\dfrac{\text{Nm}}{\text{rpm}}$.

Em estado estacionário, o torque desenvolvido pelo motor é igual ao torque da carga. Portanto, igualando ambos os lados das Equações 12.7 e 12.8,

$$k_{Tn}(n_{sin} - n_m) = c_n n_m. \qquad (12.9)$$

Por conseguinte,

$$n_m = \dfrac{k_{Tn}}{k_{Tn} + c_n}\, n_{sin} = 0{,}97 n_{sin}\ (\text{neste exemplo}). \qquad (12.10)$$

Portanto, temos as seguintes velocidades e velocidades de escorregamento para vários valores de f:

f (HZ)	n_{sin} (rpm)	n_m (rpm)	n_{esco} (rpm)
60	1800	1746	54
45	1350	1309,5	40,5
30	900	873	27
15	450	436,5	13,5

12.3 AMPLITUDES DAS TENSÕES APLICADAS PARA MANTER $\hat{B}_{ms} = \hat{B}_{ms,nominal}$

Mantendo $\hat{B}_{ms}$ em seu valor nominal, minimiza-se a potência de perdas no circuito do rotor. Para manter $\hat{B}_{ms,nominal}$, nas diferentes frequências e no torque de carga, as tensões aplicadas devem ser de amplitudes apropriadas, como será discutido nesta seção.

O circuito equivalente por fase de um motor de indução no estado estacionário equilibrado e senoidal é mostrado na Figura 12.4a. Com as tensões nominais em $\hat{V}_{a,nominal}$ e $f_{nominal}$ aplicadas no estator e carregando o motor com seu torque nominal (plena carga) $T_{em,nominal}$ é estabelecido o ponto de operação nominal. No ponto de operação nominal, todas as grandezas relacionadas ao motor estão em seus valores nominais: a velocidade síncrona $\omega_{sin,nominal}$ e a velocidade do motor $\omega_{m,nominal}$, a velocidade de escorregamento $\omega_{esco,nominal}$, o pico da densidade de fluxo $\hat{B}_{ms,nominal}$, a tensão interna $\hat{E}_{ma,nominal}$, a corrente de magnetização $\hat{I}_{ma,nominal}$, a corrente do ramo do rotor $\hat{I}_{ra,nominal}$ e a corrente do estator $\hat{I}_{ra,nominal}$.

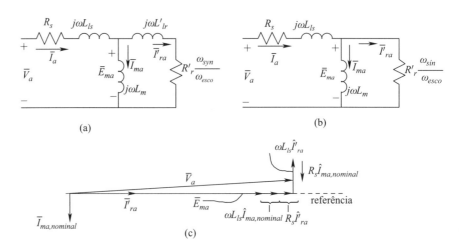

FIGURA 12.4 (a) Circuito equivalente por fase no estado estacionário equilibrado; (b) Circuito equivalente sem considerar o fluxo de dispersão do rotor; (c) diagrama fasorial na operação em estado estacionário com densidade de fluxo nominal.

O objetivo de manter a densidade de fluxo em $\hat{B}_{ms,nominal}$ implica que, no circuito equivalente da Figura 12.4a, a corrente de magnetização deve ser mantida em $\hat{I}_{ma,nominal}$.

$$\hat{I}_{ma} = \hat{I}_{ma,nominal} \text{ (uma constante)} \tag{12.11}$$

Com essa corrente de magnetização, a tensão interna $\hat{E}_{ma}$ na Figura 12.4a tem a seguinte amplitude:

$$\hat{E}_{ma} = \omega L_m \hat{I}_{ma,nominal} = \underbrace{2\pi L_m \hat{I}_{ma,nominal}}_{\text{constante}} f \tag{12.12}$$

Isso mostra que $\hat{E}_{ma}$ é linearmente proporcional à frequência f das tensões aplicadas.

Para torques abaixo do valor nominal, a indutância de dispersão do rotor pode ser desprezível (veja o Exemplo 11.6), como mostrado no circuito equivalente da Figura 12.4b. Com esta suposição, a corrente do ramo do rotor $\overline{I}'_{ra}$ está em fase com a tensão interna $\overline{E}_{ma}$, e sua amplitude $\overline{I}'_{ra}$ depende linearmente do torque eletromagnético desenvolvido pelo motor (como na Equação 11.28), para proporcionar o torque de carga. Portanto, em termos dos valores nominais,

$$\hat{I}'_{ra} = \left(\frac{T_{em}}{T_{em,nominal}}\right) \hat{I}'_{ra,nominal} \tag{12.13}$$

Na mesma frequência e mesmo torque, o diagrama fasorial correspondente ao circuito equivalente da Figura 12.4b é mostrado na Figura 12.4c. Se a fem interna é o fasor de referência $\overline{E}_{ma} = \hat{E}_{ma} \angle 0°$, então $\overline{I}'_{ra} = \hat{I}'_{ra} \angle 0°$ e a tensão aplicada são

$$\overline{V}_a = \hat{E}_{ma} \angle 0° + (R_s + j2\pi f L_{\ell s})\overline{I}_s \tag{12.14}$$

em que

$$\overline{I}_s = \hat{I}'_{ra} \angle 0° - j\hat{I}_{ma,nominal} \tag{12.15}$$

Substituindo a Equação 12.15 na Equação 12.14 e separando as partes real e imaginária,

$$\overline{V}_a = [\hat{E}_{ma} + (2\pi f L_{\ell s})\hat{I}_{ma,nominal} + R_s \hat{I}'_{ra}] + j[(2\pi f L_{\ell s})\hat{I}'_{ra} - R_s \hat{I}_{ma,nominal}] \tag{12.16}$$

Esses fasores são mostrados na Figura 12.4c próximos da condição de operação nominal, utilizando valores razoáveis dos parâmetros. O diagrama fasorial mostra que, na determinação da magnitude $\hat{V}_a$ do fasor da tensão aplicada $\overline{V}_a$, a componente perpendicular na Equação 12.16 pode ser desconsiderada, resultando em

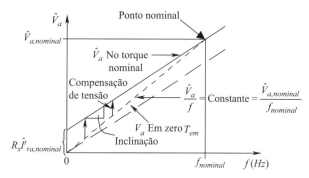

FIGURA 12.5 Relação da tensão aplicada e frequência na densidade de fluxo constante.

$$\hat{V}_a \cong \hat{E}_{ma} + (2\pi f L_{\ell s}) \hat{I}_{ma,nominal} + R_s \hat{I}'_{ra} \qquad (12.17)$$

Substituindo $\hat{E}_{ma}$ da Equação 12.12 na Equação 12.17 e rearranjando os termos,

$$\hat{V}_a = \underbrace{2\pi(L_m + L_s)\hat{I}_{ma,nominal}}_{\text{inclinação constante}} f + R_s \hat{I}'_{ra} \quad \text{ou} \quad \hat{V}_a = (inclinação)f + R_s \hat{I}'_{ra} \qquad (12.18)$$

Isso mostra que, para manter a densidade de fluxo em seu valor nominal, a amplitude da tensão aplicada $\hat{V}_a$ depende linearmente da frequência f das tensões aplicadas, exceto para a compensação devido à resistência R_s dos enrolamentos do estator. Em um valor de torque constante, a relação na Equação 12.18 entre $\hat{V}_a$ e f é uma linha reta, como mostra a Figura 12.5.

Essa reta tem uma inclinação constante igual a $2\pi(L_m + L_{\ell s})\hat{I}_{ma,nominal}$. Essa inclinação pode ser obtida utilizando os valores do ponto de operação nominal do motor na Equação 12.18:

$$inclinação = \frac{\hat{V}_{a,nominal} - R_s \hat{I}'_{ra,nominal}}{f_{nominal}} \qquad (12.19)$$

Portanto, em termos da inclinação na Equação 12.19, a relação na Equação 12.18 pode ser expressa como

$$\hat{V}_a = \left(\frac{\hat{V}_{a,nominal} - R_s \hat{I}'_{ra,nominal}}{f_{nominal}}\right)f + R_s \hat{I}'_{ra} \qquad (12.20)$$

No torque nominal, na Equação 12.20, $\hat{V}_a$, $\hat{I}'_{ra}$ e f estão todos em seus valores nominais. Isto estabelece o ponto nominal mostrado na Figura 12.5. Para continuar fornecendo o torque nominal, conforme a frequência f é reduzida a quase zero em velocidades muito baixas, da Equação 12.20,

$$\hat{V}_a|_{T_{em,nominal}, f \simeq 0} = R_s \hat{I}'_{ra,nominal} \qquad (12.21)$$

Isso é mostrado pela compensação acima da origem na Figura 12.5. Entre esse ponto de compensação (em $f \simeq 0$) e o ponto nominal, a característica tensão-frequência é linear, como apresentado, enquanto o motor é carregado para liberar o torque nominal. Considerando outro caso do motor a vazio, em que $\hat{I}'_{ra} \simeq 0$ na Equação 12.20, então, próximo da frequência nula,

$$\hat{V}_a|_{T_{em}=0, f \simeq 0} = 0 \qquad (12.22)$$

Essa condição desloca a característica inteira para baixo na condição sem carga, comparada àquela do torque nominal, como mostrado na Figura 12.5. Uma característica aproximada V/f (independente do torque desenvolvido pelo motor) também é mostrada na Figura 12.5 pela linha tracejada entre a origem e o ponto nominal. Comparando-se à relação aproximada, a Figura 12.5 mostra que uma "tensão de compensação" (*boost tension*) é necessária para altos valores de torque, devido à queda de tensão na resistência do estator. Em termos percentuais, essa tensão de compensação é muito significativa em baixas frequências, o que corresponde à operação do motor em baixas velocidades; a porcentagem de tensão de compensação, que é necessária próxima da frequência nominal (próximo da velocidade nominal) é muito menor.

Exemplo 12.2

No motor do Exemplo 12.1, o motor de indução é tal que, quando aplicadas as tensões nominais e carregado com o torque nominal, ele absorve 10,39 A (rms) por fase com fator de potência 0,866 (atrasado). $R_s = 1,5\ \Omega$. Determine as tensões correspondentes aos quatro valores de frequência f para manter $\hat{B}_{ms} = \hat{B}_{ms,nominal}$.

Solução Sem considerar a indutância de dispersão do rotor, como mostrado no diagrama fasorial da Figura 12.6, o valor nominal da corrente do ramo do rotor pode ser calculado como

$$\hat{I}'_{ra,nominal} = 10,39\sqrt{2}(0,866) = 9,0\sqrt{2}\ \text{A}.$$

Utilizando a Equação 12.20 nos valores nominais, a inclinação da característica pode ser calculada como

$$inclinação = \frac{\hat{V}_{a,nominal} - R_s \hat{I}'_{ra,nominal}}{f_{nominal}} = \frac{\frac{440\sqrt{2}}{\sqrt{3}} - 1,5 \times 9,0\sqrt{2}}{60} = 5,67\ \frac{\text{V}}{\text{Hz}}.$$

Na Equação 12.20, $\hat{I}'_{ra}$ depende do torque que o motor está fornecendo. Portanto, substituindo $\hat{I}'_{ra}$ da Equação 12.13 na Equação 12.20,

$$\hat{V}_a = \left(\frac{\hat{V}_{a,nominal} - R_s \hat{I}'_{ra,nominal}}{f_{nominal}}\right) f + R_s \left(\frac{T_{em}}{T_{em,nominal}} \hat{I}'_{ra,nominal}\right). \quad (12.23)$$

Enquanto o acionamento está alimentando a carga, cujo torque depende linearmente da velocidade (e requer o torque nominal na velocidade nominal como no Exemplo 12.1), a relação do torque na Equação 12.23 é

$$\frac{T_{em}}{T_{em,nominal}} = \frac{n_m}{n_{m,nominal}}.$$

Portanto, a Equação 12.23 pode ser escrita como

$$\hat{V}_a = \left(\frac{\hat{V}_{a,nominal} - R_s \hat{I}'_{ra,nominal}}{f_{nominal}}\right) f + R_s \left(\frac{n_m}{n_{m,nominal}} \hat{I}'_{ra,nominal}\right) \quad (12.24)$$

Substituindo os quatro valores da frequência f e suas correspondentes velocidades do Exemplo 12.1, as tensões são tabuladas como a seguir. Os valores obtidos utilizando-se a característica aproximada da linha tracejada na Figura 12.5 (que supõe uma relação linear de V/f) são quase idênticos aos valores da tabela abaixo, pelo motivo de que, em baixos valores da frequência (portanto, em baixas velocidades), o torque também é reduzido neste exemplo — logo, uma tensão de compensação é necessária.

f	60 Hz	45 Hz	30 Hz	15 Hz
$\hat{V}_a$	359,3 V	269,5 V	179,6 V	89,8 V

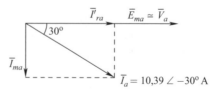

FIGURA 12.6 Exemplo 12.2.

12.4 CONSIDERAÇÕES DE PARTIDA EM ACIONAMENTOS

As correntes de partida são principalmente limitadas pelas indutâncias de dispersão do estator e rotor, e podem ser de 6 a 8 vezes a corrente nominal do motor, como mostrado na curva da Figura 11.23b do Capítulo 11. Nos acionamentos do motor da Figura 12.1, se altas correntes são absorvidas, mesmo por curtos tempos, a corrente nominal requerida na unidade de processamento de potência será excessivamente alta e inaceitável.

Na partida, a velocidade ω_m do rotor é zero, e por isso a velocidade de escorregamento ω_{esco} é igual à velocidade síncrona ω_{sin}. Portanto, na partida devemos aplicar tensões com baixa frequência de maneira a manter ω_{esco} em um valor baixo e assim evitar altas correntes de partida. A Figura 12.7a apresenta a característica torque-velocidade em uma frequência $f_{partida}$ ($= f_{esco,nominal}$) tal que o torque de partida (em $\omega_m = 0$) é igual ao valor nominal. Supõe-se que as magnitudes das tensões aplicadas são aproximadamente ajustadas para manter $\hat{B}_{ms}$ constante em seu valor nominal.

Como mostrado na Figura 12.7b, conforme as velocidades do rotor crescem gradativamente, a frequência f aumenta continuamente a uma taxa pré-ajustada, até que a velocidade final desejada seja alcançada em estado estacionário. A taxa em que a frequência é incrementada não deve permitir que a corrente do motor exceda um limite específico (usualmente 150 por cento do valor nominal). A taxa deve ser diminuída para cargas de alta inércia, para permitir que o motor alcance a velocidade normal. Note que a amplitude da tensão é ajustada em função da frequência f, como discutido na seção anterior, para manter $\hat{B}_{ms}$ constante em seu valor nominal.

Exemplo 12.3

O acionamento do motor dos Exemplos 12.1 e 12.2 necessita desenvolver um torque de partida de 150 por cento do nominal a fim de superar o atrito na partida. Calcule $f_{partida}$ e $\hat{V}_{a,partida}$.

Solução A velocidade de escorregamento nominal deste motor é 54 rpm. Para desenvolver 150 por cento do torque nominal, a velocidade de escorregamento na partida deve ser $1,5 \times n_{esco,nominal} = 81$ rpm. Note que na partida a velocidade síncrona é a mesma que a velocidade de escorregamento. Portanto, $n_{sin,partida} = 81$ rpm. Assim, da Equação 12.5 para este motor de 4 polos,

$$f_{partida} = \underbrace{\left(\frac{n_{sin,partida}}{60}\right)}_{\text{rev. por segundo}} \frac{p}{2} = 2,7 \text{ Hz}$$

Em 150 por cento do torque nominal, da Equação 12.13,

$$\hat{I}'_{ra,partida} = 1,5 \times \hat{I}'_{ra,nominal} = 1,5 \times 9,0 \sqrt{2} \text{ A}.$$

Substituindo vários valores na partida na Equação 12.20,

$$\hat{V}_{a,partida} = 43,9 \text{ V}$$

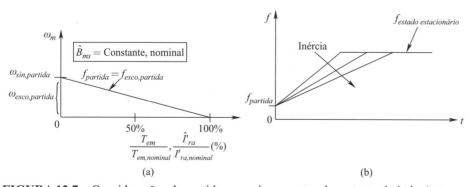

FIGURA 12.7 Considerações de partida nos acionamentos de motores de indução.

12.5 CAPACIDADE PARA OPERAR ACIMA E ABAIXO DA VELOCIDADE NOMINAL

Devido à construção robusta do motor tipo gaiola de esquilo, os acionamentos do motor de indução podem ser operados em velocidades na faixa de zero até quase duas vezes a velocidade nominal. As seguintes restrições na operação do acionamento devem ser observadas:

- A magnitude das tensões aplicadas é limitada em seu valor nominal. Caso contrário, o isolamento do motor pode ser danificado e as especificações da unidade de processamento de potência terão que ser maiores.

- As correntes do motor são também limitadas aos seus valores nominais. Isto é devido a que a corrente do rotor $\hat{I}'_{ra}$ é limitada a seu valor nominal para limitar as perdas, $P_{r,perdas}$, nas resistências das barras do rotor. Essas perdas acima de seu valor nominal dissipam calor, e é difícil a sua remoção; isto causa um superaquecimento no motor e pode exceder o seu limite de projeto, diminuindo, assim, a vida útil do motor.

As regiões de capacidade de torque acima e abaixo da velocidade nominal são mostradas na Figura 12.8 e discutidas nas seções seguintes.

12.5.1 Capacidade de Torque Abaixo da Velocidade Nominal (com $\hat{B}_{ms} = \hat{B}_{ms,nominal}$)

Essa região de operação já foi discutida na Seção 12.3, em que o motor é operado com densidade de fluxo nominal $\hat{B}_{ms,nominal}$. Portanto, em qualquer velocidade abaixo da velocidade nominal, um motor em estado estacionário pode entregar o torque nominal enquanto $\hat{I}'_{ra}$ permanece igual a seu valor nominal. Essa região é mostrada na Figura 12.8 como a região de capacidade de torque nominal. Em baixas velocidades, devido à baixa ventilação, a capacidade de torque em estado estacionário pode precisar ser reduzida, como mostrado pelas curvas de linhas tracejadas.

12.5.2 Capacidade de Potência Nominal Acima da Velocidade Nominal por Enfraquecimento de Campo

Velocidades acima do valor nominal são obtidas por incremento da frequência f acima da frequência nominal; dessa maneira, é aumentada a velocidade síncrona em que a distribuição de densidade de fluxo gira no entreferro:

$$\omega_{sin} > \omega_{sin,nominal} \tag{12.25}$$

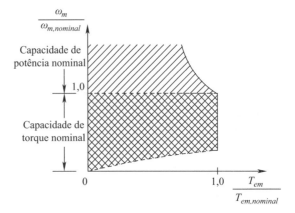

FIGURA 12.8 Capacidade abaixo e acima da velocidade nominal.

A amplitude das tensões aplicadas é limitada em seu valor nominal $\hat{V}_{a,nominal}$, como discutido anteriormente. Desconsiderando a queda de tensão na indutância de dispersão e na resistência do enrolamento do estator, em seus valores nominais, o pico da densidade de campo $\hat{B}_{ms}$ cai abaixo de seu valor nominal, de forma que este seja inversamente proporcional ao aumento da frequência f (de acordo com a Equação 11.7 do capítulo anterior):

$$\hat{B}_{ms} = \hat{B}_{ms,nominal} \frac{f_{nominal}}{f} \quad (f > f_{nominal}) \tag{12.26}$$

No circuito equivalente da Figura 12.4b, a corrente do ramo do rotor não deve exceder seu valor nominal $\hat{I}'_{ra,nominal}$ em estado estacionário; caso contrário, as perdas de potência excederão seu valor nominal. Sem considerar a queda de tensão na indutância de dispersão do enrolamento do rotor, a potência trifásica máxima, em termos da quantidade de pico (o fator adicional de ½ é devido aos valores de pico), é

$$P_{máx} = \frac{3}{2} \hat{V}_{a,nominal} \hat{I}'_{a,nominal} = P_{nominal} \quad (f > f_{nominal}) \tag{12.27}$$

Portanto, essa região é frequentemente referida como a região de capacidade de potência nominal. Com $\hat{I}'_{ra}$ em seu valor nominal, conforme a frequência f é incrementada para obter altas velocidades, o torque máximo que o motor pode desenvolver é calculado pela substituição da densidade de fluxo dado pela Equação 12.26 na Equação 11.28 do capítulo anterior:

$$T_{em}\big|_{\hat{I}'_{r,nominal}} = k_t \hat{I}'_{r,nominal} \hat{B}_{ms} = \underbrace{k_t \hat{I}'_{r,nominal} \hat{B}_{ms,nominal}}_{T_{em,nominal}} \frac{f}{f_{nominal}} = T_{em,nominal} \frac{f_{nominal}}{f} \tag{12.28}$$

Isso mostra que o torque máximo, traçado na Figura 12.8, é inversamente proporcional à frequência.

12.6 ACIONAMENTOS DO GERADOR DE INDUÇÃO

As máquinas de indução podem operar como geradores, como discutido na Seção 11.3.2.4. Para que uma máquina de indução opere como gerador, as tensões aplicadas devem estar em uma frequência em que a velocidade síncrona seja menor que a velocidade do rotor, resultando em uma velocidade de escorregamento negativa:

$$\omega_{esco} = (\omega_{sín} - \omega_m) < 0 \qquad \omega_{sín} < \omega_m \tag{12.29}$$

Mantendo a densidade de fluxo em $\hat{B}_{ms,nominal}$ controlando as amplitudes das tensões, o torque desenvolvido, de acordo com a Equação 12.4, é negativo (em um sentido oposto da rotação) para valores negativos da velocidade de escorregamento. A Figura 12.9 mostra as

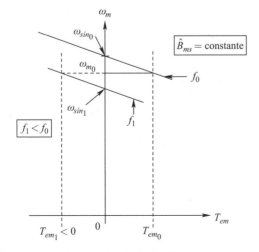

FIGURA 12.9 Acionamentos do gerador de indução.

características torque-velocidade do motor em duas frequências, supondo que seja constante $\hat{B}_{ms} = \hat{B}_{ms,nominal}$. Essas características são estendidas na região de torque negativo para velocidades do rotor acima da correspondente velocidade síncrona. Considere que a máquina de indução esteja operando inicialmente como motor, com uma frequência do estator f_0 e na velocidade do rotor de ω_{m_0} que é menor que ω_{sin_0}. Se a frequência do estator é diminuída a f_1, a nova velocidade síncrona será ω_{sin_1}. Isto faz com que a velocidade de escorregamento seja negativa, e, assim, o T_{em} chega a ser negativo, como mostrado na Figura 12.9. Esse torque atua no sentido oposto ao de rotação.

Portanto, em aplicações de turbinas eólicas, tal como mostrado na Figura 11.28 do capítulo anterior, se uma máquina de indução do tipo gaiola de esquilo está operando como um gerador, então a velocidade síncrona ω_{sin} (correspondente à frequência das tensões aplicadas aos terminais do motor pela interface de eletrônica de potência) deve ser menor que a velocidade do rotor ω_m, assim, a velocidade de escorregamento ω_{esco} é negativa e a máquina opera como gerador.

12.7 CONTROLE DE VELOCIDADE DE ACIONAMENTOS DO MOTOR DE INDUÇÃO

O foco desta seção é discutir o controle de velocidade de acionamentos do motor de indução em aplicações de propósito geral em que o controle preciso de velocidade não é necessário, e, portanto, como mostrado na Figura 12.10, a velocidade não é medida (em vez disso, ela é estimada).

A velocidade de referência $\omega_{m,ref}$ é ajustada manualmente, ou por uma malha de controle de ação lenta no processo, em que o acionamento é utilizado. A utilização do motor de indução em aplicações de servoacionamento de alto desempenho será discutida no próximo capítulo.

Adicionalmente à velocidade de referência, as outras duas entradas do controlador são a tensão do enlace CC V_d e a corrente de entrada i_d do inversor. Esta corrente do enlace CC representa as correntes instantâneas trifásicas do motor. Alguns dos pontos a salientar do controle da Figura 12.10 estão descritos a seguir.

Limite de Aceleração/Desaceleração. Durante a aceleração e desaceleração, é necessário manter as correntes do motor e a tensão do enlace CC V_d dentro de seus valores de projeto. Portanto, na Figura 12.10, a aceleração e desaceleração máximas são usualmente ajustadas pelo usuário, resultando em um sinal de velocidade de referência dinamicamente modificada ω_m^*.

Limite de Corrente. No modo de motorização, se ω_{sin} se incrementa rapidamente, em comparação com a velocidade do motor, então a ω_{esco} e as correntes do motor podem exceder seus limites. Para limitar a aceleração de maneira que as correntes permaneçam dentro

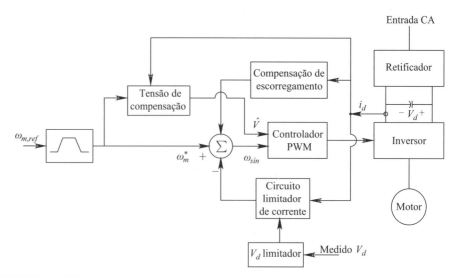

FIGURA 12.10 Controle de velocidade de acionamentos de motores de indução.

de seus limites, i_d (sendo a corrente real do motor) é comparada com o limite de corrente, e o erro é aplicado no controlador atuando sobre o circuito de controle de velocidade reduzindo a aceleração (reduzindo ω_{sin}).

No modo de frenagem regenerativa, se ω_{sin} é reduzida rapidamente, o escorregamento negativo chegará a ser muito grande em magnitude e resultará em uma alta corrente no motor e no inversor da unidade de processamento de potência (UPP). Para restringir esta corrente dentro do limite, i_d é comparada com o limite de corrente, e o erro é aplicado no controlador para diminuir a desaceleração (por incremento de ω_{sin}).

Durante a frenagem regenerativa, a tensão do capacitor no barramento CC deve ser mantida dentro de um limite máximo. Se o retificador da UPP é unidirecional em fluxo de potência, um resistor de dissipação é ligado, em paralelo com o capacitor do enlace CC, para possibilitar uma capacidade de frenagem dinâmica. Se a energia regenerada pelo motor é muito maior que a energia perdida através dos vários meios de dissipação, a tensão do capacitor pode chegar a ser excessiva. Portanto, se o limite é excedido, o circuito de controle diminui a desaceleração (incrementando ω_{sin}).

Compensação de Escorregamento. Na Figura 12.10, para alcançar uma velocidade do rotor igual a seu valor de referência, na máquina devem ser aplicadas tensões na frequência f, com uma correspondente velocidade síncrona, ω_{sin}, tal que esta seja a soma de ω_m^* e da velocidade de escorregamento:

$$\omega_{sin} = \omega_m^* + \underbrace{T_{em}/k_{T\omega}}_{\omega_{esco}} \qquad (12.30)$$

em que a velocidade de escorregamento requerida, em concordância com a Equação 12.4, depende do torque a ser desenvolvido. A velocidade de escorregamento é calculada pelo bloco de compensação de escorregamento da Figura 12.10. Então, o T_{em} é estimado como segue: A entrada de potência CC ao inversor é medida como o produto de V_d e i_d. Devido a isso, as perdas estimadas no inversor da UPP e na resistência do estator são subtraídas para estimar a potência total $P_{méd}$ atravessando o entreferro para o rotor. Pode-se mostrar por adição das Equações 11.40 e 11.42 do capítulo anterior, que $T_{em} = P_{méd}/\omega_{sin}$.

Tensão de Compensação (Boost). Para manter a densidade de fluxo $\hat{B}_{ms}$ constante em seu valor nominal, a tensão do motor deve ser controlada de acordo com a Equação 12.18, em que $\hat{I}'_{ra}$ é proporcionalmente linear ao T_{em} estimado anteriormente.

12.8 UNIDADES DE PROCESSAMENTO DE POTÊNCIA MODULADAS POR LARGURA DE PULSO

No diagrama de blocos da Figura 12.10, as entradas $\hat{V}$ e ω_{sin} geram as três tensões de controle que são comparadas com a forma de onda triangular v_{tri} de frequência de chaveamento e de amplitude constante. A unidade de processamento de potência da Figura 12.11a, como

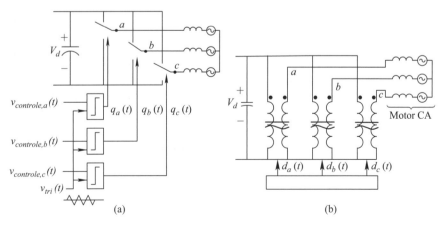

FIGURA 12.11 Unidade de processamento de potência. (a) Representação do chaveamento; (b) representação média.

descrita no Capítulo 4, fornece as tensões desejadas aos enrolamentos do estator. Calculando os valores médios, cada polo é representado pelo transformador ideal na Figura 12.11b, cuja relação de espiras é controlada continuamente para ser proporcional à tensão de controle.

12.8.1 Harmônicas das Tensões de Saída na Unidade de Processamento de Potência

As formas de onda das tensões instantâneas correspondentes aos sinais lógicos são mostradas na Figura 12.12a. Esses são mais bem discutidos por meio de simulações no computador. O espectro de harmônicas das formas de onda das tensões de saída fase-fase mostra a presença de tensões harmônicas nas bandas laterais da frequência de chaveamento f_s e seus múltiplos. As tensões de saída da UPP, por exemplo $v_a(t)$, podem ser decompostas na componente fundamental de frequência (designada pelo subscrito "1") e na ondulação de tensão

$$v_a(t) = v_{a1}(t) + v_{a,ondulação}(t) \qquad (12.31)$$

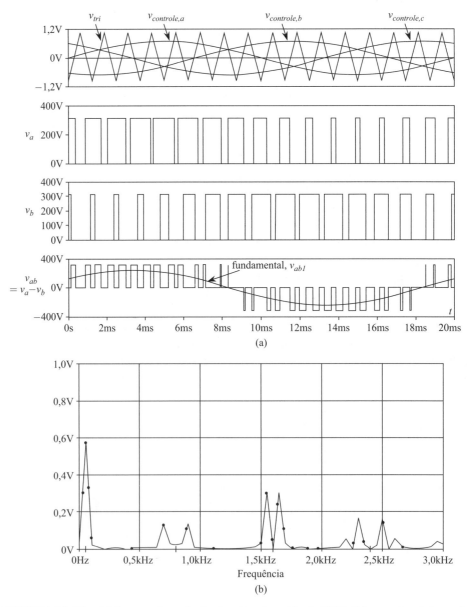

FIGURA 12.12 (a) Formas de onda das tensões de saída da UPP; (b) espectro de harmônicas das tensões fase-fase.

em que a tensão de ondulação consiste em duas componentes na faixa de frequências maiores que a frequência de chaveamento f_s, como mostrado na Figura 12.12b. Com a disponibilidade de dispositivos de potência de alta velocidade de chaveamento, tais como os modernos IGBTs, a frequência de chaveamento em baixas e médias potências dos acionamentos de motores pode aproximar-se de, e em alguns casos exceder, 20 kHz. A motivação para selecionar uma alta frequência de chaveamento f_s, se as perdas por chaveamento na unidade de processamento de potência puderem ser controladas, é reduzir a ondulação nas correntes do motor, e, por consequência, reduzir a ondulação do torque eletromagnético e as perdas de potência nas resistências do motor.

Para analisar a resposta do motor, quando se aplicam tensões com ondulação, será aplicada a superposição. A resposta dominante do motor é determinada pelas tensões de frequência fundamental, que estabelecem a velocidade síncrona ω_{sin} e a velocidade do rotor ω_m. O circuito equivalente por fase na frequência fundamental é mostrado na Figura 12.13a.

Nas tensões de saída da UPP, as componentes de frequência harmônica $f_s \gg f$ produzem a distribuição de fluxo girante no entreferro na velocidade síncrona $\omega_{sin,h}$ em que

$$\omega_{sin,h}(= h \times \omega_{sin}) \gg \omega_{sin}, \omega_m \quad (12.32)$$

A distribuição de densidade de fluxo na frequência harmônica pode estar girando no mesmo sentido ou em sentido oposto ao rotor. Em qualquer caso, devido à velocidade de giro ser muito maior quando comparada com a velocidade do rotor ω_m, a velocidade de escorregamento para as frequências harmônicas é

$$\omega_{esco,h} = \omega_{sin,h} \pm \omega_m \cong \omega_{sin,h} \quad (12.33)$$

Portanto, no circuito equivalente por fase na frequência harmônica,

$$R'_r \frac{\omega_{sin,h}}{\omega_{esco,h}} \cong R'_r \quad (12.34)$$

que é mostrado na Figura 12.13b. Em altas frequências de chaveamento, a reatância de magnetização é muito alta e deve ser negligenciada no circuito da Figura 12.13b, e a corrente de frequência harmônica é determinada principalmente pelas reatâncias de escapamento (que predominam sobre R'_r):

$$\hat{I}_{ah} \cong \frac{\hat{V}_{ah}}{X_{\ell s,h} + X'_{\ell r,h}} \quad (12.35)$$

As potências de perdas adicionais, devido às correntes de frequências harmônicas nas resistências do estator e rotor, na base trifásica, podem ser expressas como

$$\Delta P_{perdas,R} = 3 \sum_h \frac{1}{2}(R_s + R'_r)\hat{I}^2_{ah} \quad (12.36)$$

Em adição a essas perdas, há perdas adicionais no ferro do estator e rotor devido à histerese e às correntes parasitas nas frequências harmônicas. Essas são discutidas mais adiante no Capítulo 14, que trata das eficiências em acionamentos.

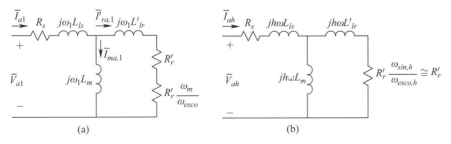

FIGURA 12.13 Circuito equivalente monofásico; (a) na frequência fundamental; (b) na frequência harmônica.

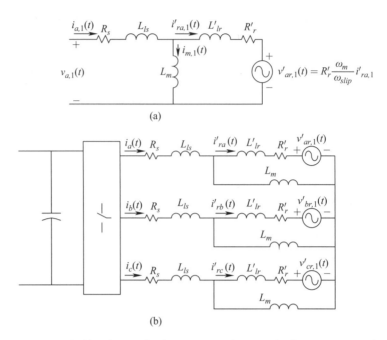

FIGURA 12.14 (a) Circuito equivalente para a frequência fundamental e frequências harmônicas em estado estacionário; (b) circuito equivalente trifásico.

12.8.2 Modelagem da Unidade de Processamento de Potência Alimentando Motores de Indução em Estado Estacionário

Em estado estacionário, um motor de indução alimentado por tensões da UPP deve ser modelado de forma tal que permita que as correntes de frequência fundamental na Figura 12.13a e as correntes de frequências harmônicas na Figura 12.13b sejam superpostas. Isso pode ser feito se o circuito equivalente por fase é desenhado como mostrado na Figura 12.14a, em que a queda de tensão na resistência $R'_r \dfrac{\omega_m}{\omega_{esco}}$ na Figura 12.13a na frequência fundamental é representada pela tensão de frequência fundamental $R'_r \dfrac{\omega_m}{\omega_{esco}} i'_{ra,1}(t)$. As três fases são mostradas na Figura 12.14b.

12.9 REDUÇÃO DE $\hat{B}_{ms}$ EM CARGAS LEVES

Na Seção 12.2 nenhuma atenção foi dada às perdas no núcleo (somente perdas no cobre) sob a justificativa de que a máquina deve ser operada na sua densidade de fluxo nominal em qualquer torque e enquanto opera em velocidades abaixo da velocidade nominal. Conforme ilustrado pela discussão da Seção 11.9 do Capítulo 11, é possível melhorar a eficiência global em condições de carga leve reduzindo $\hat{B}_{ms}$ abaixo de seu valor nominal.

RESUMO/QUESTÕES DE REVISÃO

1. Quais são as aplicações dos acionamentos de velocidade ajustável?
2. Por que são tão ineficientes os circuitos de redução de tensão baseados em tiristores para o controle de velocidade de motores de indução?
3. Na operação abaixo da velocidade nominal (e sem considerar as perdas no núcleo), por que é mais eficiente manter o pico da densidade de fluxo no entreferro em seu valor nominal?
4. Como um motor de indução é operado em valores diferentes de frequências, e consequentemente em diferentes valores da velocidade síncrona, como é definida a velocidade de escorregamento?

5. Alimentando uma carga que requer um torque constante, independente da velocidade, qual é a velocidade de escorregamento nos vários valores de frequência das tensões aplicadas?
6. Para manter o pico da densidade de fluxo no entreferro no valor nominal, por que as magnitudes das tensões dependem do torque fornecido pelo motor em uma dada frequência de operação?
7. Na partida, por que devem ser aplicadas inicialmente tensões de baixa frequência?
8. Em velocidades abaixo da velocidade nominal, qual é o limite do torque que pode ser entregue e por quê?
9. Em velocidades acima do valor nominal, qual é o limite na potência que pode ser entregue e por quê? Qual a implicância disso para o torque que pode ser entregue acima da velocidade nominal?

REFERÊNCIAS

1. N. Mohan, T. Undeland, and W. P. Robbins, *Power Electronics: Converters, Applications, and Design*, 2nd ed. (New York: John Wiley & Sons, 1995).
2. B. K. Bose, *Power Electronics and AC Drives* (Prentice-Hall, 1986).
3. M. Kazmierkowski, R. Krishnan and F. Blaabjerg, *Control of Power Electronics* (Academic Press, 2002).

EXERCÍCIOS

12.1 Repita o Exemplo 12.1 se a carga é uma carga centrífuga que requer um torque proporcional ao quadrado da velocidade, tal que esse torque é igual ao torque nominal do motor na velocidade nominal deste.

12.2 Repita o Exemplo 12.2 se a carga é uma carga centrífuga que requer um torque proporcional ao quadrado da velocidade, tal que esse torque seja igual ao torque nominal do motor na velocidade nominal do mesmo.

12.3 Repita o Exemplo 12.3 se o torque de partida é igual ao torque nominal.

12.4 Considere o acionamento dos Exemplos 12.1 e 12.2, operando na frequência nominal de 60 Hz e fornecendo o torque nominal. Na velocidade de operação nominal, calcule as tensões (em frequência e amplitude) necessárias para produzir um torque de frenagem regenerativa que seja igual ao torque nominal em magnitude.

12.5 Uma máquina de indução trifásica de 6 polos utilizada em turbinas eólicas tem as seguintes especificações: $V_{LL} = 600$ V (rms) em 60 Hz, a potência nominal de saída de $P_{saída} = 1,5$ MW, o escorregamento nominal $s_{nominal} = 1\%$. Supondo que a eficiência da máquina seja de 95% enquanto opera próximo da potência nominal, calcule a frequência das tensões a serem aplicadas a essa máquina, pelo conversor de eletrônica de potência, se a velocidade de rotação é 1100 rpm. Estime a potência de saída desse gerador.

EXERCÍCIO DE SIMULAÇÃO

12.6 Utilizando a representação do inversor PWM, simule os acionamentos dos Exemplos 12.1 e 12.2, enquanto esse inversor opera em estado estacionário, na frequência de 60 Hz. A tensão do barramento CC é de 800 V e as indutâncias de dispersão do estator e rotor são de 2,2 Ω. Estime a resistência do rotor R'_r a partir dos dados fornecidos nos Exemplos 12.1 e 12.2.

13
ACIONAMENTOS DE RELUTÂNCIA: ACIONAMENTOS DE MOTORES DE PASSO E RELUTÂNCIA CHAVEADA

13.1 INTRODUÇÃO

As máquinas de relutância operam em princípios que são diferentes daqueles associados com todas as máquinas discutidas até agora. Os acionamentos de relutância são geralmente classificados em três categorias: acionamentos de motores de passo, acionamentos de relutância chaveada e acionamentos de motor síncrono de relutância. São discutidos neste capítulo apenas os acionamentos do motor de passo e do motor de relutância chaveada.

Os acionamentos de motores de passo são amplamente utilizados para o controle de posição em muitas aplicações, por exemplo, nos periféricos de computadores, fábricas têxteis, processos de fabricação de circuitos integrados e robótica. Um acionamento de motor de passo pode ser considerado como um dispositivo eletromecânico digital, em que cada pulso elétrico de entrada resulta em um movimento do rotor, de um ângulo discreto denominado ângulo de passo do motor, como mostrado na Figura 13.1. Portanto, para uma variação desejada na posição, o número correspondente de pulsos elétricos é aplicado ao motor, sem a necessidade de nenhuma realimentação de posição.

Os acionamentos do motor de relutância chaveada são com correntes controladas utilizando retroalimentação. Eles são considerados para um grande número de aplicações discutidas posteriormente neste capítulo.

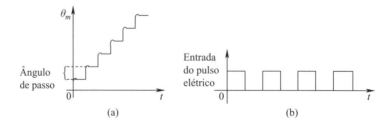

FIGURA 13.1 Mudança de posição em motor de passo.

13.2 PRINCÍPIO DE OPERAÇÃO DE MOTORES DE RELUTÂNCIA

Os motores de relutância operam produzindo o torque de relutância. Este requer que a relutância na trajetória do fluxo magnético seja diferente ao longo dos vários eixos. Considere a vista transversal de uma máquina elementar, mostrada na Figura 13.2a, na qual o rotor não tem nenhuma excitação elétrica, e o estator tem uma bobina excitada por uma corrente $i(t)$. Na análise seguinte, omitem-se as perdas nos sistemas elétrico e mecânico, mas essas perdas também podem ser levadas em conta. Na máquina da Figura 13.2a, a corrente do estator pode produzir um torque em sentido anti-horário, devido ao frangeamento dos fluxos, para alinhar o rotor com o polo do estator. Este torque pode ser estimado pelo princípio da conservação de energia; esse princípio enuncia que

Energia Elétrica de Entrada = Incremento na Energia Armazenada + Saída Mecânica (13.1)

Supondo que a saturação magnética seja evitada, a bobina do estator tem uma indutância $L(\theta)$ que depende da posição do rotor θ. Por conseguinte, o fluxo enlaçado λ da bobina pode ser expresso como

$$\lambda = L(\theta)i \qquad (13.2)$$

O fluxo enlaçado λ depende da indutância da bobina, assim como da corrente da bobina. Em qualquer tempo, a tensão e na bobina do estator, pela Lei de Faraday, é

$$e = \frac{d\lambda}{dt} \qquad (13.3)$$

A polaridade da tensão induzida é indicada na Figura 13.2a. Com base nas Equações 13.2 e 13.3, a tensão na bobina pode ser induzida devido à velocidade de variação da corrente e/ou da indutância da bobina. Utilizando a Equação 13.3, a energia fornecida pela fonte elétrica a partir de um tempo t_1 (com um fluxo enlaçado de λ_1) até o tempo t_2 (com um fluxo enlaçado de λ_2) é

$$W_{el} = \int_{t_1}^{t_2} e \cdot i \cdot dt = \int_{t_1}^{t_2} \frac{d\lambda}{dt} \cdot i \cdot dt = \int_{\lambda_1}^{\lambda_2} i \cdot d\lambda \qquad (13.4)$$

Com o objetivo de calcular o torque desenvolvido pelo motor, e considerando o movimento anti-horário do rotor na Figura 13.2a de um ângulo diferencial $d\theta$ nos passos seguintes mostrados na Figura 13.2b, temos:

- Mantendo θ constante, a corrente é incrementada de zero a um valor i_1. A corrente segue a trajetória de 0 a 1 no plano $\lambda - i$ na Figura 13.2b. Utilizando a Equação 13.4, resulta

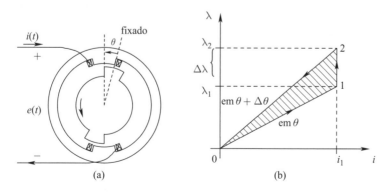

FIGURA 13.2 (a) Vista transversal da máquina rudimentar; (b) trajetória $\lambda - i$ durante o movimento.

em que a energia fornecida pela fonte elétrica é obtida integrando com relação a λ na Figura 13.2b; consequentemente a energia fornecida é igual à *Área* $(0 - 1 - \lambda_1)$

$$W_{el}(0 \to 1) = \text{Área}(0 - 1 - \lambda_1) = \frac{1}{2}\lambda_1 i_1 \tag{13.5}$$

Essa é a energia que consegue ser armazenada no campo magnético da bobina, pelo motivo de que não há saída de energia mecânica.

- Mantendo a corrente constante em i_1, o ângulo do rotor é incrementado de um ângulo diferencial, de θ a $(\theta + \Delta\theta)$ no sentido anti-horário. Isso segue a trajetória de 1 a 2 no plano $\lambda - i$ da Figura 13.2b. A variação do fluxo enlaçado da bobina é causada pelo incremento da indutância. Da Equação 13.2,

$$\Delta\lambda = i_1 \Delta L \tag{13.6}$$

Utilizando a Equação 13.4 e integrando com relação a λ, resulta em que a energia fornecida pela fonte elétrica durante essa transição na Figura 13.2b seja

$$W_{el}(1 \to 2) = \text{Área}(\lambda_1 - 1 - 2 - \lambda_2) = i_1(\lambda_2 - \lambda_1) \tag{13.7}$$

- Mantendo o ângulo do rotor constante em $(\theta + \Delta\theta)$, a corrente é diminuída de i_1 a zero. O mesmo segue a trajetória desde 2 a 0 no plano $\lambda - i$ na Figura 13.2b. Utilizando a Equação 13.4, observa-se que a energia é agora fornecida à fonte elétrica. Portanto, da Figura 13.2b,

$$W_{el}(2 \to 0) = -\text{Área}(2 - 0 - \lambda_2) = -\frac{1}{2}\lambda_2 i_1 \tag{13.8}$$

Durante essas três transições, a corrente da bobina iniciou com um valor nulo e finalizou em zero. Portanto, o incremento no termo de armazenamento de energia na Equação 13.1 é nulo. A energia líquida fornecida pela fonte elétrica é

$$\begin{aligned}W_{el,net} &= \text{Área}(0 - 1 - \lambda_1) + \text{Área}(\lambda_1 - 1 - 2 - \lambda_2) - \text{Área}(2 - 0 - \lambda_2) \\ &= \text{Área}(0 - 1 - 2)\end{aligned} \tag{13.9}$$

A *área* $(0 - 1 - 2)$ é mostrada hachurada na Figura 13.2b. Este triângulo tem a base $\Delta\lambda$ e uma altura de i_1. Por consequência, pode-se determinar sua área:

$$W_{el,net} = \text{Área}(0 - 1 - 2) = \frac{1}{2} i_1 (\Delta\lambda) \tag{13.10}$$

Utilizando as Equações 13.6 e 13.10,

$$W_{el,net} = \frac{1}{2} i_1 (\Delta\lambda) = \frac{1}{2} i_1 (i_1 \cdot \Delta\lambda) = \frac{1}{2} i_1^2 \Delta L \tag{13.11}$$

Como não há nenhuma variação na energia armazenada, a energia elétrica é convertida em trabalho mecânico pelo rotor, que gira um ângulo diferencial $\Delta\theta$ devido ao torque desenvolvido T_{em}. Portanto,

$$T_{em} \Delta\theta = \frac{1}{2} i_1^2 \Delta L \quad \text{ou} \quad T_{em} = \frac{1}{2} i_1^2 \frac{\Delta L}{\Delta\theta} \tag{13.12}$$

Supondo uma variação diferencial do ângulo,

$$T_{em} = \frac{1}{2} i_1^2 \frac{dL}{d\theta} \tag{13.13}$$

Isso mostra que o torque eletromagnético de um motor de relutância depende do quadrado da corrente. Portanto, o torque anti-horário na estrutura da Figura 13.2a é independente do sentido da corrente. Este torque, denominado torque de relutância, forma a base do funcionamento dos motores de passo e motores de relutância chaveada.

13.3 ACIONAMENTOS DE MOTORES DE PASSO

Os motores de passo existem em uma grande variedade de montagens e com três categorias básicas: motores de relutância variável, motores de ímã permanente e motores híbridos. Cada uma dessas categorias será brevemente discutida.

13.3.1 Motores de Passo de Relutância Variável

Os motores de passo de relutância variável têm saliência variável; isto é, o estator e o rotor apresentam diferentes relutâncias magnéticas ao longo dos vários eixos radiais. O estator e o rotor têm um número diferente de polos. Um exemplo está mostrado na Figura 13.3, na qual o estator tem seis polos e o rotor tem quatro. Cada enrolamento das fases nesta máquina trifásica está localizado em dois polos diametralmente opostos.

A excitação da fase a, com uma corrente i_a, produz um torque que atua no sentido de minimizar a relutância magnética ao fluxo produzido por i_a. Sem nenhuma carga conectada ao rotor, esse torque alinhará o rotor na posição $\theta = 0°$, como mostrado na Figura 13.3a. Essa é a posição de equilíbrio sem carga. Se a carga mecânica produz um pequeno desvio em θ, o motor desenvolverá um torque oposto e de acordo com a Equação 13.13.

Para girar o rotor no sentido horário, i_a é reduzida a zero e a fase b é excitada por i_b, resultando na posição de equilíbrio sem carga, como mostrado na Figura 13.3b. O ponto z no rotor move-se de um ângulo de passo do motor. As duas transições seguintes com i_c e de volta a i_a são mostradas nas Figuras 13.3c e 13.3d. Seguindo o movimento do ponto z, vê-se que o rotor se movimentou de um passo equivalente a um polo do rotor para três mudanças na excitação ($i_a \rightarrow i_b$, $i_b \rightarrow i_c$ e $i_c \rightarrow i_a$). O passo equivalente a um polo do rotor é igual a ($360°/N_r$), em que N_r é igual ao número de polos do rotor. Portanto, em um motor de q fases, o ângulo de passo de rotação para cada mudança na excitação será

$$\text{ângulo de passo} = \frac{360°}{qN_r} \qquad (13.14)$$

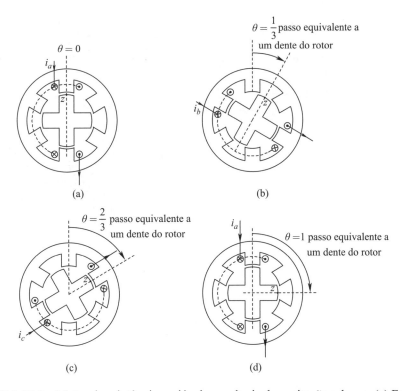

FIGURA 13.3 Motor de relutância variável; sequência de excitação a-b-c-a. (a) Fase a excitada; (b) fase b excitada; (c) fase c excitada; (d) fase a excitada.

No motor da Figura 13.3 com $N_r = 4$ e $q = 3$, o ângulo equivalente a um passo é igual a 30°. O sentido de rotação pode ser anti-horário pela excitação na sequência a-c-b-a.

13.3.2 Motores de Passos de Ímã Permanente

Nos motores de passo de ímã permanente, ímãs permanentes são colocados no rotor, como no exemplo mostrado na Figura 13.4. O estator tem dois enrolamentos de fase. Cada enrolamento é montado com quatro polos, o mesmo número de polos do rotor. Cada enrolamento de fase produz o mesmo número de polos do rotor. As correntes de fase são controladas para ser positivas ou negativas. Com uma corrente positiva i_a^+, os polos resultantes do estator e a posição de equilíbrio sem carga do rotor serão como mostra a Figura 13.4a. Reduzindo a corrente na fase a a zero, e com uma corrente positiva i_b^+ na fase b, resulta em uma rotação horária (seguindo o ponto z no rotor) mostrada na Figura 13.4b. Para girar mais, a corrente na fase b é reduzida a zero, e uma corrente negativa i_a^- fará o rotor se posicionar como mostrado na Figura 13.4c. A Figura 13.4 mostra que uma sequência de excitação ($i_a^+ \rightarrow i_b^+, i_b^+ \rightarrow i_a^-, i_a^- \rightarrow i_b^-, i_b^- \rightarrow i_a^+$) resulta em uma rotação horária. Cada mudança na excitação resulta em uma rotação de metade de um passo polar do rotor, que corresponde a um ângulo de passo de 45° nesse exemplo.

13.3.3 Motores de Passo Híbridos

Os motores de passo híbridos utilizam os princípios de ambos os motores de passo: de relutância variável e de ímã permanente. Uma vista transversal é mostrada na Figura 13.5.

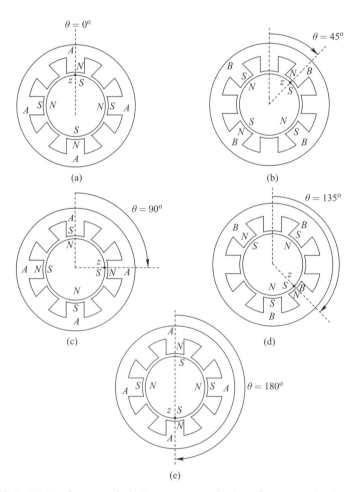

FIGURA 13.4 Motor de passo de ímã permanente de duas fases; sequência de excitação $i_{a+}, i_{b+}, i_{a-}, i_{b-}, i_{a+}$; (a) i_{a+}, (b) i_{b+}, (c) i_{a-}, (d) i_{b-}, (e) i_{a+}.

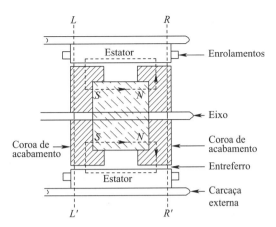

FIGURA 13.5 Vista axial de motor de passo híbrido.

O rotor consiste em ímãs permanentes com um polo norte e um polo sul nas duas extremidades opostas. Além disso, cada lado do rotor é equipado com uma coroa de acabamento com N_r dentes; $N_r = 10$ nesta figura. O fluxo produzido pelos ímãs permanentes é mostrado na Figura 13.5. Todos os dentes na coroa de acabamento no lado esquerdo atuam como polos sul, enquanto os dentes da coroa de acabamento no lado direito atuam como polos norte.

As seções transversais direita e esquerda, perpendiculares ao eixo, ao longo de $L - L'$ e $R - R'$, são mostradas na Figura 13.6. As duas coroas de acabamento do rotor são intencionalmente deslocadas, uma em relação a outra, na metade do passo correspondente a um dente do rotor. O estator nesta figura consiste em 8 polos cujas ranhuras se apresentam paralelas ao eixo da armação.

O estator consiste em duas fases; cada enrolamento de fase é colocado em 4 polos alternados, como mostrado da Figura 13.6. A excitação da fase a por uma corrente positiva i_a^+ resulta nos polos norte e sul, como mostrado em ambas as vistas transversais na Figura 13.6a.

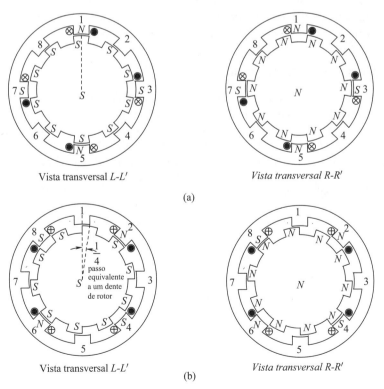

FIGURA 13.6 Excitação do motor de passo híbrido (a) fase a excitada com i_{a+}; (b) fase b excitada com i_{b+}.

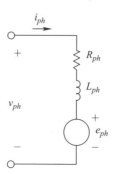

FIGURA 13.7 Circuito equivalente por fase de um motor de passo.

Na posição de equilíbrio sem carga, mostrada na Figura 13.6a em ambos os lados, os polos opostos do estator e rotor se alinham, enquanto os polos similares se afastam à medida que seja possível. Para a rotação horária, a corrente na fase a é reduzida a zero e a fase b é excitada por uma corrente positiva i_b^+, como mostrado na Figura 13.6b. Outra vez, em ambos os lados, os polos opostos do estator e rotor se alinham enquanto os polos similares se afastam tanto quanto seja possível. Esta mudança de excitação ($i_a^+ \rightarrow i_b^+$) resulta na rotação horária por um quarto do passo equivalente a um dente do rotor. Portanto, em um motor de duas fases,

$$\text{ângulo de passo} = \frac{360°/N_r}{4} \tag{13.15}$$

em que, nesse exemplo $N_r = 10$, o ângulo de passo é igual a 9°.

13.3.4 Representação do Circuito Equivalente do Motor de Passo

Similar às outras máquinas discutidas previamente, os motores de passo podem ser representados por um circuito equivalente por fase. O circuito equivalente para a fase a é mostrado na Figura 13.7 e consiste em uma fcem, de uma resistência de enrolamento R_s e de uma indutância de enrolamento L_s. A magnitude da fem induzida na velocidade de rotação e a polaridade da fem induzida é tal que esse motor absorve potência no modo de motorização.

13.3.5 Meio Passo e Micropasso

É possível conseguir um menor movimento angular para cada transição das correntes do estator. Por exemplo, considere o motor de relutância variável, para o qual as posições de equilíbrio sem carga e i_a e i_b, conforme mostradas nas Figuras 13.3a e 13.3b, respectivamente. Excitando as fases a e b simultaneamente faz com que o rotor esteja na posição mostrada na Figura 13.8, que é a metade de um ângulo de passo, a partir da posição de i_a na Figura 13.3a. Portanto, se "meio passo" no sentido horário é requerido no motor da Figura 13.3, a sequência de excitação será como segue:

$$i_a \rightarrow (i_a, i_b) \rightarrow i_b \rightarrow (i_b, i_c) \rightarrow i_c \rightarrow (i_c, i_a) \rightarrow i_a \tag{13.16}$$

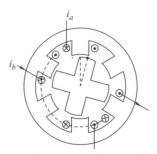

FIGURA 13.8 Meio passo para a condição de excitação de duas fases.

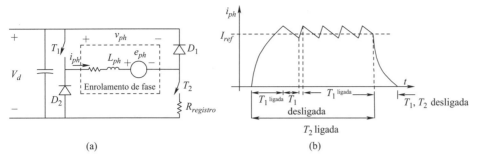

FIGURA 13.9 Acionamento de tensão unipolar para motor de passo de relutância variável. (a) Circuito; (b) forma de onda da corrente.

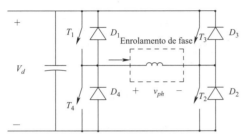

FIGURA 13.10 Acionamento de tensão bipolar.

Controlando de forma precisa as correntes de fase, é possível obter ângulos de micropasso. Por exemplo, há motores de passo híbridos em que um ângulo de passo pode ser dividido em 125 micropassos. Isso resulta em 25.000 micropassos/revolução em um motor híbrido de duas fases, com um ângulo de fase de 1,8°.

13.3.6 Unidades de Processamento de Potência para Motores de Passo

Em acionamentos de relutância variável, as correntes de fase não necessitam ser de sentido inverso. Um conversor de corrente unidirecional para tais motores é mostrado na Figura 13.9a. Ligando ambas as chaves simultaneamente, produz o aumento rápido da corrente por fase, como mostrado na Figura 13.9b. Uma vez que a corrente aumenta para o nível desejado, ele é mantido naquele nível modulando a largura de pulso de uma das chaves (exemplo T_1) enquanto a outra se mantém ligada.

Desligando ambas as chaves, a corrente é forçada a fluir no lado da fonte através dos dois diodos, e então cai rapidamente.

As correntes bidirecionais são necessárias em motores de passo de ímã permanente e híbridos. O fornecimento dessas correntes requer um conversor tal como aquele mostrado na Figura 13.10. Este conversor é muito similar aos utilizados em acionamentos CC discutidos no Capítulo 7.

13.4 ACIONAMENTOS DE MOTORES DE RELUTÂNCIA VARIÁVEL

Os motores de relutância chaveada são essencialmente motores de passo de relutância variável que são operados em malha fechada com correntes controladas. Nesses acionamentos, as fases escolhidas apropriadamente são energizadas ou desenergizadas conforme a posição do rotor. Esses acionamentos podem competir potencialmente com outros servoacionamentos de velocidade ajustável, em uma variedade de aplicações.

Considere a seção transversal mostrada na Figura 13.11. Esse motor é similar ao motor de passo de relutância variável da Figura 13.3. Em $t = 0$, o rotor está em um ângulo $\theta = -\pi/6$ e a indutância do enrolamento da fase a é pequena devido a um grande entreferro na trajetória das linhas de fluxo. Para mover o rotor da Figura 13.11a no sentido anti-horário, a corrente i_a aumenta, rapidamente enquanto a indutância é ainda pequena. Como o rotor

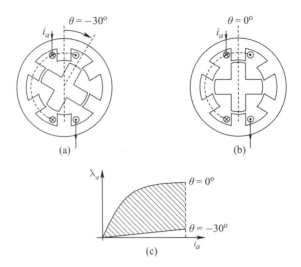

FIGURA 13.11 (a) Rotor em $\theta = -30°$; (b) rotor em $\theta = 0°$; (c) trajetória $\lambda - i$.

se move em sentido anti-horário, a indutância da fase *a* aumenta devido aos polos do rotor e estator se movimentarem no sentido do alinhamento, como mostrado na Figura 13.11b, em $\theta = 0$. Isto incrementa o fluxo enlaçado, fazendo a estrutura magnética entrar em um grau significativo de saturação. Em $\theta = 0$, a fase *a* é desenergizada. As trajetórias $\lambda - i$ para $\theta = -\pi/6$ e $\theta = 0$ são mostradas na Figura 13.11c. Há, certamente, trajetórias com valores intermediários de θ. A área sombreada entre as duas trajetórias da Figura 13.11c representa a energia que é convertida em trabalho mecânico. Uma sequência de excitação similar à do acionamento de relutância variável da Figura 13.3 acontece.

A fim de que motores de relutância variável sejam capazes de competir com outros acionamentos, eles devem ser projetados para entrar em saturação magnética. Um conversor de corrente unidirecional tal como aquele na Figura 13.9a pode ser utilizado para motores dessas potências.

Há muitas aplicações em que os acionamentos de relutância variável podem encontrar aplicações — por exemplo, máquinas de lavar, automóveis e aviões. Alguns pontos fortes dos acionamentos de relutância variável são sua resistente construção e baixo custo do rotor e seu simples e confiável conversor de eletrônica de potência. No lado negativo, essas máquinas, devido a sua dupla saliência, produzem uma quantidade significativa de ruídos e vibrações.

RESUMO/QUESTÕES DE REVISÃO

1. Quais são as três categorias de acionamentos de relutância?
2. Com base em que princípio, os acionamentos de relutância operam diferentemente daquele visto anteriormente?
3. Anote a expressão do torque de relutância. De que depende o sentido do torque?
4. Descreva o princípio de operação do motor de passo de relutância variável.
5. Descreva o princípio de operação do motor de passo de ímã permanente.
6. Descreva o princípio de operação do motor de passo híbrido.
7. Qual é a representação do circuito equivalente do motor de passo?
8. Como são conseguidos o meio passo e o micropasso no motor de passo?
9. Qual é a natureza das unidades de processamento de potência em acionamentos de motor de passo?
10. Descreva os princípios de operação dos acionamentos de relutância chaveada.
11. Quais são as áreas de aplicação dos acionamentos de relutância chaveada?

REFERÊNCIAS

1. Takashi Kenjo, *Stepping Motors and Their Microprocessor Control* (Oxford: Oxford Science Publications, Clarendon Press, 1985).

2. P. P. Acarnley, *Stepping Motors: A guide to Modern Theory and Practice*, rev. 2nd ed. (IEE Control Engineering Series 19, 1984).
3. G. R. Slemon, *Electrical Machines for Drives*, Chapter 2, "Power Electronics and Variable Frequency Drives," edited by B. K. Bose (IEEE Press, 1997).

EXERCÍCIOS

13.1 Determine a sequência de excitação das fases e desenhe as posições do rotor em um acionamento de passo de relutância chaveada, para uma rotação anti-horária.

13.2 Repita o Exercício 13.1 para um acionamento do motor de passo de ímã permanente.

13.3 Repita o Exercício 13.1 para um acionamento do motor de passo híbrido.

13.4 Descreva a operação de meio passo em um acionamento do motor de passo de ímã permanente.

13.5 Descreva a operação de meio passo em um acionamento do motor de passo híbrido.

14
EFICIÊNCIA ENERGÉTICA DE ACIONAMENTOS ELÉTRICOS E INTERAÇÕES MOTOR E INVERSOR

14.1 INTRODUÇÃO

Os acionamentos elétricos têm enorme potencial para melhorar a eficiência energética de sistemas acionados por motores. Uma avaliação do mercado de sistemas de motores elétricos industriais nos Estados Unidos contém uma surpreendente estatística que chama a atenção:

- Os sistemas de motores industriais consomem 25% da energia elétrica gerada, fazendo desse país o maior usuário final de eletricidade.
- O potencial de economia de energia anual, utilizando tecnologias maduras e comprovadas, pode igualar ao consumo de eletricidade anual consumida em todo o estado de Nova York.

Conseguir essa economia de energia pode requerer uma variedade de meios, mas é preferível substituir os motores de eficiência-padrão por motores de eficiência *premium*, e utilizar acionamentos elétricos de velocidade variável para melhorar a eficiência dos sistemas.

O objetivo deste capítulo é discutir brevemente a eficiência energética dos motores elétricos e dos acionamentos elétricos em uma faixa de velocidades e cargas. Sendo os motores elétricos os cavalos de batalha da indústria, a discussão será limitada aos motores e acionamentos de motores de indução. Os aspectos econômicos do investimento em meios de eficiência energética são discutidos. As interações entre os motores de indução e os inversores PWM (*pulse width modulation*) são brevemente descritos também.

O conteúdo deste capítulo é baseado nas Referências [1] e [2]. Um levantamento do recente *status* e futuras tendências é fornecido em [3].

14.2 DEFINIÇÃO DE EFICIÊNCIA ENERGÉTICA EM ACIONAMENTOS ELÉTRICOS

Como foi discutida brevemente no Capítulo 6, a eficiência de um acionamento elétrico $\eta_{acionamento}$, em uma condição de operação, é o produto da correspondente eficiência do motor η_{motor} e da eficiência da UPP η_{UPP}:

$$\eta_{acionamento} = \eta_{motor} \times \eta_{UPP} \qquad (14.1)$$

Na Equação 14.1, note que η_{motor} é a eficiência de um motor alimentado por uma unidade de processamento de potência (UPP). As tensões de saída de uma unidade de processamento de energia consistem nas harmônicas na frequência de chaveamento, que usualmente diminuem a eficiência do motor em um ou dois pontos percentuais, em comparação com a eficiência do mesmo motor quando alimentado por uma fonte senoidal.

Na seção seguinte, observam-se os mecanismos de perdas e as eficiências energéticas de motores de indução e as unidades de processamento de potência.

14.3 A EFICIÊNCIA ENERGÉTICA DE MOTORES DE INDUÇÃO COM EXCITAÇÃO SENOIDAL

Inicialmente, vamos observar os vários mecanismos de perdas e as eficiências energéticas de motores com excitação senoidal; mais adiante serão discutidos os efeitos das harmônicas na frequência de chaveamento da UPP nas perdas do motor.

14.3.1 Perdas no Motor

As perdas de potência do motor podem ser divididas em quatro categorias: perdas no núcleo, perdas nos enrolamentos, perdas por atrito e ventilação, e perdas adicionais. Será examinada brevemente cada uma dessas categorias.

14.3.1.1 Perdas no Núcleo Magnético

As perdas magnéticas são causadas por histerese e correntes parasitas (*eddy*, ou de Foucault) no núcleo magnético do estator e do rotor. As perdas dependem da frequência e do pico da densidade de fluxo. As correntes parasitas podem ser reduzidas pelo uso de chapas de aço, de espessura fina, entre 0,356 e 0,635 mm, mas à custa de um alto custo de montagem. As perdas por histerese não podem ser reduzidas pelas chapas finas, mas podem ser reduzidas utilizando materiais, tais como aço silício com características melhoradas de perdas. Para excitação senoidal e no escorregamento nominal, as perdas no núcleo do rotor são muito baixas, porque a frequência no núcleo do rotor é a de escorregamento, a qual é muito baixa. Tipicamente, as perdas no núcleo compreendem 20% a 25% das perdas totais do motor na tensão e frequência nominais.

14.3.1.2 Perdas de Potência nos Enrolamentos

Essas perdas ocorrem devido ao aquecimento dos enrolamentos do estator e das barras do rotor (efeito Joule i^2R). As perdas totais no enrolamento do estator compõem-se da soma das perdas pertinentes à corrente de magnetização e pertinentes à componente de torque da corrente do estator. Tais perdas podem ser reduzidas utilizando condutores de maior bitola no enrolamento do estator e reduzindo a componente da corrente de magnetização. No rotor, a redução das resistências das barras faz com que o rotor gire próximo à rotação síncrona; consequentemente, as perdas nas barras do rotor são reduzidas. A plena carga, as perdas nas barras do rotor são comparáveis àquela dos enrolamentos do estator, mas caem quase a zero, sem carga (o que não acontece na presença das harmônicas na frequência de chaveamento da UPP). A plena carga, tipicamente as perdas combinadas do estator e rotor (i^2R) compreendem 55% a 60% das perdas totais do motor.

14.3.1.3 Perdas por Atrito e Ventilação

Perdas nos rolamentos são causadas por atrito; perdas por ventilação são causadas pela ação da ventoinha de resfriamento e do arraste do ar pelo corpo do rotor. Essas perdas são relativamente fixas e podem ser reduzidas apenas indiretamente, reduzindo a ventilação necessária, que por sua vez é feita por diminuição das outras perdas. Essas perdas tipicamente contribuem com 5% a 10% das perdas totais do motor.

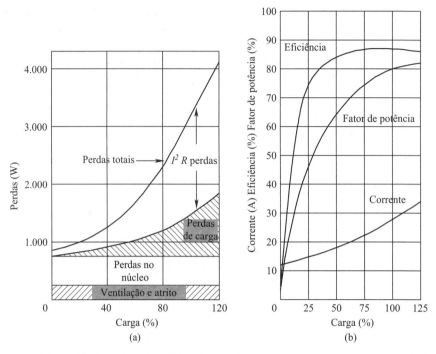

FIGURA 14.1 (a) Característica típica das perdas *versus* carga, para o motor de indução trifásico de categoria B, 50 hp, 4 polos; (b) curvas de desempenho típicas para o motor de indução trifásico de categoria B, 10 hp, 4 polos.

14.3.1.4 Perdas Adicionais

Essa é uma categoria que abrange todas as perdas que não podem ser explicadas por uma das três categorias expostas anteriormente. Essas perdas são dependentes da carga e variam com o quadrado do torque de saída. Tipicamente elas contribuem com 10% a 15% das perdas totais do motor.

14.3.2 Dependência da Eficiência e Perdas do Motor com a Carga (com a Velocidade Basicamente Constante)

Uma curva típica da carga *versus* perdas é mostrada na Figura 14.1a. Ela mostra que as perdas no núcleo e as perdas por atrito e ventilação são essencialmente independentes da carga, enquanto as perdas adicionais e nos enrolamentos variam com o quadrado da carga.

Uma curva típica da carga *versus* eficiência é mostrada na Figura 14.1b. Na frequência e tensão nominal, muitos motores alcançam sua eficiência máxima em torno da carga nominal. A eficiência se mantém quase constante até cerca de 50% da carga e logo cai rapidamente até zero, quando abaixo desse nível.

14.3.3 Dependência da Eficiência e Perdas do Motor com a Rotação do Motor (com o Torque Basicamente Constante)

Se uma máquina de indução é alimentada por uma fonte senoidal de frequência variável, as perdas do motor para a operação com torque constante (supondo um fluxo constante no entreferro) irão variar como:

- As perdas no núcleo são reduzidas em baixas velocidades por causa das frequências reduzidas.
- As perdas no enrolamento do estator se mantêm aproximadamente inalteradas, porque um torque constante requer uma corrente constante.
- As perdas nas barras do rotor se mantêm aproximadamente inalteradas, porque um torque constante requer correntes constantes nas barras, para uma velocidade constante de escorregamento.

- As perdas por atrito e ventilação são reduzidas em baixas velocidades.
- As perdas adicionais são reduzidas em baixas velocidades.

Observe que as perdas totais caem conforme a frequência seja reduzida. Dependendo se as perdas caem mais rápido ou mais lento que a saída, a eficiência da máquina pode aumentar ou diminuir com a velocidade. A literatura publicada sobre máquinas de 40 a 400 hp indica que, para um torque constante, sua eficiência é quase constante até 20% da velocidade, e mostra uma queda rápida em direção a zero abaixo desse nível de velocidade. As bombas são cargas que requerem um torque proporcional ao quadrado da velocidade; a eficiência do motor cai gradativamente por volta de 50% da velocidade e cai rapidamente abaixo dessa velocidade.

14.3.3.1 Motores de Eficiência *Premium*

Com a vinda da Política Energética de 1992, alguns fabricantes desenvolveram motores de eficiência *premium*. Nesses motores, as perdas são tipicamente reduzidas a 50% das perdas dos motores de categoria B da norma NEMA (National Electrical Manufacturers Association). Essa redução nas perdas é realizada utilizando chapas mais delgadas e de alta qualidade, reduzindo os níveis de densidade de fluxo, incrementando a seção transversal do núcleo, utilizando maiores bitolas dos condutores dos enrolamentos do estator e rotor e escolhendo cuidadosamente as dimensões do entreferro e desenho das chapas, para reduzir as perdas adicionais. Devido ao reduzido valor da resistência do rotor, essas máquinas de alta eficiência têm baixa velocidade de escorregamento a plena carga. A Figura 14.2 mostra uma comparação entre as eficiências nominais de motores de eficiência-padrão e motores de eficiência *premium*, em função de suas potências nominais. O incremento típico na eficiência é de 2 pontos percentuais.

Tipicamente, o fator de potência de operação associado com os motores de eficiência *premium* é similar ao de motores de projeto-padrão; o fator de potência de motores de eficiência *premium* é levemente maior que o dos motores-padrão em baixas potências nominais e levemente menor em altas potências nominais.

14.4 OS EFEITOS DAS HARMÔNICAS NA FREQUÊNCIA DE CHAVEAMENTO DA UPP NAS PERDAS DO MOTOR

Todos os componentes de perdas do motor, exceto o atrito e a ventilação, são incrementados como resultado das harmônicas produzidas pelo inversor associadas com a unidade de processamento de potência. Para as formas de onda típicas de inversores, o incremento total nas perdas está na faixa de 10% a 20% e resulta em uma diminuição na eficiência

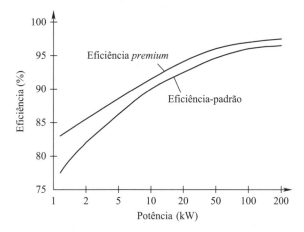

FIGURA 14.2 Comparação de eficiências.

energética de 1 a 2 pontos percentuais a plena carga. Devido às harmônicas, os aumentos nos vários componentes de perdas são:

- As perdas no núcleo são ligeiramente incrementadas em decorrência do leve aumento do pico da densidade de fluxo causado pela superposição de harmônicas. Esse incremento é frequentemente muito menor, comparado com outras perdas que surgem devido às harmônicas do inversor.
- As perdas do enrolamento do estator são incrementadas devido à soma das (i^2R) perdas associadas com as correntes harmônicas adicionais. Nas frequências harmônicas, a resistência do estator pode ser maior em máquinas grandes devido ao efeito *skin*. O incremento na perda no enrolamento do estator é usualmente significativo, mas não é a maior perda causada pelas harmônicas.
- As perdas na gaiola do rotor são incrementadas devido à soma das (i^2R) perdas associadas com as correntes harmônicas adicionais. Em máquinas grandes, nas frequências harmônicas, o efeito da barra profunda (similar ao efeito *skin*) pode incrementar grandemente a resistência e causar grandes perdas do rotor (i^2R). Essas perdas são frequentemente as maiores perdas atribuídas às harmônicas.
- As perdas adicionais são significativamente incrementadas pela presença das correntes harmônicas; são, também, as de menor entendimento, requerendo considerável atividade de pesquisa.

Em todos os casos, as perdas harmônicas são quase independentes da carga, devido ao escorregamento harmônico não ser basicamente afetado por leves mudanças da velocidade (a diferença do escorregamento fundamental).

Em inversores modulados por largura de pulso, as componentes harmônicas da tensão de saída dependem da estratégia de modulação. Além disso, as correntes harmônicas são limitadas pelas indutâncias de dispersão da máquina. Portanto, os inversores com melhoradas estratégias de modulação de largura de pulso e máquinas com altas indutâncias de dispersão ajudam a reduzir essas perdas harmônicas.

14.4.1 Redução da Potência do Motor Devido às Perdas Harmônicas do Inversor

O incremento das perdas causadas pelas harmônicas do inversor requer alguma redução de potência do motor para evitar superaquecimento. É frequentemente recomendado que essa "redução de potência harmônica" seja 10% da placa de especificações nominais. Recentemente, muitos fabricantes têm introduzido os motores com qualidade suficiente para serem acionados por inversores que não precisam ser reduzidos na potência.

14.5 AS EFICIÊNCIAS DE ENERGIA DE UNIDADES DE PROCESSAMENTO DE ENERGIA

O diagrama de blocos de uma típica unidade de processamento de energia é mostrado na Figura 14.3. Consiste em uma ponte retificadora a diodos para retificar a entrada CA na frequência da rede em CC e um inversor de modo chaveado para transformar a entrada CC em CA trifásico de magnitude e frequência ajustáveis.

Aproximadamente de 1% a 2% da potência são consideradas como perdas de condução na ponte de retificação a diodos. As perdas de condução e chaveamento no inversor somam

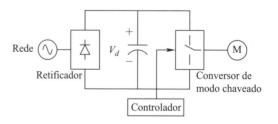

FIGURA 14.3 Diagrama de blocos de UPPs.

aproximadamente de 3% a 4% da potência total. Portanto, as perdas de potência típicas na UPP estão na faixa de 4% a 6%, resultando na eficiência energética η_{UPP} a plena carga na faixa de 94% a 96%.

14.6 EFICIÊNCIAS ENERGÉTICAS DE ACIONAMENTOS ELÉTRICOS

Há reduzidos dados disponíveis para mostrar a tendência das eficiências dos acionamentos elétricos. Um artigo recente, entretanto, mostra que a plena velocidade e pleno torque, a eficiência do acionamento de uma variedade de fabricantes varia na faixa de 74% a 80% para um acionamento de 3 hp e na faixa de 86% a 89% para um acionamento de 20 hp. Na metade do torque e na metade da velocidade (um quarto de potência), essas eficiências caem de 53% a 72% para um acionamento de 3 hp e de 82% a 88% para um acionamento de 20 hp. Contudo, é possível modificar o acionamento da UPP com o objetivo de manter alta a eficiência energética em cargas leves por uma leve redução da amplitude da tensão na frequência fundamental.

14.7 OS ASPECTOS ECONÔMICOS DA POUPANÇA DE ENERGIA POR MOTORES ELÉTRICOS DE EFICIÊNCIA *PREMIUM* E ACIONAMENTOS ELÉTRICOS

Em aplicações de velocidade constante, a eficiência energética pode ser melhorada substituindo motores de projeto-padrão por motores de eficiência *premium*. Em sistemas com regulador de vazão e comportas e em compressores com controle liga/desliga, o uso de acionamentos de velocidade ajustável pode resultar em uma poupança significativa de energia e, por conseguinte, uma poupança no custo de energia. Essas poupanças se acumulam à custa do alto investimento inicial de substituir um motor-padrão por outro ou com um preço levemente, maior, porém eficiente, ou por um acionamento elétrico de velocidade ajustável. Portanto, um usuário deve considerar os aspectos econômicos do período de retorno do investimento inicial, em que o investimento inicial se paga, e as poupanças subsequentes são dinheiro em caixa.

14.7.1 O Valor Presente de Poupanças e o Período de Retorno

A energia poupada, $E_{poupada}$, é cada vez mais importante a cada ano, no período de operação do sistema. O valor presente dessa energia poupada depende de muitos fatores, tais como o custo atual da eletricidade, a taxa de incremento do custo da eletricidade e a taxa de investimento do dinheiro que poderia ter sido investido em outro lugar. A inflação é outro fator. Com base nesses fatores, o valor presente das poupanças durante a existência do sistema pode ser obtido e deve ser comparado com o investimento inicial adicional. Para uma detalhada discussão, uma excelente fonte é a Referência [5]. Contudo, pode-se conseguir uma ideia aproximada do período de retorno do investimento adicional inicial, se são ignorados todos os fatores mencionados e se simplesmente se divide o investimento inicial adicional pela poupança operacional anual. Isso é ilustrado pelo exemplo simples a seguir.

Exemplo 14.1

Calcule o período de retorno para investir em um motor de eficiência *premium* que custa R$ 660 mais que o motor-padrão, dados os seguintes parâmetros: a carga demanda uma potência de 25 kW, a eficiência do motor-padrão é 89%, a eficiência do motor de eficiência *premium* é 92%, o custo da energia elétrica é 0,22 R$/kWh, e o tempo de operação anual do motor é de 4.500 horas.

Solução

    a. A potência absorvida pelo motor-padrão é

$$P_{in} = \frac{P_0}{\eta_{motor}} = \frac{25,0}{0,89} = 28,09 \text{ kW}$$

Portanto, o custo anual da energia elétrica pode ser: Custo Anual da Eletricidade = 28,09 × 4.500 × 0,22 = R$ 27.809,10

b. A potência absorvida pelo motor de eficiência *premium* é

$$P_{in} = \frac{P_0}{\eta_{motor}} = \frac{25,0}{0,92} = 27,17 \text{ kW}$$

Logo, o custo anual da energia elétrica é: Custo Anual da Eletricidade = 27,17 × 4.500 × 0,22 = R$ 26.898,30

Por conseguinte, a poupança anual no custo de operação é R$ 27.809,10 − 26.898,30 = R$ 910,80. Portanto, o investimento inicial de R$ 660 pode ser pago em

$$\frac{660}{910,8} \times 12 \approx 9 \text{ meses}$$

14.8 O EFEITO DANOSO DA FORMA DE ONDA DA TENSÃO DO INVERSOR PWM NA VIDA DO MOTOR

Na alimentação de motores com inversores PWM, há alguns fatores de que os usuários devem estar cientes. As perdas harmônicas adicionais devido às formas de onda pulsantes já foram discutidas. Se o motor não está projetado adequadamente para operar com inversores PWM, é necessário reduzir a potência (por um fator de 0,9); isso é para acomodar as perdas harmônicas adicionais sem exceder a temperatura de operação normal do motor.

A saída do inversor PWM, particularmente devido ao constante aumento da velocidade de chaveamento dos IGBTs (que são bons para manter baixas as perdas por chaveamento em inversores), resulta em formas de onda da tensão pulsante com elevado *dv/dt*. Essas mudanças rápidas na tensão de saída têm alguns efeitos danosos: elas degradam o isolamento dos enrolamentos do motor, causam fluxo de correntes através dos rolamentos (esse fluxo pode resultar em erosões), e provocam a duplicação da tensão nos terminais do motor, devido aos longos cabos que possam existir entre o inversor e o motor (reflexão). Uma prática, mas de solução limitada, é tentar diminuir o chaveamento dos IGBTs à custa das altas perdas de chaveamento no inversor. A outra solução, que requer gasto adicional, é adicionar filtros entre o inversor e o motor.

14.9 BENEFÍCIOS DE UTILIZAR ACIONAMENTOS DE VELOCIDADE VARIÁVEL

Os leitores são encorajados a observar a Referência [6], uma excelente fonte de informação, no intuito de alcançar altas eficiências energéticas utilizando acionamentos de velocidade variável e máquinas de ímã permanente no setor residencial.

RESUMO/QUESTÕES DE REVISÃO

1. Qual é a definição de eficiência energética de acionamentos elétricos?
2. Quais são os vários mecanismos de perdas nos motores, supondo uma excitação senoidal?
3. Como as perdas e a eficiência dependem da velocidade do motor, supondo um torque de carga constante?
4. Que são os motores de eficiência *premium*? Quanto mais eficientes são estes quando comparados com os motores-padrão?
5. Quais são os efeitos das harmônicas na frequência de chaveamento no motor? Quanto se deve reduzir a potência do motor?
6. Qual é a faixa típica associada com a eficiência energética de unidades de processamento de energia quando comparada com a do acionamento total?
7. Discuta os aspectos econômicos e o período de retorno de utilizar motores de eficiência *premium*.

8. Descreva os vários efeitos danosos das formas de onda da tensão do inversor PWM. Descreva as técnicas para mitigar esses efeitos.

REFERÊNCIAS

1. N. Mohan, *Techniques for Energy Conservation in AC Motor-Driven Systems*, EPRI Final Report EM-2037, Project 120113, September 1981.
2. N. Mohan and J. Ramsey, *A Comparative Study of Adjustable-Speed Drives for Heat Pumps*, EPRI Final Report EM-4704, Project 20334, August 1986.
3. P. Thogersen Mohan and F. Blaabjerg, "Adjustable-Speed Drives in the Next Decade: The Next Steps in Industry and Academia," Proceedings of the PCIM Conference, Nuremberg, Germany, June 68, 2000.
4. G. R. Slemons, *Electrical Machines for Drives, in Power Electronics and Variable Frequency Drives*, edited by B. K. Bose (IEEE Press. 1997).
5. J. C. Andreas, *Energy-Efficient Electric Motors: Selection and Application* (New York: Marcel Dekker, 1982).
6. D. M. Ionel, "High-efficiency variable-speed electric motor drive technologies for energy savings in the US residential sector," 12th International Conference on Optimization of Electrical and Electronic Equipment, OPTIM 2010, Brasov, Romania, ISSN: 18420133.

EXERCÍCIO

14.1 Repita o Exemplo 14.1 se o motor opera totalmente carregado por meio dia e é desligado no outro meio dia.

ÍNDICE

A

Acionamento(s), 3
   CA, 129
   CC
      classificação dos, 95
      sem escovas, 108
   de ímã permanente CA (PMAC), 150
   de motor(es)
      elétrico, 3
      CC, 94
         conversores para, 47
         modos de operação nos, 103-106
      de passo, 216, 219
      eletronicamente comutados (MEC), 107
   de porta, circuito de, 57
   de relutância, 216
   de velocidade ajustável (AVAs), 167, 200
   do gerador de indução, 209, 210
   do motor
      de indução, 200
         de velocidade ajustável, 200
      de relutância chaveada, 216
   eficiência
      energética do, 88
      total do, 88
   elétricos, 3, 6, 12, 226
      aplicações de, 3
      de velocidade variável, 1
      fatores de crescimento de, 3
   na conservação de energia, função dos, 4
   PMAC, 151, 154, 160
Amplitude das tensões aplicadas, 205, 209
Análises por fase do circuito trifásico, 35, 36
Analogia
   com circuitos elétricos, 20
   corrente-torque, 20
   do transformador, 170, 175
   elétrica, 20
Ar condicionado, 4
Armadura(s)
   do motor CC, 96
   efeito da reação de, 101
Atrito
   Coulomb, 18
   dinâmico, 18
   em velocidade zero, 18
   estático, 18
   torque de, 18
   viscoso, 18
Autoindutância, 71

B

Blindagem magnética dos condutores em ranhuras, 85
Bobina de armadura, 98
Bombas, 5
   de aquecimento, 4
Boost tension, 205

C

Cálculo do torque
   eletromagnético, 177
   no estator, 153
Campo magnético, 61
   produção do, 81-83
Capacidade
   de potência nominal acima da velocidade normal
      por enfraquecimento de campo, 208, 209
   de torque
      abaixo da velocidade nominal, 208
      -velocidade das máquinas elétricas, 89
Característica
   corrente-velocidade, 187
   do motor de indução em tensões nominais, 187
   torque-velocidade, 103, 178, 187
      dos motores de indução, 178
Carga(s)
   centrífugas, 24
   com torque constante, 24
   conectadas em triângulo, 37, 38
   de potência constante, 24
   quadráticas, 24
   tipos de, 24
Chave(s)
   aberta, 43
   controláveis, 56
   fechada, 43
Chaveamento, frequência de, 50
Ciclo(s) de trabalho, 43
   dos polos de potência, 54
Circuito(s)
   a tiristores, 200
   de acionamento de porta, 57
   de impedâncias, 30
   do rotor eletricamente aberto, 169
   equivalente
      da máquina CC, 102, 103
      de um motor CC, 102
      de um transformador
         de dois enrolamentos, 170
         real, 74
      do motor de passo, 222
      monofásico, 213
      por fase, 159

em estado estacionário, 182
  na frequência harmônica, 213
  simplificado, 159
genérico dividido em subcircuitos, 31
no domínio
  do tempo, 29
  fasorial, 29
trifásicos, 34-38
  configurações de, 34
Compensação de escorregamento, 211
Comprimento do entreferro, 81
Constante
  de tempo elétrica, 119
  de tensão do motor, 101
  de torque
    da máquina, 154
    do motor, 101
Construção do motor, 81
Consumo de energia em um soprador, 6
Controlador(es)
  de posição, 124
  de velocidade, 123
  proporcional-integral (PI), 120
Controle
  de campo para ajustar a potência reativa, 164
  de tensão do estator, 190
  de velocidade de acionamentos do motor de indução, 210
  em cascata, 125
  em tempo real, 8
Conversão
  de energia, 86, 87
  em modo chaveado, 42, 43
Conversor(es)
  a tiristores comutados pela linha, 95, 161
  CC-CC, 42
  de modo chaveado, 42
  de potência de modo chaveado, 95
  para acionamento de motores CC, 47
  formas de onda chaveada em um, 49-51
  para saídas trifásicas, 52
  trifásicos, 53
Corrente(s)
  bidirecionais, 223
  de armadura, 99
  de fase, 144
    medida, 160
  de partida, 207
  do motor, 208
  no estator, 194
  nominal, 55
  total absorvida pelo enrolamento secundário, 171
Curva típica da carga *versus*
  eficiência, 228
  perdas, 228

D

Densidade de fluxo
  de campo, 96
  no entreferro, 97
Dependência da eficiência, 228, 229
Desenho de máquinas CC, tipos de, 95
Diagrama(s)
  de blocos
    da malha de velocidade, 123
    de um acionamento do motor de indução, 200
    de unidade de inversores comutado pela carga, 161
    de unidades de processamento de energia, 230
    para um sistema de geração eólica, 6

de Bode em baixas frequências, 123
do circuito no domínio fasorial, 146
do vetor espacial, 158
  com o rotor curto-circuitado, 173
fasorial, 29
Diodos de potência, 56
Direção da corrente de armadura, 104
Dispositivos semicondutores de potência, 55
Distribuição
  de ampère-espiras, 173
  de campo, 135
    cossenoidal, no entreferro, 131, 132
    pico da, 135
  de densidade de fluxo produzido pelo rotor, 151
  senoidal da corrente do rotor, 173
Domínio de Laplace, 119, 120
Duty-ratio, 43

E

Economia de energia
  consumida, 5
  em máquinas levemente carregadas, 190
Efeito(s)
  da dispersão, 71
  da reação de armadura, 101
  dos limites, 125, 126
  espraiamento, 65
Eficiência
  comparação de, 229
  de energia de unidades de processamento de energia, 230, 231
  de um acionamento elétrico, 226
  energética
    de motores de indução, com excitação senoidal, 227
    em acionamentos elétricos, 226, 227, 231
Eletrônica de potência, 7
Energia
  eólica, aproveitamento da, 6
  magnética armazenada em indutores, 68
Enfraquecimento de campo nas máquinas com enrolamento de campo, 105, 106
Engrenagem(ns), 22, 23
  ótima relação de, 23
Enlace
  da bobina, total de, 71
  de tensão, 41, 42
Enrolamento(s)
  da armadura no rotor, 101
  de campo, enfraquecimento de campo nas máquinas com, 105, 106
  do estator, 175
    distribuídos senoidalmente, 129-135
  primário, 175
  trifásicos do estator distribuídos senoidalmente, 134
Ensaio
  da resistência CC para estimar resistência do estator, 186
  de circuito aberto, 75
  de curto-circuito, 76, 77
  do rotor
    bloqueado, 186
    travado, 186
  sem carga, 186
    para estimar indutância de magnetização, 186
Entreferro, 81
  comprimento do, 81
  densidade de fluxo no, 97

Escorregamento, 176
Espectro de Fourier da forma de onda chaveada, 46
Estator(es), 80, 81, 95, 221
    básica das máquinas
        de ímã permanente CA, 151
        elétricas, 80
    das máquinas, 81
        CC, 95, 96
        síncronas, 162
    de controle em cascata, 117
    dos motores de indução trifásicos do tipo gaiola de esquilo, 168
    excitado por fontes ideais de tensão, 180
    magnéticas com entreferro, 65-67
Excitação
    da fase, 219
    em estado estacionário senoidal e balanceado, 41-147

F

Faixa de velocidade de chaveamento, 56
Fases, sequência de, 34
Fatores de potência, 31, 33
Flexão do eixo, 19
Fluxo
    de dispersão, 180
    de enlaçado, 64, 65
    linhas de, 64
    no toroide, 64
Fontes de tensão, 42
Força
    contraeletromotriz (fcem), 121
    de arrasto, 19
    eletromagnética, 83, 84
    eletromotriz (fem)
        induzida(s), 85, 109
            magnitude da, 85
            nos enrolamentos do estator, 156, 157
    magnetomotriz (fmm), 82
        de compensação no tempo, 174
        produzida pelo rotor, 174
Forma(s) de onda
    chaveada em um conversor para acionamento de motores CC, 49-51
    da densidade de fluxo, 135
    da ondulação de tensão, 51
Frenagem regenerativa, 80, 87, 104, 211
    nos motores de indução, 179
Frequência
    das tensões induzidas, nas barras do rotor, 176
    de chaveamento, 50
    de escorregamento no circuito do rotor, 176
    de ganho unitário, 115
Fringing effect, 65
Função(ões)
    da alimentação direta, 125
    de transferência de malha
        aberta, 115, 122-124
        fechada, 115, 124
    temporal cossenoidal, 29

G

Gerador(es)
    acionados por turbinas
        a gás, 162
        hidráulicas, 162
    de indução
        de rotor bobinado, 167, 191
        duplamente alimentados (GIDA), 191, 192
    síncronos, 161, 162
Grandezas relacionadas ao motor, 203

H

Harmônicas das tensões de saída na unidade de processamento de potência, 212

I

IGBT
    características do, 57
    custo de, 57
    símbolo para um, 57
Imãs permanentes, 77, 78
Impedância(s)
    circuito de, 30
    do ramo indutivo, 183
    triângulo de, 29
Indutância(s), 67, 68
    de bobina, 67
    de dispersão, 71
        do rotor, 180, 204
    de magnetização, 71, 72
    mútuas, 72
    total, 71
Integrador antissaturação, 126
Intensidade de campo magnético, no entreferro, 131
Interpretação física do vetor espacial da corrente do estator, 138
Inversão do sentido de rotação, 180
Inversor(es)
    comutado pela carga (LCI), 161
    trifásicos, 52-55

L

Largura de banda de malha fechada, 116
Lei(s)
    da tensão induzida de Faraday, 74
    de Ampère, 61, 68, 70, 82, 131, 132
    de correntes de Kirchhoff, 48, 52, 53, 134
    de Faraday, 69, 70, 72, 73, 217
    de Kirchhoff, 140
    de Lenz, 69
    de Ohm, 64, 69
Limite(s)
    de aceleração, 210
    de corrente, 210
    de desaceleração, 210
Linhas de fluxo, 64
Load commutated inverter (LCI), 161

M

Magnitude
    da força eletromotriz induzida, 85
    da impedância de circuito aberto, 75
    das tensões aplicadas, 208
Máquina(s)
    CC
        práticas, 99
        tipos de desenho de, 95
    com polos lisos, 81
    de relutância, 216
    elétricas, 1, 72
        capacidade de torque-velocidade das, 89
        potências nominais das, 88
    multipolo, 133
    síncronas conectadas à rede, 162
    trifásica de dois polos, 137

Margem de fase, 115
Materiais ferromagnéticos, 62, 63
Mecanismo(s)
    de acoplamento, 21-24
    de parafusos sem-fim, 26
Meio passo, 222, 223
Micropasso, 222, 223
Modelagem
    da carga mecânica, 118, 119
    da máquina CC, 118, 119
    de sistemas mecânicos, 8
Modo(s)
    de enfraquecimento de campo, 106
    de frenagem regenerativa, 87, 179
    de operação
        do GIDA, 196
        elevador, 44
        nos acionamentos de motores CC, 103-106
    gerador, 154, 155
    motorização, 86
Modulação, por largura de pulso (PWM), 44
    de polo(s)
        chaveados de potência, 43
            bidirecional, 45, 46
    do vetor espacial, 55
    senoidal, 54
Módulo(s)
    de potência inteligente, 57
    integrados de potência (MIP), 57
MOSFET,
    características do, 56
    custo de, 57
Motor(es)
    acionamento de, 3
    autossíncronos, 154
    CA de ímã permanente (PMAC), 104
    CC modos de operação nos
        acionamentos de, 103-106
    constante
        de tensão do, 101
        do torque do, 101
    construção do, 81
    de classe(s)
        A, 189
        B, 189
        C, 189
        D, 189
        E, 189
    de eficiência premium, 229
    de indução, 129
        com rotores do tipo gaiola de esquilo, 167
        monofásicos, 167
        princípios de operação do, 168
        trifásicos, 188
    de passo(s)
        de ímã permanente, 220
        de relutância variável, 219
        híbridos, 220
    de relutância
        chaveada, 223, 224
        operação de, 217
        variável, 223, 224
    elétricos, 1
        acionamento de, 3
        torque em, 14
    eletronicamente comutados (MECs), 107
    PMAC, 158
    resposta do, 213

síncronos de ímã permanente com forma de onda
    senoidal, 129
velocidade máxima de um, 88

N

National Electrical Manufactures Association
    (NEMA), 188
Natureza multidisciplinar dos sistemas de
    acionamento, 7
Núcleo
    com dois enrolamentos, 73
    perdas no, 74

O

Operação
    de motores
        de indução, 178
        de relutância, 217
    em quatro quadrantes, 24, 105, 106
    em regime
        dinâmico, 24, 25
        estacionário, 24
    na direção invertida, 105
    no Modo Gerador, 179

P

Partida
    direta, 189
    suave com tensão reduzida dos motores de
        indução, 189, 190
Passo completo, 81
Perda(s)
    adicionais, 228, 230
    de potência
        do motor, 227
        nos enrolamentos, 227
    de sincronismo, 163
    do enrolamento do estator, 230
    harmônicas, 230
    magnéticas, 227
    na gaiola do rotor, 230
    no motor com a rotação do motor, 228, 229
    no núcleo, 74, 230
        magnético, 227
    por atrito, 227
    por ventilação, 227
    totais no enrolamento do estator, 227
Período de retorno, 231
Permanent magnet AC (PMAC), 104, 150
Polaridade
    das tensões induzidas, 172
    de força eletromotriz (fem), 69
        induzida nos condutores, 109
Política energética de 1992, 229
Polo(s)
    chaveado de potência bidirecional, 44, 45
    de potência, ciclos de trabalho dos, 54
Potência, 13
    aparente, 33
    ativa em um GIDA, 195
    complexa, 31, 32
    de perdas adicionais, 213
    diodos de, 56
    fator de, 31, 33
    no diagrama fasorial, 32
    no domínio fasorial, 32
    nominais das máquinas elétricas, 88, 89

reativa, 31
   no estator, 194
   em um GIDA, 195
triângulo de, 32, 34
trifásica máxima, 209
Princípio(s)
   básicos de operação das máquinas elétricas, 83
   de operação
      das máquinas
         CC, 96-102
         síncronas, 162
      do motor de indução, 168
Processador digitais de sinais (DSPs), 8
Produção
   de torque, 152
   do campo magnético, 81-83
Projeto(s)
   da malha de controle
      de posição, 124
      do torque, 120, 121
   de malha de controle de velocidade, 123
   do(s) controlador(es), 119, 120
      de acionamento-motor, 114
      realimentado, passos no, 117
Pulse-Width Modulation (PWM), 44

R

Razão
   cíclica, 43
   de trabalho, 43
Reação de armadura, 101
Realimentação de um acionamento controlado, 114
Reatância de dispersão, 77
Redução da potência do motor devido às perdas harmônicas do inversor, 230
Região de capacidade de potência nominal, 209
Relação
   de espiras, 77
   entre vetores espaciais e fasores, 144, 145
Representação
   com vetores espaciais, das tensões e correntes compostas nos terminais, 138-141
   de sistema para análise de pequenos sinais, 117
   fasorial em estado estacionário senoidal, 28-31
   média da unidade de processamento de potência (UPP), 117, 118
Ressonâncias torcionais, 19
Rotor(es), 80, 81, 152, 221
   curto-circuitado, 170
   eletricamente com o circuito aberto, 139
   enrolamento da armadura no, 101
   força magnetomotriz produzida pelo, 174
   tensão induzidas na barra do, 171
   torque eletromagnético no, 86

S

Sensores, 8
Sequência de fases, 34
Servoacionamentos, 167
Síntese de CA de baixa frequência, 51, 52
Sistema(s)
   com movimento linear, 12, 13
   de acionamento
      de motor elétrico, 2
      natureza multidisciplinar dos, 7
   de controle
      com alimentação direta, 125
      de fluxo, 2
      de movimento, 117, 120
      realimentado, 114
      simplificado, 115
   de correia e polia, 25
   de geração eólica, diagrama de blocos para um, 6
   mecânico(s)
      do conjunto motor-carga, 155
      dos acionamentos PMAC, 155
      modelagem de, 8
   MKS de unidades, 13, 16, 28
   rotativos, 13-18
Sobre-excitação, 164
Soprador(es), 5
   consumo de energia em um, 6
Subexcitação, 164
Suposição de indutância de dispersão do rotor, 172

T

Tensão(ões)
   CC, 42
   da espira, 109
   de compensação, 205, 211
   de saída da unidade de processamento de potência, 212, 213
   enlace de, 41, 42
   fonte de, 42
   induzida(s)
      na barra, 172
         do rotor, 171
      na bobina devido à variação temporal do fluxo de enlace, 69
      nos enrolamentos
         de fase do estator, 157
         do estator, 145
   linha a linha, 36, 37
   no estado ligado, 55
   nominal, 55, 201
      aplicada, 182
Teoria(s)
   de controle, 8
   de máquinas elétricas, 7
Torção do eixo, 19
Toroide, 63
   fluxo no, 64
   retangular, 67
Torque
   ângulo de, 163
   da carga, 201
   de atrito, 18
   de partida, 187
   de referência, 155
   de relutância, 81
   do estator, 152
   eletromagnético, 110
      líquido, 110
      no rotor, 86, 177
      produzido pelo rotor, 153
   em motor elétrico, 14
   exercido no rotor, 152
   líquido, 18
   máximo, 88, 89
      break-down, 187
      pull-out, 187
   nominal, 88
   ondulação do, 111
   projeto da malha de controle do, 120, 121
Trajetória média, 62
Transformador(es), 72-77
   analogia do, 175
   com impedância no secundário, 73

ideal, 73-75
    de dois enrolamentos, 170
    parâmetros do modelo do, 75
    real, 75
        circuito equivalente de um, 74
Transistor(es)
    insulated-gate bipolar transistor (IGBTs), 56
    metal-oxide-semiconductor *field-effect* (MOSFETs), 56
Transporte elétrico, 7
Triângulo
    cargas conectadas em, 37, 38
    de impedâncias, 29
    de potências, 32, 34

U

Unidades de processamento de potência (UPP), 3, 41, 88, 159
    eficiência das, 42
    em acionamentos CC, 106, 107
    moduladas por largura de pulso, 211, 212
    para motores de passo, 223

V

Valor(es)
    da corrente de magnetização, 188
    médio nos ciclos de chaveamento, 43
    presente de poupanças, 231
    vetor espacial da corrente do estator
        de referência da amplitude do, 155
        instantâneo da referência do, 155
Variação do fluxo enlaçado da bobina, 218
Variável de integração, 69
Velocidade(s)
    de chaveamento, 55
    de escorregamento, 178
        para frequências harmônicas, 213
    de referência, 210
    do rotor, 201
    máxima de um motor, 88
    projeto de malha de controle de, 123
    síncrona, 142, 201
Ventiladores, 5
Vetor(es) espacial(is), 136
    componentes de fase de um, 140
    da corrente do estator, 138, 142, 152, 153
    da densidade de fluxo
        do rotor, 157
        produzido pelo rotor, 152
    da força eletromotriz induzida, 157
    girante da FMM do estator, 142
        em máquinas multipolo, 143
    para máquinas multipolo, 144
    resultante, 136

Pré-impressão, impressão e acabamento

grafica@editorasantuario.com.br
www.editorasantuario.com.br
Aparecida-SP